21世纪高职高专土建系列技能型规划教材

建筑与装饰工程工程量清单

（含案例施工图纸）

（第2版）

主　编　翟丽旻　宋显锐

副主编　张　丽

参　编　周艳冬　赵瑞霞　王　莹

韩　雪　林　琳

内 容 简 介

本书分为 4 章，内容包括：绪论、建筑面积计算、工程量清单编制、房屋建筑与装饰工程工程量计算。

本书突出职业教育特点，采用《建筑工程建筑面积计算规范》（GB/T 50353—2013）、《建设工程工程量清单计价规范》（GB 50500—2013）、《房屋建筑与装饰工程工程量计算规范》（GB 50854—2013）等造价领域的最新标准规范编写，体例新颖，案例丰富，各章均附有学习目标和能力目标及形式多样的练习题，各节均有特别提示、应用案例，以达到"学、练同步"的目的。特别是在本书的最后还附有一个完整的单位工程清单编制实例。同时，本书力求用图例、案例讲述说明知识点的应用，内容精练、重点突出、文字叙述通俗易懂。

本书可作为高职高专建筑工程技术、工程造价、工程监理、工程管理、公路工程、市政工程等土建类专业的教材，也可作为造价员培训教材，还可作为注册造价工程师等有关技术人员的自学参考书。

图书在版编目(CIP)数据

建筑与装饰工程工程量清单/翟丽旻，宋显锐主编. —2 版. —北京：北京大学出版社，2015.5

（21 世纪高职高专土建系列技能型规划教材）

ISBN 978-7-301-25753-1

Ⅰ. ①建… Ⅱ. ①翟…②宋… Ⅲ. ①建筑工程—工程造价—高等职业教育—教材②建筑装饰—工程造价—高等职业教育—教材 Ⅳ. ①TU723.3

中国版本图书馆 CIP 数据核字（2015）第 088843 号

书　　名　建筑与装饰工程工程量清单（第 2 版）

著作责任者　翟丽旻　宋显锐　主编

策划编辑　杨星璐

责任编辑　刘健军

标准书号　ISBN 978-7-301-25753-1

出版发行　北京大学出版社

地　　址　北京市海淀区成府路 205 号　100871

网　　址　http://www.pup.cn　新浪微博：@北京大学出版社

电子信箱　pup_6@163.com

电　　话　邮购部 62752015　发行部 62750672　编辑部 62750667

印 刷 者　三河市博文印刷有限公司

经 销 者　新华书店

787 毫米×1092 毫米　16 开本　18 印张　413 千字

2010 年 7 月第 1 版

2015 年 5 月第 2 版　2021 年 1 月第 7 次印刷（总第 11 次印刷）

定　　价　44.00 元（含案例施工图纸）

第 2 版前言

《建筑与装饰装修工程工程量清单》自 2010 年出版以来，受到了广大教师和学生的欢迎。随着《建设工程工程量清单计价规范》(GB 50500—2013)、《房屋建筑与装饰工程工程量计算规范》(GB 50854—2013)和《建筑工程建筑面积计算规范》(GB/T 50353—2013)等新标准实施，为使教材能够与时俱进，我们在第 1 版的基础上，修订编写了本书。

本次改版较第 1 版做了较大变动，主要表现在以下几点。

(1) 本书结合新的国家标准，对学习内容进行了完善和修正，增加了地基处理与边坡支护工程、措施项目等内容，使其与实际工程更加接近，更加适合读者学习。

(2) 本书以各章所列的学习目标和能力目标为引导，针对培养学生实用性技能的要求，增强了应用案例的可操作性，从而体现了技能型教材的特色。

(3) 本书补充了部分插图和文字，使内容更加图文并茂，通俗易懂。同时，每章后面均设置了练习题作为课后作业，便于学生自我检测评估。

(4) 本书是针对建筑与装饰工程的计量教材，所依据的规范全国通用，全国院校均可选用本书作为学习建筑与装饰工程计量知识的教材。

(5) 本书根据教学需要对教学课时作了相应的调整，建议教学课时安排如下，各院校可依据本校实际的教学情况进行调整。

章次	课程内容	课时分配		合计
		理论教学	实践教学	
第 1 章	绪论	4	0	4
第 2 章	建筑面积计算	6	2	8
第 3 章	工程量清单编制	6	2	8
第 4 章	房屋建筑与装饰工程工程量计算	18	22	40
	合计	34	26	60

本书由河南建筑职业技术学院翟丽旻和宋显锐担任主编，河南建筑职业技术学院张丽担任副主编，河南建筑职业技术学院周艳冬、赵瑞霞、王莹、韩雪和林琳参编。河南兴豫建设管理有限公司王明军也参与了本书的修订工作，特别感谢河南兴豫建设管理有限公司提供的综合案例及其给予的支持与帮助。

由于编者水平有限，编写时间仓促，书中难免有不当之处，欢迎读者批评指正。

编　者

2015 年 1 月

第1版前言

“建筑与装饰装修工程工程量清单”是一门实践性很强的专业课，也是造价专业的核心课程。为增强学生的职业能力，培养高素质技能型专门人才，本书的编写以提高学生职业技能为目标，以适应企业的用人需求。在教学内容、课程体系和编写风格上着重贯彻了以下几点：

(1) 理论与实务有机结合，融合穿插编排，建立新的课程体系。为了便于学生抓住重点、提高学习效率，在各章首列有学习目标和能力目标，力求使学生愿意学、有兴趣学。每章末配有形式各异的练习题，让学生自测学习效果，以激发学生的学习潜能。

(2) 计量与计价的分离。由于全国各个地区使用的定额不同，很多教材在编写上总是或多或少地体现出地域特点，但本书完全是计量，全国通用，全国院校均可选用本书作为计量知识的教材。

(3) 新颖性。本书采用了全新的体系和全新的编写理念，打破了传统的模式，图文结合，增加了大量的计算案例，更便于学习。

(4) 可操作性强，注重能力的培养。本书侧重于应用能力的培养，列举了工程的大量案例，具有较强的实用性，并且结合能力目标，以必需、够用为原则，尽量深入浅出，让学生掌握所必需的知识。本书作为河南建筑职业技术学院的校本教材使用后又进行了大量的修订，特别是在本书的最后一章增加了完整的综合案例。该综合案例是由河南兴豫建设管理有限公司完成的，和行业一线紧密联系。

根据教学内容，本书的教学课时建议为48学时，各章的学时分配见下表(仅供参考)。

章　次	课程内容	课时分配		合　计
		理论教学	实践教学	
第1章	绪论	4	0	4
第2章	建筑面积计算	4	2	6
第3章	工程量清单编制	4	2	6
第4章	建筑工程分部分项工程量清单	10	12	22
第5章	装饰装修工程分部分项工程量清单	4	6	10
	合计	26	22	48

本书由河南建筑职业技术学院杨庆丰、翟丽旻、宋显锐、周艳冬、张丽、王莹、林琳、淄博职业学院张斌、河南兴豫建设管理有限公司王明军等编写，特别感谢河南兴豫建设管理有限公司提供的综合案例和大力的帮助。

由于编者水平所限，书中如有疏漏和差错之处，诚望读者提出批评和改进意见。

编　者

2010年4月

CONTENTS 目录

第1章 绪　　论

学习目标

通过本章学习，熟悉工程造价的概念、工程造价的计价特点；了解工程造价的计价依据；熟悉工程造价的两种计价模式；掌握建筑安装工程造价的费用构成与计算。

能力目标

知识要点	能力要求	比重
工程造价的概念及计价特点	掌握工程造价的两种含义，掌握计价的单件性、多次性、组合性、方法多样性等特点	15%
工程造价的计价依据	掌握建设工程定额、工程造价指数和工程造价资料	15%
工程造价计价方法	掌握工程造价计价的基本原理和流程，掌握定额计价法和工程量清单计价法	35%
建筑安装工程费用项目组成	掌握《建筑安装工程费用项目组成》(建标[2013]44号)的规定	35%

导读

当我们要盖房子时，首先想到的是需要投入多少费用能把一栋房子造好；当我们修道路、建铁路时，也都要考虑费用投入，这就产生了一个计算费用的问题，这就是工程造价所研究的。

首先，要研究的是这个费用都包括什么，如何能准确地计算出来，这就产生了定额计价和清单计价。

我们在计算工程造价时不能只凭自己的想象估计一个数值，而是必须要依据相关的资料进行精确的计算，这些资料就是工程造价的计价依据。

但是仅有这些计价依据是远远不够的，大家可以想象，假如现在甲乙双方虽然都拿着相同的计价资料，但却都按照自己的想法去计算造价，最终在结算时双发一定会在价格上产生非常大的分歧。因此还必须有科学的、统一的计算方法，依据标准的流程进行计算，这就涉及工程造价的计价方法的问题。

而一项工程的造价，大家都知道不仅金额大，而且涉及的内容特别繁杂，因此想要把造价做得准确并且完整，首先就需要知道我们要计算的建筑安装工程费用都由哪些内容组成，组成费用的这些内容是如何划分又是如何计算的。

通过上述的叙述可以看到，工程造价的概念、造价的计价依据、计价的方法及建筑安装工程费用项目组成，这些问题都是做好造价所必需具备的知识，那么就让我们一起学习并掌握它们。

1.1 工程造价的概念及计价特点

1.1.1 工程造价的概念

工程造价通常指工程的建造价格。在市场经济条件下，广泛地存在着工程造价两种不同的含义。

第一种含义：从投资者(业主)的角度分析，工程造价是指建设一项工程预期开支或实际开支的全部资产投资费用。投资者选定一个投资项目，为了获得预期的效益，就要通过项目评估后进行决策，然后进行勘察设计、工程施工、直至竣工验收等一系列投资管理活动。在投资管理活动中所花费的全部费用就构成了工程造价。

知识链接

建设项目总投资是为完成工程项目建设并达到使用要求或生产条件，在建设期内预计或实际投入的全部费用总和。生产性建设项目总投资包括固定资产投资和流动资产投资(流动资金)两部分，而非生产性建设项目总投资就是固定资产投资的总和。固定资产投资与建设项目的工程造价在量上基本相等。

工程造价的构成内容包括：建筑安装工程费、设备及工器具购置费、工程建设其他费用和预备费等。

特别提示

在造价问题上的某些论述，如“工程造价管理的目标是要合理确定和有效控制工程造价，以提高投资效益”“对工程造价要实行全过程管理”等，基本上是建立在第一种含义基础上的。

第二种含义：从市场交易的角度分析，工程造价是指为建成一项工程，预计或实际在土地市场、设备市场、技术劳务市场、承包市场等交易活动中所形成的工程发承包(交易)价格。显然，工程造价这种含义是指以建筑产品这种特定商品形式作为交易对象，通过招投标或其他交易方式，在各方进行多次反复测算的基础上，最终由市场形成的价格。其交易的对象可以是一个建设项目、一个单项工程，也可以是建设工程中的某一个阶段(如可行性研究报告阶段、设计工作阶段、工程施工阶段等)，还可以是某个建设阶段的一个或几个组成部分，如建设前期的土地开发工程、安装工程、装饰工程、配套设施工程等。

特别提示

人们通常将工程造价的第二种含义认定为工程发承包价格。它是在建筑市场通过招投标，由需求主体投资者和供给主体承包商共同认可的交易价格，其中施工阶段的建筑安装工程造价是工程造价中一种最活跃、最典型的价格形式，也往往是我们学习的重点。在造价问题上的某些论述，例如“国家宏观调控、市场竞争形成价格”“通过招投标确定工程合同价”等，基本上是建立在工程造价的第二种含义基础上的。

所谓工程造价的两种含义，是以不同角度把握同一事物的本质。对建设工程的投资者来说，面对市场经济条件下的工程造价就是项目投资，是“购买”项目要付出的价格，同时也是投资者在作为市场供给主体“出售”项目时定价的基础，它是一个广义的概念；对于承包商、供应商和规划、设计等机构来说，工程造价是他们作为市场供给主体出售商品和劳务价格的总和，或是特指范围的工程造价，如建筑安装工程造价，它是一个狭义的概念。

知识链接

工程造价的两种含义最主要的区别在于需求主体和供给主体在市场追求的经济利益不同，因而管理的性质和管理目标不同。从管理性质看，前者属于投资管理范畴，后者属于价格管理范畴。但二者又互相交叉。从管理目标看，作为项目投资或投资费用，投资者在进行项目决策和项目实施中，首先追求的是决策的正确性。其次，在项目实施中完善项目功能，提高工程质量，降低投资费用，按期或提前交付使用，是投资者始终关注的问题。因此，降低工程造价是投资者始终如一的追求。作为工程价格，承包商所关注的是利润和高额利润，为此，其追求的是较高的工程造价。

1.1.2 工程造价的计价特点

工程建设的特殊性决定了工程造价具有大额性、个别性、动态性、层次性等特点，这些特点又决定了工程造价具有如下的计价特点。

1. 计价的单件性

产品的个体差别性决定每项工程都必须单独计算造价。

2. 计价的多次性

项目建设一般比较复杂、建设周期长、未知因素多、规模大、造价高，因此很难一次确定其价格，应根据项目的建设程序在不同阶段进行多次计价，以求根据项目的进展情况，由粗到细、由浅入深地确定工程造价，图 1.1 表示了这种多次性计价特点。

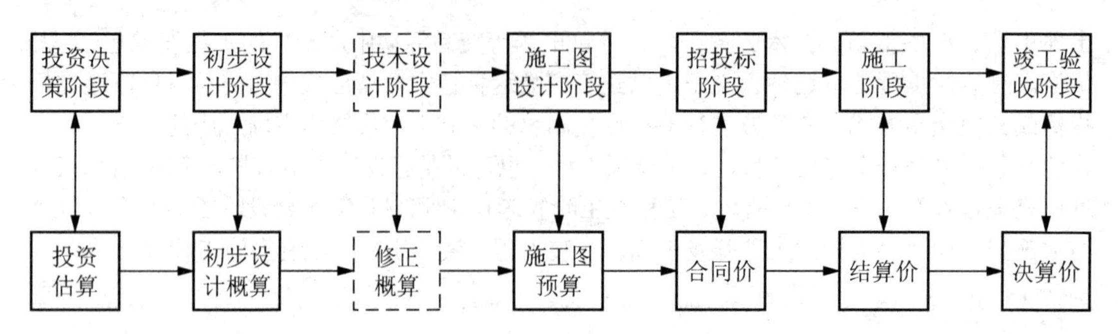

图 1.1　工程造价多次性计价示意

在工程项目建设的不同阶段，由不同的造价编制主体所编制的估算、概算、预算、结算和决算等文件都是工程造价的不同表现形式。其中，初步设计概算作为拟建项目全过程造价控制的最高限额，而建设项目的实际造价一般通过竣工决算来反映。

3. 计价的组合性

工程造价的计算是分部组合而成的。这一特征和建设项目的组合性有关。建设项目的规模一般比较大，在计价时一般采用逐步分解的方式，即单项工程、单位工程、分部工程和分项工程等，以便于用适当的计量单位计算并测定工程基本构成要素。分项计价后，逐步汇总就可形成各部分造价，即：分部分项工程单价→单位工程造价→单项工程造价→建设项目总造价。

4. 计价方法的多样性

工程的多次计价有各不相同的计价依据，每次计价的精确度要求也各不相同，由此决定了计价方法的多样性。例如，投资估算的方法有设备系数法、生产能力指数估算法等；计算概算、预算造价的方法有单价法和实物法等。

5. 计价依据的复杂性

由于影响造价的因素多，所以计价依据的种类也多，主要可分为以下 7 类。

(1) 设备和工程量计算依据。包括项目建议书、可行性研究报告、设计文件等。

(2) 人工、材料、机械等实物消耗量计算依据。包括投资估算指标、概算定额、预算定额等。

(3) 工程单价计算依据。包括人工单价、材料价格、材料运杂费、机械台班费等。

(4) 设备单价计算依据。包括设备原价、设备运杂费、进口设备关税等。

(5) 措施费、间接费和工程建设其他费用计算依据。主要是相关的费用定额和指标。

(6) 政府规定的税费。

(7) 物价指数和工程造价指数。

工程计价依据的复杂性不仅使计算过程复杂，而且需要计价人员熟悉各类依据，并加以正确应用。

1.2 工程造价的计价依据

1.2.1 工程造价的计价依据概述

工程建设是物质资料的生产活动，一个工程项目的建成，无论是新建、改建、扩建，还是恢复工程，都要消耗大量的人力、物力和资金。在建设工程产品和工程建设生产消费之间存在着客观的、必然的联系。如住宅产品与钢筋、混凝土之间的数量关系等，主要取决于生产力的发展水平；钢筋是手工绑扎还是机械焊接、混凝土是人工浇捣还是机械浇捣等，其生产消耗的质与量都是不同的。一般情况下，生产力发展水平越高，生产消费的性质就越复杂，生产产品的数量就越多，而花在单位产品上的人力和物力耗费则会呈现出一种下降的趋势。要准确计算产品的价格，必须掌握生产和生产消费之间的这种客观规律。工程建设是一项比一般产品生产更复杂的活动，其价格的计算首先要求必须具备能够反映工程建设与生产消费之间的客观规律的基础资料，这种基础资料表现为工程造价计价的基本依据。

工程造价的计价依据是指在计算工程造价时所依据的各类基础资料的总称。要想在工程建设各阶段合理确定工程造价，必须有科学适用的计价依据。工程计价的依据主要包括建设工程定额、工程造价指数和工程造价资料等，其中建设工程定额是工程计价的核心依据。

特别提示

定额就是一种规定的额度，或称数量标准。

工程建设定额是指在正常的施工条件和合理劳动组织、合理使用材料及机械的条件下，完成单位合格产品所必须消耗资源的数量标准，其中的资源主要包括在建设生产过程中所投入的人工、机械、材料和资金等生产要素。建设工程定额反映了工程建设投入与产出的关系，它一般除了规定的数量标准以外，还规定了具体的工作内容、质量标准和安全要求等。

1.2.2 工程定额的分类

工程建设定额是工程建设中各类定额的总称，根据需要的不同应采用不同的定额。按照不同的角度可以把工程建设定额进行如下分类。

1. 按定额反映的生产要素消耗内容分类

(1) 劳动消耗定额。劳动消耗定额也称“劳动定额”或“人工定额”，是指在正常施工条件下某工种某等级的工人，生产单位合格产品所需消耗的劳动时间，或是在单位时间内生产合格产品的数量。按照反映活劳动消耗的方式不同，劳动定额分为时间定额和产量定额基本形式，且二者呈倒数关系。

(2) 材料消耗定额。材料消耗定额是在节约和合理使用材料的条件下，生产单位合格产品所必须消耗的一定品种规格的原材料、半成品、成品或结构构件的消耗量。

(3) 机械台班消耗定额。机械台班消耗定额是在正常施工条件下，利用某种机械，生产单位合格产品所必须消耗的机械工作时间，或是在单位时间内机械完成合格产品的数量。

机械台班定额也有两种基本形式，即时间定额和产量定额，时间定额与产量定额也互为倒数关系。

特别提示

劳动消耗定额、材料消耗定额和机械台班消耗定额称为三大基本定额，是组成任何使用定额消耗内容的基础，它们都是计量性定额。

2. 按定额的编制程序和用途分类

(1) 施工定额。施工定额是企业内部使用的定额，是以同一性质的施工过程——工序作为研究对象，表示生产产品数量与时间消耗综合关系编制的定额，是一种典型的计量性定额。

施工定额本身由劳动消耗定额、材料消耗定额和机械台班消耗定额三个相对独立的部分组成，主要直接用于工程的施工管理，作为编制工程施工设计、施工预算、施工作业计划、签发施工任务单、限额领料卡及结算计件工资或计量奖励工资等用。它既是企业投标报价的依据，也是企业控制施工成本的基础。

为了保持定额的先进性和可行性，施工定额是以平均先进水平为基准编制的，施工定额的水平是编制预算定额的基础。

(2) 预算定额。预算定额是编制工程预结算时计算和确定一个规定计量单位的分项工程或结构构件的人工、材料、机械台班耗用量(或货币量)的数量标准。它是以施工定额为基础综合扩大编制而成的，是计价定额当中的基础性定额。

和施工定额相比，预算定额包含了更多的可变因素，需要保留合理的幅度差，所以预算定额的水平低于施工定额的水平，是按照社会必要劳动消耗量来确定定额水平的。

预算定额是编制施工图预算，确定建筑安装工程造价的基本依据，同时它也是编制概算定额的基础。

特别提示

预算定额与施工定额的水平不同，预算定额反映了社会平均水平，而施工定额反映了社会平均先进水平。

(3) 概算定额。概算定额是编制扩大初步设计概算时计算和确定扩大分项工程的人工、材料、机械台班耗用量(或货币量)的数量标准。它是预算定额的综合扩大。

(4) 概算指标。概算指标是在初步设计阶段编制工程概算所采用的一种定额，是以整个建筑物或构筑物为对象，以“m^2”“m^3”或“座”等为计量单位规定人工、材料、机械台班耗用量的数量标准。它比概算定额更加综合扩大。

(5) 投资估算指标。投资估算指标是在项目建议书和可行性研究阶段编制、计算投资需要量时使用的一种定额，一般以独立的单项工程或完整的工程项目为对象，编制和计算投资需要量时使用的一种定额。它也是以预算定额、概算定额为基础的综合扩大。

特别提示

除了以上两种分类方法，工程建设定额还可以按照投资的费用性质、专业性质和编制单位的不同等标准来进行不同的分类。

1.3 工程造价计价方法

1.3.1 工程造价计价的基本原理

虽然工程造价计价的方法多种，各不相同，但其计价的基本过程和原理都是相同的。从建设项目的组成与分解来说，工程造价计价的顺序是：分部分项工程单价→单位工程造价→单项工程造价→建设项目总造价。

我们主要以建设项目施工阶段的发承包价格即建筑安装工程造价为对象来讨论其价格的确定。

建筑产品的定价原理，就是将最基本的分项工程作为假定产品，首先确定出单位假定产品(即分项工程)的人工、材料、机械台班的消耗指标；再用货币形式计算单位假定产品的价格，作为建筑产品计价的基础；然后根据施工图图样及工程量计算规则分别计算出各分项工程的工程量，再乘以单位价格，计算出建筑产品的成本费用；最后再按照规定计算利润和税金，汇总后构成建筑产品的完全价格。

可以看出，工程计价的原理就在于项目的分解和组合，影响工程造价的因素主要有两个，即单位价格和实物工程数量，可以用下列计算式基本表达：

$$\text{建筑安装工程造价}=\sum[\text{单位工程基本构造要素工程量(分项工程)}\times\text{单位价格}] \quad (1\text{-}1)$$

1. 工程量

这里的工程量是指根据工程建设定额或工程量清单计价规范的项目划分和工程量计算规则，以适当计量单位进行计算的分项工程的实物量。工程量是计价的基础，不同的计价方式有不同的计算规则规定。目前，工程量计算规则包括两大类：

(1) 各类工程建设定额规定的计算规则；

(2) 国家标准《建设工程工程量清单计价规范》(GB 50500—2013)及各专业工程工程量计算规范中规定的计算规则。

特别提示

定额计价时，分项工程是按计价定额划分的分项工程项目；清单计价时是指按照工程量清单计量规范规定的清单项目。

2. 单位价格

单位价格是指与分项工程相对应的单价。定额计价时是指定额单价，即包括人工费、材料费、施工机具使用费在内的工料单价；清单计价时是指除包括人工费、材料费、施工机具使用费外，还包括企业管理费、利润和风险因素在内的综合单价。

知识链接

我国自2003年实行工程量清单计价以来，为了更好地实现计价定额与清单的对接，各省现行计价定额大多采用综合单价形式。

1.3.2 建筑安装工程造价的构成与计算

根据住房和城乡建设部、财政部《建筑安装工程费用项目组成》(建标[2013]44号)的规定，建筑安装工程费的构成有以下两种方式。

1. 按照费用构成要素划分

建筑安装工程费按照费用构成要素划分，由人工费、材料费、施工机具使用费、企业管理费、利润、规费和税金组成。其具体构成如图1.2所示。

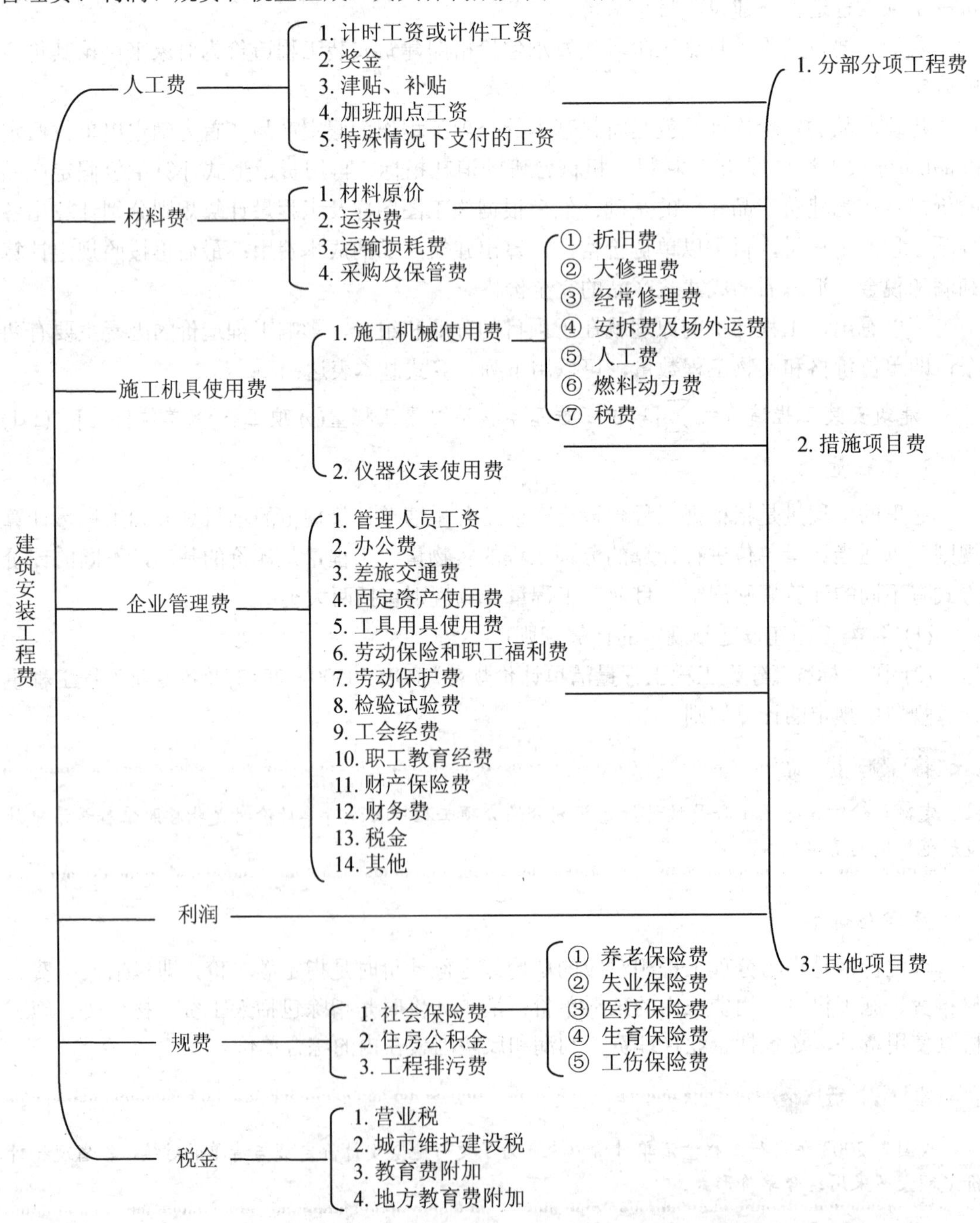

图1.2 建筑安装工程费用项目组成(按费用构成要素划分)

(1) 人工费：是指按工资总额构成规定，支付给从事建筑安装工程施工的生产工人和附属生产单位工人的各项费用。其内容包括如下几项。

① 计时工资或计件工资：是指按计时工资标准和工作时间或对已做工作按计件单价支付给个人的劳动报酬。

② 奖金：是指对超额劳动和增收节支支付给个人的劳动报酬，如节约奖、劳动竞赛奖等。

③ 津贴补贴：是指为了补偿职工特殊或额外的劳动消耗和因其他特殊原因支付给个人的津贴，以及为了保证职工工资水平不受物价影响支付给个人的物价补贴，如流动施工津贴、特殊地区施工津贴、高温(寒)作业临时津贴、高空津贴等。

④ 加班加点工资：是指按规定支付的在法定节假日工作的加班工资和在法定日工作时间外延时工作的加点工资。

⑤ 特殊情况下支付的工资：是指根据国家法律、法规和政策规定，因病、工伤、产假、计划生育假、婚丧假、事假、探亲假、定期休假、停工学习、执行国家或社会义务等原因按计时工资标准或计时工资标准的一定比例支付的工资。

人工费的计算公式为

$$人工费=\sum(工日消耗量\times日工资单价) \tag{1-2}$$

(2) 材料费：是指施工过程中耗费的原材料、辅助材料、构配件、零件、半成品或成品、工程设备的费用。

$$材料费=\sum(材料消耗量\times材料单价) \tag{1-3}$$

$$材料单价=\{(材料原价+运杂费)\times[1+运输损耗率(\%)]\}\times[1+采购保管费率(\%)] \tag{1-4}$$

材料单价内容包括以下几部分。

① 材料原价：是指材料、工程设备的出厂价格或商家供应价格。

② 运杂费：是指材料、工程设备自来源地运至工地仓库或指定堆放地点所发生的全部费用。

③ 运输损耗费：是指材料在运输装卸过程中不可避免的损耗。

④ 采购及保管费：是指为组织采购、供应和保管材料、工程设备的过程中所需要的各项费用，包括采购费、仓储费、工地保管费、仓储损耗。

工程设备是指构成或计划构成永久工程一部分的机电设备、金属结构设备、仪器装置及其他类似的设备和装置。

$$工程设备费=\sum(工程设备量\times工程设备单价) \tag{1-5}$$

$$工程设备单价=(设备原价+运杂费)\times[1+采购保管费率(\%)] \tag{1-6}$$

(3) 施工机具使用费：是指施工作业所发生的施工机械、仪器仪表使用费或其租赁费。

① 施工机械使用费：以施工机械台班耗用量乘以施工机械台班单价表示，施工机械台班单价应由下列七项费用组成。

a. 折旧费：指施工机械在规定的使用年限内，陆续收回其原值的费用。

b. 大修理费：指施工机械按规定的大修理间隔台班进行必要的大修理，以恢复其正常功能所需的费用。

c. 经常修理费：指施工机械除大修理以外的各级保养和临时故障排除所需的费用，包括为保障机械正常运转所需替换设备与随机配备工具附具的摊销和维护费用，机械运转中日常保养所需润滑与擦拭的材料费用及机械停滞期间的维护和保养费用等。

d. 安拆费及场外运费：安拆费指施工机械(大型机械除外)在现场进行安装与拆卸所需的人工、材料、机械和试运转费用以及机械辅助设施的折旧、搭设、拆除等费用；场外运费指施工机械整体或分体自停放地点运至施工现场或由一施工地点运至另一施工地点的运输、装卸、辅助材料及架线等费用。

特别提示

这里的施工机械安拆费及场外运费指的是工地间移动较为频繁的小型机械及部分中型机械，其安拆费及场外运费应计入台班单价。注意与大型机械设备进出场及安拆费相区分。

e. 人工费：指机上司机(司炉)和其他操作人员的人工费。

f. 燃料动力费：指施工机械在运转作业中所消耗的各种燃料及水、电等。

g. 税费：指施工机械按照国家规定应缴纳的车船使用税、保险费及年检费等。

$$施工机械使用费=\sum(施工机械台班消耗量\times机械台班单价) \quad (1\text{-}7)$$

$$\begin{aligned}机械台班单价=&台班折旧费+台班大修费+台班经常修理费+\\&台班安拆费及场外运费+台班人工费+台班燃料动力费+台班车船税费\end{aligned} \quad (1\text{-}8)$$

② 仪器仪表使用费：是指工程施工所需使用的仪器仪表的摊销及维修费用。

$$仪器仪表使用费=工程使用的仪器仪表摊销费+维修费 \quad (1\text{-}9)$$

(4) 企业管理费：是指建筑安装企业组织施工生产和经营管理所需的费用，包括以下内容。

① 管理人员工资：是指按规定支付给管理人员的计时工资、奖金、津贴补贴、加班加点工资及特殊情况下支付的工资等。

② 办公费：是指企业管理办公用的文具、纸张、账表、印刷、邮电、书报、办公软件、现场监控、会议、水电、烧水和集体取暖降温(包括现场临时宿舍取暖降温)等费用。

③ 差旅交通费：是指职工因公出差、调动工作的差旅费、住勤补助费，市内交通费和误餐补助费，职工探亲路费，劳动力招募费，职工退休、退职一次性路费，工伤人员就医路费，工地转移费以及管理部门使用的交通工具的油料、燃料等费用。

④ 固定资产使用费：是指管理和试验部门及附属生产单位使用的属于固定资产的房屋、设备、仪器等的折旧、大修、维修或租赁费。

⑤ 工具用具使用费：是指企业施工生产和管理使用的不属于固定资产的工具、器具、家具、交通工具和检验、试验、测绘、消防用具等的购置、维修和摊销费。

⑥ 劳动保险和职工福利费：是指由企业支付的职工退职金、按规定支付给离休干部的经费、集体福利费、夏季防暑降温、冬季取暖补贴、上下班交通补贴等。

⑦ 劳动保护费：是企业按规定发放的劳动保护用品的支出，如工作服、手套、防暑降

温饮料以及在有碍身体健康的环境中施工的保健费用等。

⑧ 检验试验费：是指施工企业按照有关标准规定，对建筑以及材料、构件和建筑安装物进行一般鉴定、检查所发生的费用，包括自设实验室进行试验所耗用的材料等费用，不包括新结构、新材料的试验费，对构件做破坏性试验及其他特殊要求检验试验的费用和建设单位委托检测机构进行检测的费用，对此类检测发生的费用，由建设单位在工程建设其他费用中列支。

对施工企业提供的具有合格证明的材料进行检测不合格的，该检测费用应由施工企业支付。

⑨ 工会经费：是指企业按《中华人民共和国工会法》规定的全部职工工资总额比例计提的工会经费。

⑩ 职工教育经费：是指按职工工资总额的规定比例计提，企业为职工进行专业技术和职业技能培训，专业技术人员继续教育、职工职业技能鉴定、职业资格认定以及根据需要对职工进行各类文化教育所发生的费用。

⑪ 财产保险费：是指施工管理用财产、车辆等的保险费用。

⑫ 财务费：是指企业为施工生产筹集资金或提供预付款担保、履约担保、职工工资支付担保等所发生的各种费用。

⑬ 税金：是指企业按规定缴纳的房产税、车船使用税、土地使用税、印花税等。

⑭ 其他：包括技术转让费、技术开发费、投标费、业务招待费、绿化费、广告费、公证费、法律顾问费、审计费、咨询费、保险费等。

$$企业管理费=计算基础\times企业管理费费率 \tag{1-10}$$

(5) 利润：是指施工企业完成所承包工程获得的盈利。

① 施工企业根据企业自身需求并结合建筑市场实际自主确定，列入报价中。

② 工程造价管理机构在确定计价定额中利润时，应以定额人工费或(定额人工费＋定额机械费)作为计算基数，其费率根据历年工程造价积累的资料，并结合建筑市场实际确定，以单位(单项)工程测算，利润在税前建筑安装工程费的比重可按不低于 5%且不高于 7%的费率计算。

(6) 规费：是指按国家法律、法规规定，由省级政府和省级有关权力部门规定必须缴纳或计取的费用，包括以下内容。

① 社会保险费。

a. 养老保险费：是指企业按照规定标准为职工缴纳的基本养老保险费。

b. 失业保险费：是指企业按照规定标准为职工缴纳的失业保险费。

c. 医疗保险费：是指企业按照规定标准为职工缴纳的基本医疗保险费。

d. 生育保险费：是指企业按照规定标准为职工缴纳的生育保险费。

e. 工伤保险费：是指企业按照规定标准为职工缴纳的工伤保险费。

② 住房公积金：是指企业按规定标准为职工缴纳的住房公积金。

$$社会保险费和住房公积金=\sum(工程定额人工费\times社会保险费和住房公积金费率) \tag{1-11}$$

③ 工程排污费：是指按规定缴纳的施工现场工程排污费。工程排污费等其他应列而未列入的规费应按工程所在地环境保护等部门规定的标准缴纳，按实计取列入。

(7) 税金：是指国家税法规定的应计入建筑安装工程造价内的营业税、城市维护建设税、教育费附加以及地方教育附加。

$$税金=税前造价\times综合税率(\%) \tag{1-12}$$

综合税率：

① 纳税地点在市区的企业。

$$综合税率(\%)=\frac{1}{1-3\%-(3\%\times7\%)-(3\%\times3\%)-(3\%\times2\%)}-1=3.477\% \tag{1-13}$$

② 纳税地点在县城、镇的企业。

$$综合税率(\%)=\frac{1}{1-3\%-(3\%\times5\%)-(3\%\times3\%)-(3\%\times2\%)}-1=3.413\% \tag{1-14}$$

③ 纳税地点不在市区、县城、镇的企业。

$$综合税率(\%)=\frac{1}{1-3\%-(3\%\times1\%)-(3\%\times3\%)-(3\%\times2\%)}-1=3.284\% \tag{1-15}$$

规费和税金都应该按国家有关部门规定缴纳，不得作为竞争性费用。

应用案例 1-1

某办公大楼工程，以工料单价法计算得到的其人工费、材料费、机械费的合计为 860 万元，假设零星工程费占人、材、机合计的 3.5%，措施费为人、材、机合计的 9%，企业管理费费率为 8%，利润率为 6%，税率按 3.477%计算。试计算该工程的建筑安装工程造价。

解：该工程的建筑安装工程造价(以人、材、机合计为计算基础)可列表计算，见表 1-1。

表 1-1　建筑安装工程造价(以人、材、机合计为计算基础)计算表

序号	费用项目	计算方法	金额/万元
(1)	人材机合计	860	860
(2)	零星工程费	(1)×3.5%=860×3.5%	30.1
(3)	措施费	(1)×9%=860×9%	77.4
(4)	企业管理费	[(1)+(2)+(3)]×8%=(860+30.1+77.4)×8%	77.4
(5)	利润	[(1)+(2)+(3)+(4)]×6%=(860+30.1+77.4+77.4)×6%	62.69
(6)	税金	[(1)+(2)+(3)+(4)+(5)]×3.477% =(860+30.1+77.4+77.4+62.69)×3.477%	38.51
(7)	工程造价	(1)+(2)+(3)+(4)+(5)+(6) =860+30.1+77.4+77.4+62.69+38.51	1146.10

2. 按照工程造价形成划分

为指导工程造价专业人员计算建筑安装工程造价，将建筑安装工程费用按工程造价形成顺序划分为分部分项工程费、措施项目费、其他项目费、规费和税金。其具体构成如图 1.3 所示。

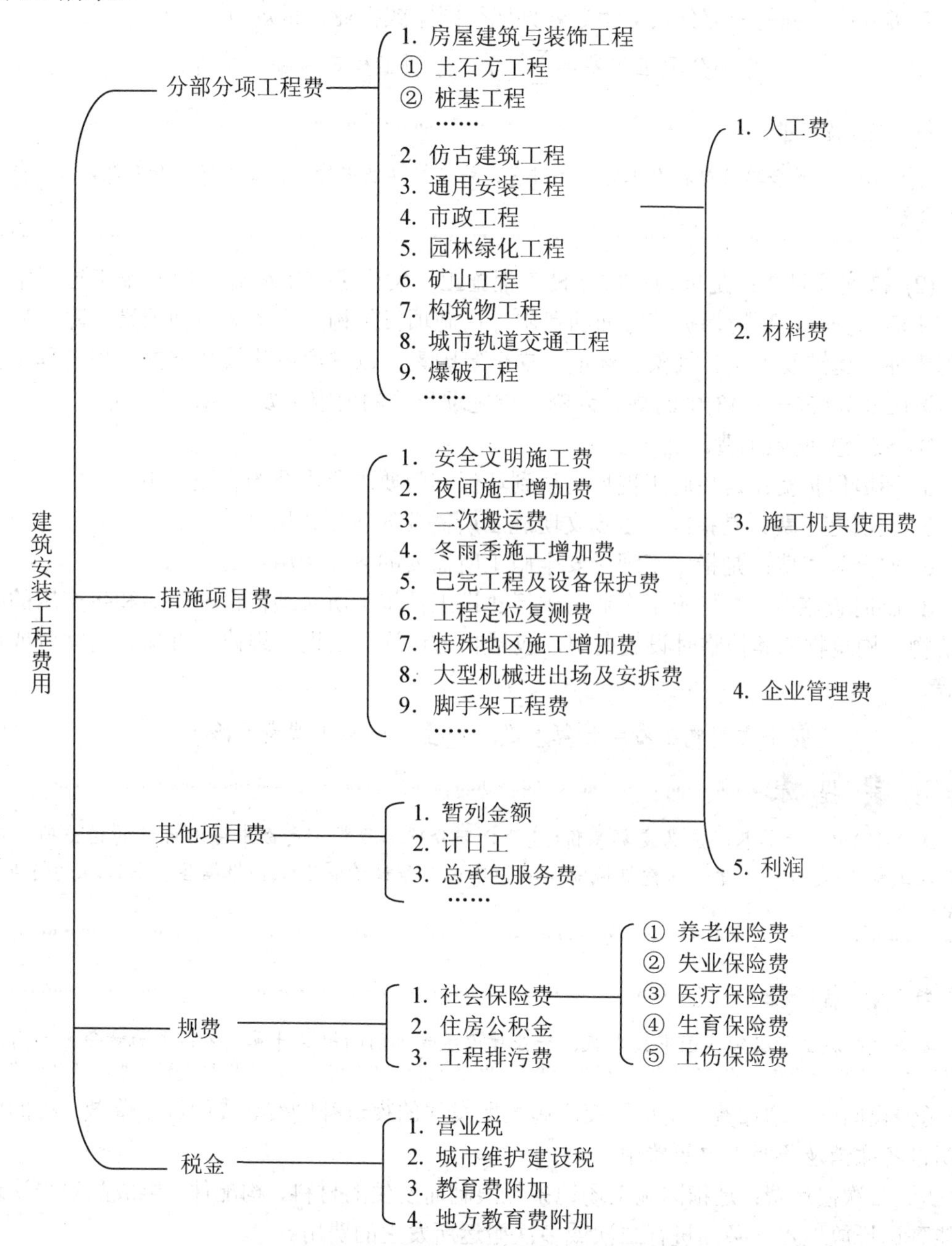

图 1.3 建筑安装工程费用项目组成表(按造价形成划分)

(1) 分部分项工程费：是指各专业工程的分部分项工程应予列支的各项费用。

① 专业工程：是指按现行国家计量规范划分的房屋建筑与装饰工程、仿古建筑工程、通用安装工程、市政工程、园林绿化工程、矿山工程、构筑物工程、城市轨道交通工程、

爆破工程等各类工程。

② 分部分项工程：是指按现行国家计量规范对各专业工程划分的项目。如房屋建筑与装饰工程划分的土石方工程、地基处理与桩基工程、砌筑工程、钢筋及钢筋混凝土工程等分部工程，各分部工程可按照材料、规格、部位等不同划分为多个分项工程。

各类专业工程的分部分项工程划分见现行国家或行业计量规范。

$$\text{分部分项工程费}=\sum(\text{分部分项工程量}\times\text{综合单价}) \tag{1-16}$$

特别提示

式(1-16)中，综合单价包括人工费、材料费、施工机具使用费、企业管理费和利润以及一定范围的风险费用。

(2) 措施项目费：是指为完成建设工程施工，发生于该工程施工前和施工过程中的技术、生活、安全、环境保护等方面的费用。措施项目的构成需考虑多种因素，除工程本身的因素外，还涉及水文、气象、环境、安全等因素，以《房屋建筑与装饰工程工程量计算规范》(GB 50856—2013)中的规定为例，措施项目费的内容主要包括以下几项。

① 安全文明施工费。

a. 环境保护费：是指施工现场为达到环保部门要求所需要的各项费用。

b. 文明施工费：是指施工现场文明施工所需要的各项费用。

c. 安全施工费：是指施工现场安全施工所需要的各项费用。

d. 临时设施费：是指施工企业为进行建设工程施工所必须搭设的生活和生产用的临时建筑物、构筑物和其他临时设施费用，包括临时设施的搭设、维修、拆除、清理费或摊销费等。

$$\text{安全文明施工费}=\text{计算基数}\times\text{安全文明施工费费率}(\%) \tag{1-17}$$

特别提示

式(1-17)中，计算基数应为定额基价(定额分部分项工程费＋定额中可以计量的措施项目费)、定额人工费或(定额人工费＋定额机械费)，其费率由工程造价管理机构根据各专业工程的特点综合确定。

特别提示

安全文明施工费必须按国家或省级、行业建设主管部门的规定计算，不得作为竞争性费用。

② 夜间施工增加费：是指因夜间施工所发生的夜班补助费、夜间施工降效、夜间施工照明设备摊销及照明用电等费用。

③ 二次搬运费：是指因施工场地条件限制而发生的材料、构配件、半成品等一次运输不能到达堆放地点，必须进行二次或多次搬运所发生的费用。

④ 冬雨季施工增加费：是指在冬季或雨季施工需增加的临时设施、防滑、排除雨雪，人工及施工机械效率降低等费用。

⑤ 已完工程及设备保护费：是指竣工验收前，对已完工程及设备采取的必要保护措施所发生的费用。

上述②～⑤项措施项目的计费基数应为定额人工费或(定额人工费＋定额机械费)，其费率由工程造价管理机构根据各专业工程特点和调查资料综合分析后确定。

⑥ 脚手架工程费：是指施工需要的各种脚手架搭、拆、运输费用以及脚手架购置费的摊销(或租赁)费用。

⑦ 混凝土模板及支架(撑)费：是指混凝土施工过程中需要的各种模板制作、模板安装、拆除、整理堆放及场内外运输、清理模板黏结物及模内杂物、刷隔离剂等费用。

⑧ 垂直运输费：是指施工工程在合理工期内所需垂直运输机械的固定装置、基础制作、安装费及行走式垂直运输机械轨道的铺设、拆除、摊销等费用。

⑨ 超高施工增加费：是指当单层建筑物檐口高度超过 20m，多层建筑物超过 6 层时计取施工增加费用。

⑩ 大型机械设备进出场及安拆费：是指机械整体或分体自停放场地运至施工现场或由一个施工地点运至另一个施工地点，所发生的机械进出场运输及转移费用及机械在施工现场进行安装、拆卸所需的人工费、材料费、机械费、试运转费和安装所需的辅助设施的费用。

⑪ 施工排水、降水费：是指为确保工程在正常条件下施工，采取各种降水、排水措施所发生的各种费用。

上述⑥～⑪项可计量的措施项目的计算公式为

$$措施项目费=\sum(措施项目工程量\times综合单价)$$

(3) 其他项目费：是指分部分项工程费用、措施项目费所包含的内容以外，因招标人的特殊要求而发生的与拟建工程有关的其他费用。工程建设标准的高低、工程的复杂程度、工期的长短、工程的内容及发包人对工程的管理要求都直接影响其他项目费的具体内容，在《建设工程工程量清单计价规范》(GB 50500—2013)中提供了以下 4 项内容作为列项参考。

① 暂列金额：是指建设单位在工程量清单中暂定并包括在工程合同价款中的一笔款项。用于施工合同签订时尚未确定或者不可预见的所需材料、工程设备、服务的采购，施工中可能发生的工程变更、合同约定调整因素出现时的工程价款调整以及发生的索赔、现场签证确认等的费用。

② 暂估价：是指招标阶段直至签订合同协议时，招标人在招标文件中提供的用于支付必然要发生但暂时不能确定价格的材料以及需另行发包的专业工程金额。暂估价包括材料暂估价和专业工程暂估价。

暂列金额和暂估价是两个完全不同的概念，要注意区分。

③ 计日工：是指在施工过程中，施工企业完成建设单位提出的施工图纸以外的零星项

目或工作所需的费用。

④ 总承包服务费：是指总承包人为配合、协调建设单位进行的专业工程发包，对建设单位自行采购的材料、工程设备等进行保管以及施工现场管理、竣工资料汇总整理等服务所需的费用。

(4) 规费：定义同建筑安装工程费用项目组成(按费用构成要素划分)中的规费。

(5) 税金：定义同建筑安装工程费用项目组成(按费用构成要素划分)中的税金。

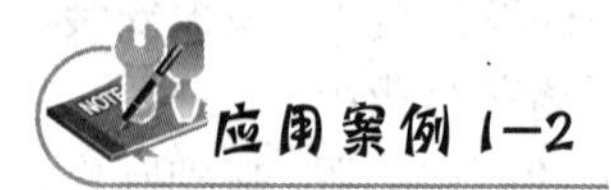

应用案例 1-2

某办公楼建筑工程的分部分项工程费合计为 1000 万元，其中人工费为 200 万元；假设以人工费为计算基础，安全文明措施费的费率为 15.28%，社会保险费费率为 7.48%，住房公积金费率为 1.7%，税率按 3.477%计算。试列表计算该工程的建筑工程造价。

解：此工程建筑工程造价计算见表 1-2。

表 1-2　建筑工程造价计算表

序号	费 用 项 目	计 算 方 法	金额/万元
(1)	分部分项工程费	1000	1000
(1.1)	其中：人工费	200	200
(2)	措施项目费		30.56
(2.1)	其中：安全文明施工费	(1.1)×15.28%＝200×15.28%	30.56
(3)	其他项目费		0
(4)	规费	(4.1)＋(4.2)	18.36
(4.1)	其中：社会保险费	(1.1)×7.48%＝200×7.48%	14.96
(4.2)	其中：住房公积金	(1.1)×1.7%＝200×1.7%	3.4
(5)	税前造价	(1)＋(2)＋(3)＋(4)＝1000＋30.56＋18.36	1048.92
(6)	税金	(5)×3.477%＝1048.92×3.477%	36.47
(7)	建筑工程造价	(5)＋(6)＝1048.92＋36.47	1085.39

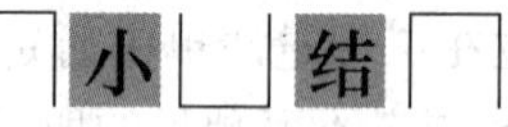

小结

本章重点介绍了以下内容。

(1) 工程造价的概念，包括广义和狭义两种含义。广义的工程造价是站在投资者的角度，指建设一项工程预期开支或实际开支的全部资产费用，在量上等于固定资产投资；狭义的工程造价是站在市场交易的角度，指为建成一项工程，预计或实际在土地市场、设备市场、技术劳务市场、承包市场等交易活动中所形成的工程发承包(交易)价格。

(2) 工程造价的计价特点：单件性、多次性、组合性、方法多样性、依据复杂性等。

(3) 工程造价的计价依据是指在计算工程造价时所依据的各类基础资料的总称，主要包括建设工程定额、工程造价指数和工程造价资料等，其中建设工程定额是工程计价的核心依据。

(4) 根据住房和城乡建设部、财政部印发的《建筑安装工程费用项目组成》(建标[2013]44 号)的规定，建筑安装工程费按照费用构成要素划分，由人工费、材料费、施工机具使用费、企业管理费、利润、规费和税金组成；按工程造价形成顺序划分为分部分项工程费、措施项目费、其他项目费、规费和税金。其中各项费用内容和计算方法是本章重点。

习 题

一、单选题

1. 站在市场交易的角度，工程造价是指( )。
   A. 建设一项工程预期开支或实际开支的全部固定资产投资和流动资产投资费用
   B. 工程发承包价格
   C. A 与 B 均不正确
   D. 从不同角度理解，A 与 B 均正确
2. 工程造价广义的含义是从( )角度定义的。
   A. 建筑安装工程　　B. 建筑安装工程承包商
   C. 设备供应商　　D. 建设项目投资者
3. 在下列各种定额中，不属于计价定额的是( )。
   A. 预算定额　　B. 施工定额　　C. 概算定额　　D. 费用定额
4. 施工定额是按照( ) 编制的。
   A. 社会平均先进水平　　B. 行业平均先进水平
   C. 社会平均水平　　D. 行业平均水平
5. 按照《建筑安装工程费用项目组成》(建标[2013]44 号)的规定，施工现场项目经理的工资包含在( )中。
   A. 人工费　　B. 规费　　C. 利润　　D. 企业管理费

二、多选题

1. 工程造价具有多次计价特征，其中各阶段与造价对应关系正确的是( )。
   A. 招投标阶段—估算价
   B. 施工阶段—结算价
   C. 竣工验收阶段—合同价
   D. 施工图设计阶段—预算价
   E. 可行性研究阶段—概算造价
2. 工程造价的计价特征有( )。
   A. 单件性　　B. 方法多样性　　C. 多次性
   D. 依据复杂性　　E. 批量性
3. 工程量清单计价中，分部分项工程的综合单价由完成规定计量单位工程量清单项目所需的( )等费用组成。
   A. 人工费、材料费、机械使用费　　B. 企业管理费
   C. 规费　　D. 利润　　E. 税金

4. 采用工程量清单报价，下列计算公式正确的是(　　)。

A. 分部分项工程费＝$\sum$分部分项工程量×分部分项工程综合单价

B. 措施项目费＝$\sum$措施项目工程量×措施项目综合单价

C. 单位工程报价＝$\sum$分部分项工程费

D. 单项工程报价＝$\sum$单位工程报价

E. 建设项目总报价＝$\sum$单项工程报价

5. 建筑安装工程费用按照费用构成要素组成，包含以下(　　)。

A. 人工费　　B. 材料费　　C. 施工机具使用费

D. 分部分项工程费　　E. 企业管理费

三、简答题

请简述我国现行建筑安装工程造价的构成。

四、案例分析题

某建筑公司承建该市某高校新址教学楼工程，依据设计图纸、合同和有关文件等，以工料单价法经过计算汇总得到其人工费、材料费、机械费的合价为1120万元。其中人工费占人、材、机合计的8%；安全文明施工措施费的费率为企业管理费为人工费的60%；利润为人工费的120%；社会保险费费率为7.48%；住房公积金费率为1.7%；税金按规定计取，费率按3.477%计算。

问题：以人工费为计算基础，试列表计算该工程的建筑安装工程造价。

第2章

建筑面积计算

学习目标

通过本章学习，掌握建筑面积的概念、建筑面积的计算方法；了解建筑面积的计算意义。

能力目标

能够结合实际工程，运用《建筑工程建筑面积计算规范》(GB/T 50353—2013)进行建筑面积的计算，了解建筑面积的计算意义。

知识要点	能力要求	比　重
建筑面积的概念	掌握建筑面积的组成，区分使用面积、结构面积和辅助面积	10%
建筑面积的计算	运用《建筑工程建筑面积计算规范》(GB/T 50353—2013)进行建筑面积的计算	90%

导读

掌握《建筑工程建筑面积计算规范》(GB/T 50353—2013)能准确计算出设计面积、规划审批面积、施工许可面积、预售面积等，这不仅能反映建筑规模的大小，同时还是城市规划管理，开发商及施工单位进行造价指标计算的依据。我们知道以前房地产开发商常用“赠送”面积的营销策略作为吸引购房者的卖点，比如购房“赠送”飘窗、露台、地下室等。在 GB/T 50353 —2013 中都被限制，类似结构楼板外挑，窗户凸出建筑外墙面的所谓凸窗设计，都要计入建筑面积。例如，按照 2013 版《建筑工程建筑面积计算规范》要求，窗台与室内楼地面高差在 0.45m 以下且结构净高在 2.1m 及以上的凸(飘)窗，应按其围护结构外围水平面积计算 1/2 面积。相比之下，按照 2005 版《建筑工程建筑面积计算规范》，飘窗是不计算面积的。当然面积计算规范的改动还不止这一处，随着 GB/T 50353—2013 这项新标准的出台，我们需要尽快掌握并按照新的规范进行计算，尽量避免由于标准误读造成的损失。

2.1 建筑面积的计算规范简介

2.1.1 基本概念

建筑面积是指建筑物各层面积的总和，它包括使用面积、辅助面积和结构面积。

使用面积是指建筑物各层平面中直接为生产、生活使用的净面积的总和，如教学楼中各层教室面积的总和。

辅助面积是指建筑物各层平面中，为辅助生产或生活活动作用所占净面积的总和，如教学楼中的楼梯、厕所等面积的总和。

结构面积是指建筑物中各层平面中的墙、柱等结构所占的面积的总和。

2.1.2 建筑面积的计算意义

建筑面积是一项重要的技术经济指标。年度竣工建筑面积的多少，是衡量和评价建筑承包商的重要指标。在国民经济一定时期内，完成建设工程建筑面积的多少，也标志着国家人民生活居住条件的改善程度。另外有了建筑面积，才能够计算出另外一个重要的技术经济指标——单方造价(元 / m^2)。建筑面积和单方造价又是计划部门、规划部门和上级主管部门进行立项、审批、控制的重要依据。

另外，在编制工程建设概预算时，建筑面积也是计算某些分项工程量的基础数据，从而减少概预算编制过程中的计算工作量。如：场地平整、地面抹灰、地面垫层、室内回填土、天棚抹灰等项的工程量计算，均可利用建筑面积这个基数来计算。

现行的建筑面积计算方法是按 2013 年 12 月 19 日由建设部、国家质量监督检验检疫总局联合发布的建设部 269 号文批准的《建筑工程建筑面积计算规范》(GB/T 50353—2013)计算，文件规定《建筑工程建筑面积计算规范》(GB/T 50353—2013)自 2014 年 7 月 1 日起实施，《建筑工程建筑面积计算规范》(GB/T 50353—2005)同时废止。

2.2 计算建筑面积的规定及案例

《建筑工程建筑面积计算规范》由总则、术语、计算建筑面积的规定三部分内容。其中在计算建筑面积的规定中详细解释了现行的建筑面积计算方法。其规定如下。

3.0.1 建筑物的建筑面积应按自然层外墙结构外围水平面积之和计算。结构层高在 2.20m 及以上的，应计算全面积；结构层高在 2.20m 以下的，应计算 1/2 面积。

自然层是指按楼地面结构分层的楼层。

“外墙结构外围水平面积”主要强调建筑面积计算应计算墙体结构的面积，按建筑平面图结构外轮廓尺寸计算，而不应包括墙体构造所增加的抹灰厚度、材料厚度等。

应用案例 2-1

如图 2.1 所示为某建筑平面和剖面示意图，试计算该建筑物的建筑面积。

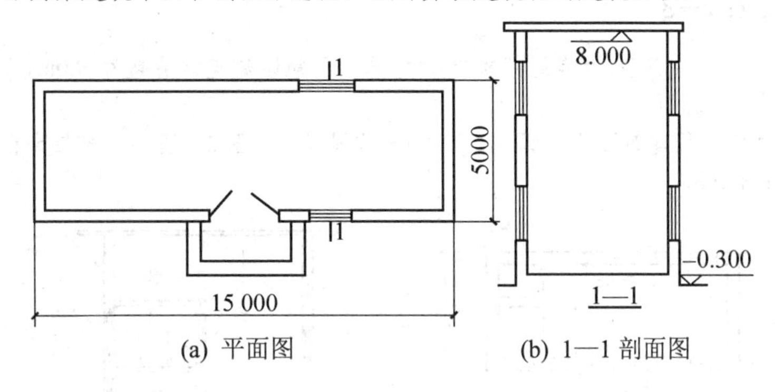

(a) 平面图　　(b) 1—1 剖面图

图 2.1　某建筑物示意图

解：根据《建筑工程建筑面积计算规范》3.0.1 条规定，由图 2.1 可知，该建筑物结构层高在 2.2m 以上，则其建筑面积应为

$$S=15\times5=75(\mathrm{m}^2)$$

应用案例 2-2

如图 2.2 所示为某建筑平面和剖面示意图，计算该建筑物的建筑面积。

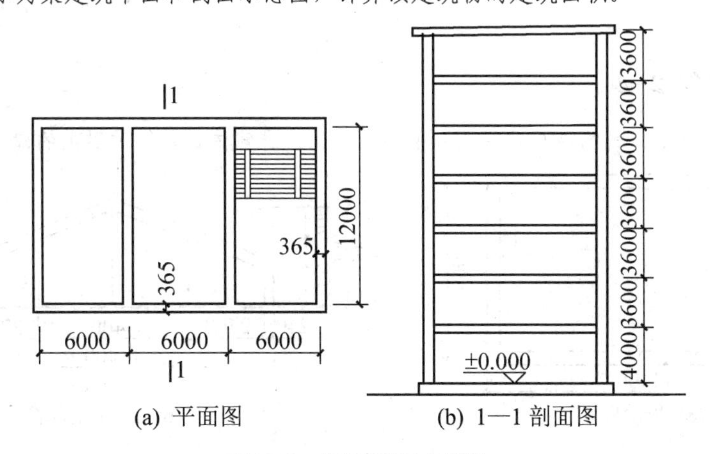

(a) 平面图　　(b) 1—1 剖面图

图 2.2　某建筑物示意图

解：根据《建筑工程建筑面积计算规范》3.0.1 条规定，如图 2.2 可知，该建筑物各层平面图相同，且各层层高均在 2.2m 以上，则其建筑面积为

$$S=(18+0.24)\times(12+0.24)\times7\text{层}=1562.80(\text{m}^2)。$$

3.0.2 建筑物内设有局部楼层时，对于局部楼层的二层及以上楼层，有围护结构的应按其围护结构外围水平面积计算，无围护结构的应按其结构底板水平面积计算，且结构层高在 2.20m 及以上的，应计算全面积，结构层高在 2.20m 以下的，应计算 1/2 面积。

围护结构是指围合建筑空间的墙体、门、窗。围护设施是指为保障安全而设置的栏杆、栏板等围挡。

应用案例 2-3

如图 2.3 所示为某建筑物(设有局部楼层)示意图，已知该建筑物层高为 9.0m，局部楼层层高为 3.0m，求该建筑物建筑面积。

解：根据《建筑工程建筑面积计算规范》3.0.2 条规定，由图 2.3 可知，当层高在 2.20m 以上时，其建筑面积为 AB+2ab。

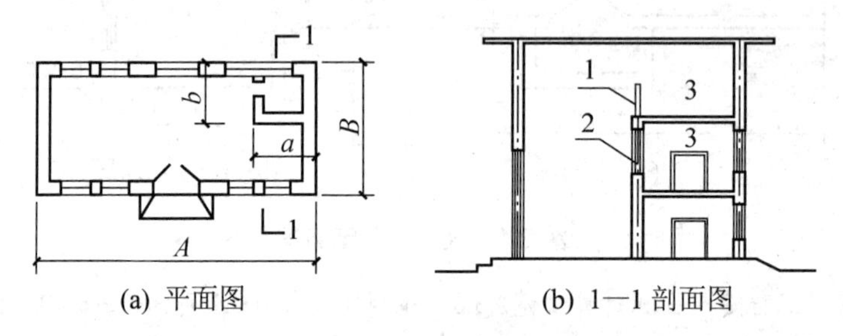

图 2.3 建筑物有局部楼层示意图

1—围护设施；2—围护结构；3—局部楼层

3.0.3 形成建筑空间的坡屋顶，结构净高在 2.10m 及以上的部位应计算全面积；结构净高在 1.20m 及以上至 2.10m 以下的部位应计算 1/2 面积；结构净高在 1.20m 以下的部位不应计算建筑面积。

应用案例 2-4

如图 2.4 所示为某建筑物坡屋顶平面和剖面示意图，计算该建筑物坡屋顶的建筑面积。

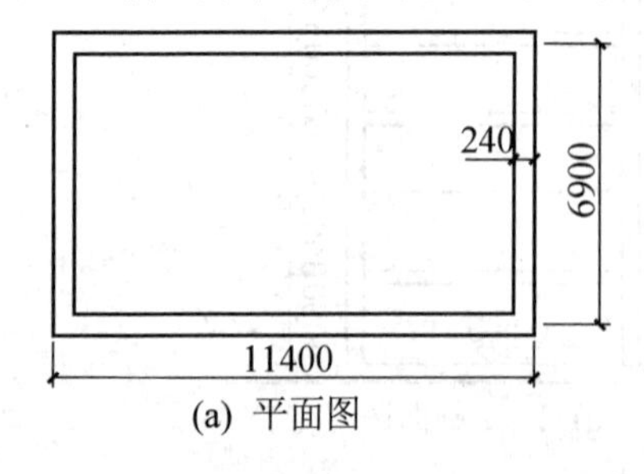

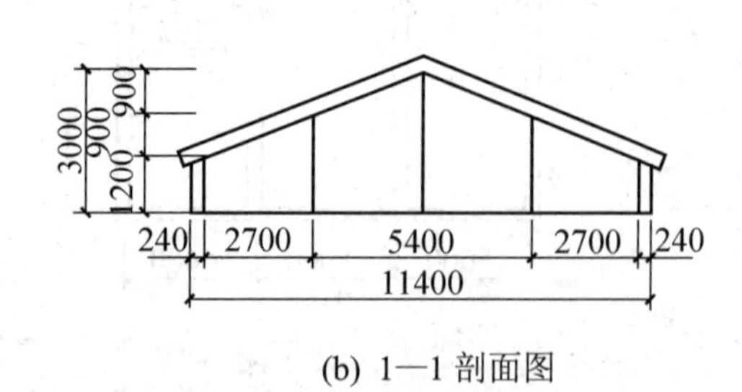

图 2.4 建筑物坡屋顶示意图

解：根据《建筑工程建筑面积计算规范》3.0.3 条规定，由图 2.4 可知，有部分坡屋顶结构净高在 2.1m 以上，则其建筑面积为

$$S=5.4\times(6.9+0.24)+2.7\times(6.9+0.24)\times0.5\times2=57.83(\mathrm{m}^2)$$

3.0.4　场馆看台下的建筑空间，结构净高在 2.10m 及以上的部位应计算全面积；结构净高在 1.20m 及以上至 2.10m 以下的部位应计算 1/2 面积；结构净高在 1.20m 以下的部位不应计算建筑面积。室内单独设置的有围护设施的悬挑看台，应按看台结构底板水平投影面积计算建筑面积。有顶盖无围护结构的场馆看台应按其顶盖水平投影面积的 1/2 计算面积。

“有顶盖无围护结构的场馆看台”中所称的“场馆”为专业术语，指各种“场”类建筑，如体育场、足球场、网球场、带看台的风雨操场等。

3.0.5　地下室、半地下室应按其结构外围水平面积计算。结构层高在 2.20m 及以上的，应计算全面积；结构层高在 2.20m 以下的，应计算 1/2 面积。

如图 2.5 所示的地下室示意图中，计算建筑面积时，不应包括由于构造需要所增加的面积，如无顶盖采光井、立面防潮层、保护墙等厚度所增加的面积。

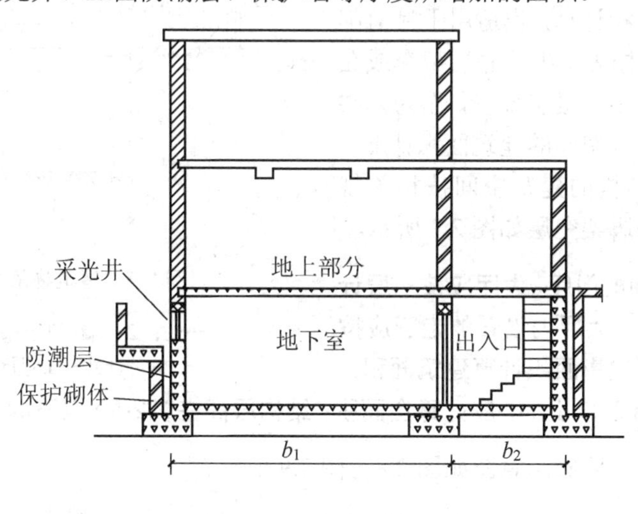

图 2.5　地下室示意图

3.0.6　出入口外墙外侧坡道有顶盖的部位，应按其外墙结构外围水平面积的 1/2 计算面积。

出入口坡道分为有顶盖出入口坡道和无顶盖出入口坡道，出入口坡道的挑出长度，为顶盖结构外边线至外墙结构外边线的长度；顶盖以设计图纸为准，对后增加及建设单位自行增加的顶盖等，不计算建筑面积。顶盖不分材料种类(如钢筋混凝土顶盖、彩钢板顶盖、阳光板顶盖等)。地下室入口如图 2.6 所示。

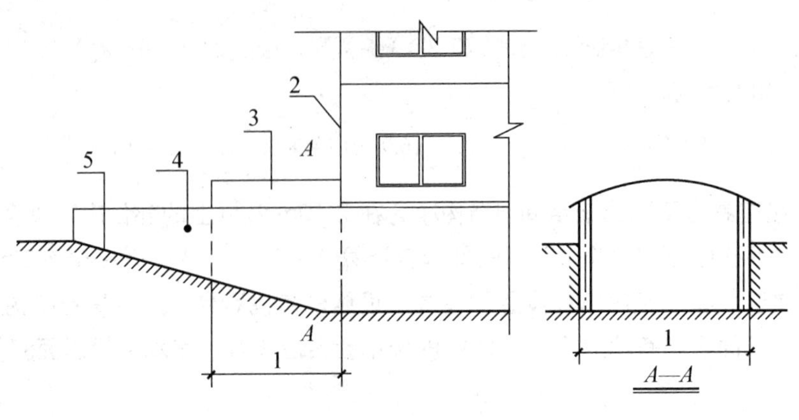

图 2.6　地下室出入口

1—计算 1/2 投影面积部分；2—主体建筑；3—出入口顶盖；4—封闭出入口侧墙；5—出入口坡道

3.0.7　建筑物架空层及坡地建筑物吊脚架空层，应按其顶板水平投影计算建筑面积。结构层高在 2.20m 及以上的，应计算全面积；结构层高在 2.20m 以下的，应计算 1/2 面积。

架空层是指仅有结构支撑而无外围结构的开敞空间层。

本条既适用于建筑物吊脚架空层、深基础架空层的建筑面积计算，也适用于目前部分住宅、学校教学楼等工程在底层架空或在二楼以上某个甚至多个楼层架空，作为公共活动、停车、绿化等空间的建筑面积计算。架空层中有围护结构的建筑空间按相关规定计算。建筑物吊脚架空层如图 2.7 所示。

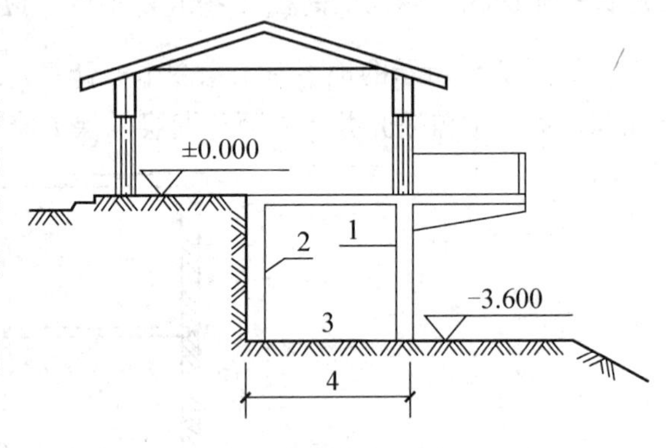

图 2.7　建筑物吊脚架空层

1—柱；2—墙；3—吊脚架空层；
4—计算建筑面积部位

3.0.8　建筑物的门厅、大厅应按一层计算建筑面积，门厅、大厅内设置的走廊应按走廊结构底板水平投影面积计算建筑面积。结构层高在 2.20m 及以上的，应计算全面积；结构层高在 2.20m 以下的，应计算 1/2 面积。

建筑物的门厅、回廊示意图如图 2.8、图 2.9 所示。

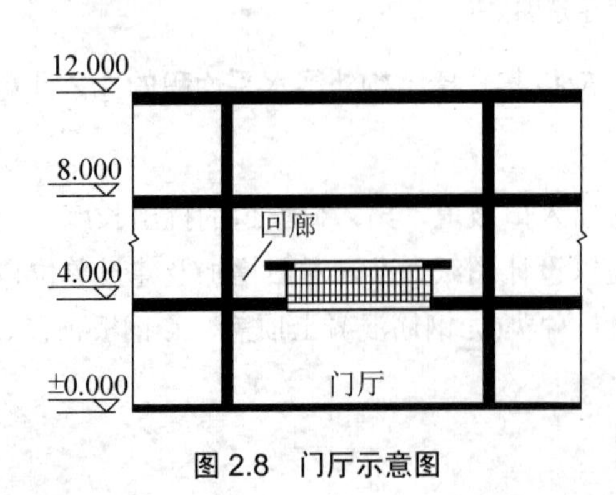

图 2.8　门厅示意图

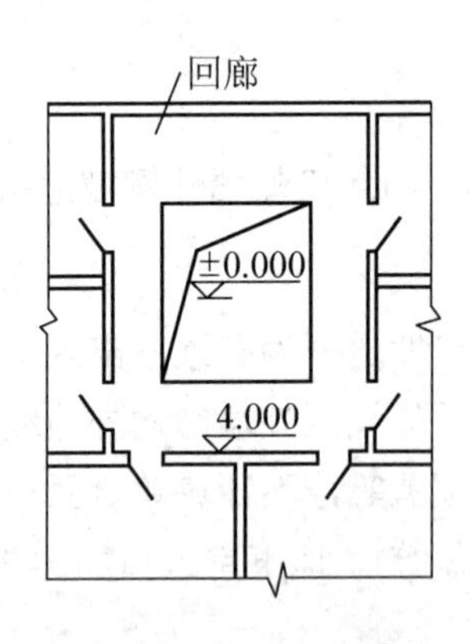

图 2.9　回廊示意图

应用案例 2-5

图 2.10 所示为某大厅内设置回廊的二层结构平面示意图，已知二层层高 2.9m，求该回廊的建筑面积。

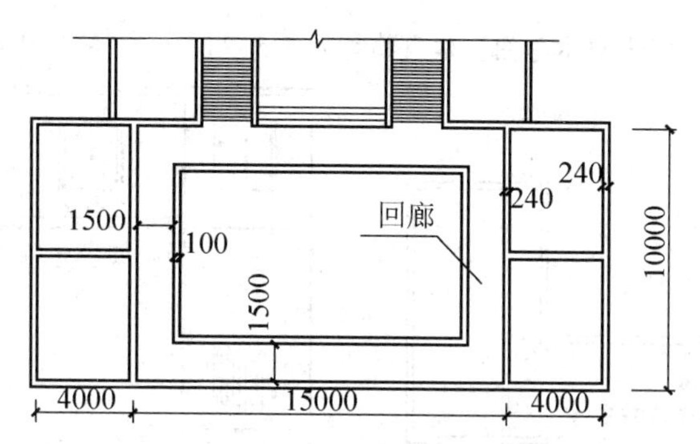

图 2.10 带回廊的二层平面示意图

解：根据《建筑工程建筑面积计算规范》3.0.8 条的规定，由图 2.10 可知，该回廊层高在 2.20m 以上，则其建筑面积为

$$S=(15-0.24)\times1.6\times2+(10-0.24-1.6\times2)\times1.6\times2=68.22(\mathrm{m}^2)$$

3.0.9 建筑物间的架空走廊，有顶盖和围护结构(图 2.12)的，应按其围护结构外围水平面积计算全面积；无围护结构(图 2.11)、有围护设施的，应按其结构底板水平投影面积计算 1/2 面积。

图 2.11 无围护结构的架空走廊

1—栏杆；2—架空走廊

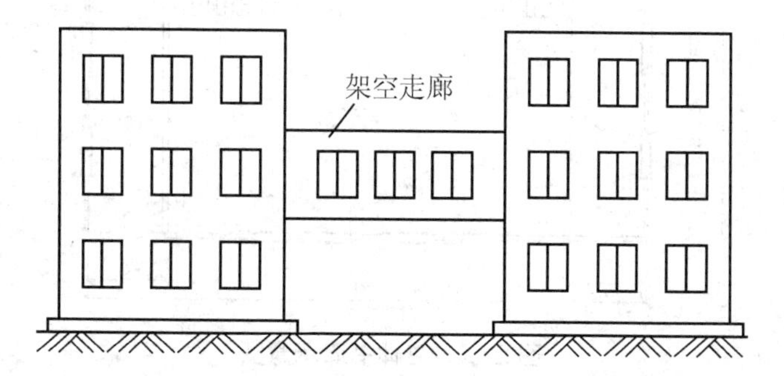

图 2.12 有围护结构的架空走廊

架空走廊即专门设置在建筑物在二层或二层以上，作为不同建筑物之间为水平交通的空间。

应用案例 2-6

如图2.13所示为某架空走廊示意图，建筑物墙体厚为240mm，求该架空走廊的建筑面积。

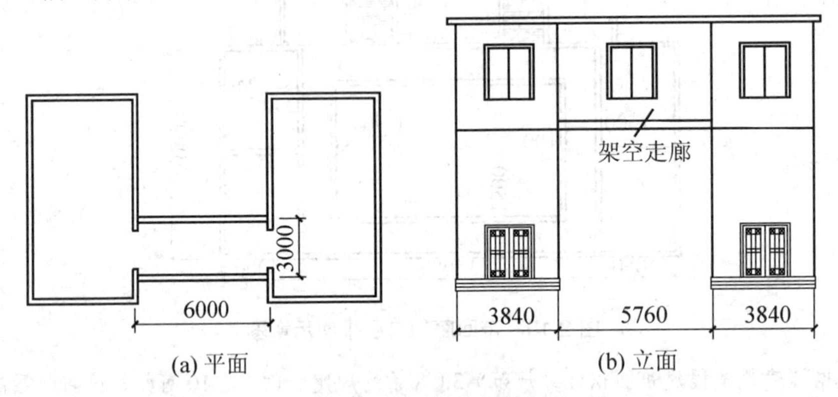

图 2.13　某架空走廊示意图

解： 根据《建筑工程建筑面积计算规范》3.0.9条规定，由图2.13可知，该图为有围护结构的架空走廊，则其建筑面积为

$$S=(6-0.24)\times(3+0.24)=18.66(\text{m}^2)$$

3.0.10　立体书库(图2.14)、立体仓库、立体车库，有围护结构的，应按其围护结构外围水平面积计算建筑面积；无围护结构、有围护设施的，应按其结构底板水平投影面积计算建筑面积。无结构层的应按一层计算，有结构层的应按其结构层面积分别计算。结构层高在2.20m及以上的，应计算全面积；结构层高在2.20m以下的，应计算1/2面积。

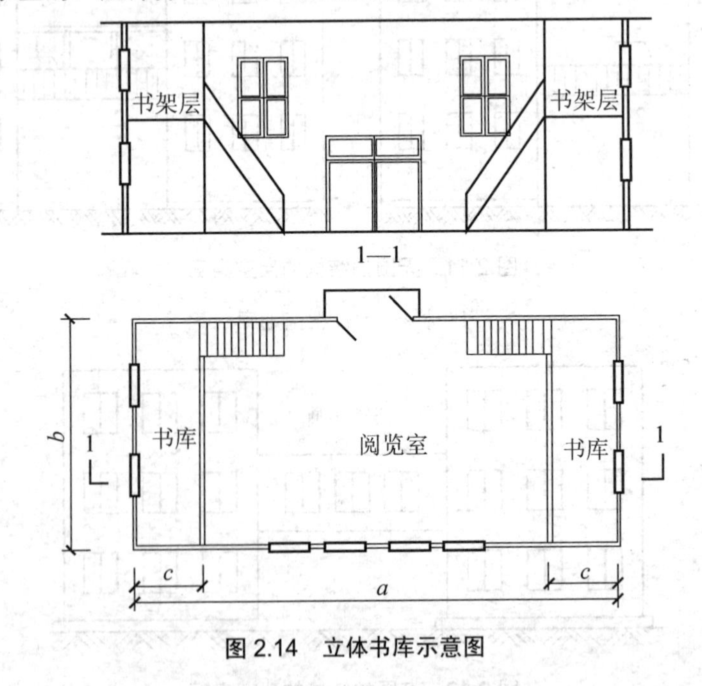

图 2.14　立体书库示意图

起局部分隔、储存等作用的书架层、货架层或可升降的立体钢结构停车层均不属于结构层，故该部分分层不计算建筑面积。

3.0.11　有围护结构的舞台灯光控制室，应按其围护结构外围水平面积计算。结构层高在2.20m及以上的，应计算全面积；结构层高在2.20m以下的，应计算1/2面积。

3.0.12　附属在建筑物外墙的落地橱窗，应按其围护结构外围水平面积计算。结构层高在2.20m及以上的，应计算全面积；结构层高在2.20m以下的，应计算1/2面积。

落地橱窗是指突出外墙面根基落地的橱窗。在商业建筑临街面设置的下槛落地、可落在室外地坪也可落在室内首层地板，用来展览各种样品的玻璃窗。

3.0.13　窗台与室内楼地面高差在0.45m以下且结构净高在2.10m及以上的凸(飘)窗，应按其围护结构外围水平面积计算1/2面积。

凸窗(飘窗)是指凸出建筑物外墙面的窗户。凸窗(飘窗)既作为窗，就有别于楼(地)板的延伸，也就是不能把楼(地)板延伸出去的窗称为凸窗(飘窗)。凸窗(飘窗)的窗台应只是墙面的一部分且距(楼) 地面应有一定的高度。

3.0.14　有围护设施的室外走廊(挑廊)，应按其结构底板水平投影面积计算1/2面积；有围护设施(或柱)的檐廊，应按其围护设施(或柱)外围水平面积计算1/2面积。

檐廊(图 2.15)是指建筑物挑檐下的水平交通空间，是附属于建筑物底层外墙有屋檐作为顶盖，其下部一般有柱或栏杆、栏板等的水平交通空间。挑廊指挑出建筑物外墙的水平交通空间。

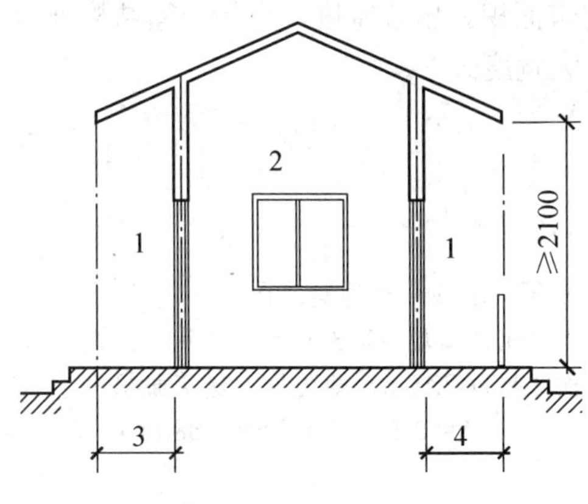

图2.15　檐廊

1—檐廊；2—室内；3—不计算建筑面积部位；4—计算1/2建筑面积部位

3.0.15　门斗应按其围护结构外围水平面积计算建筑面积。结构层高在2.20m及以上的，应计算全面积；结构层高在2.20m以下的，应计算1/2面积。

门斗是指建筑物入口处两道门之间的空间，如图2.16所示。

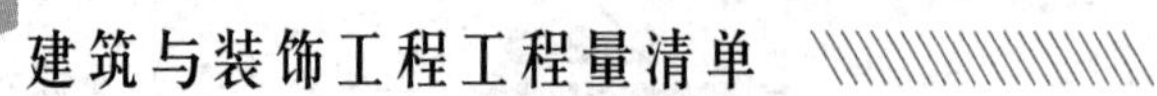

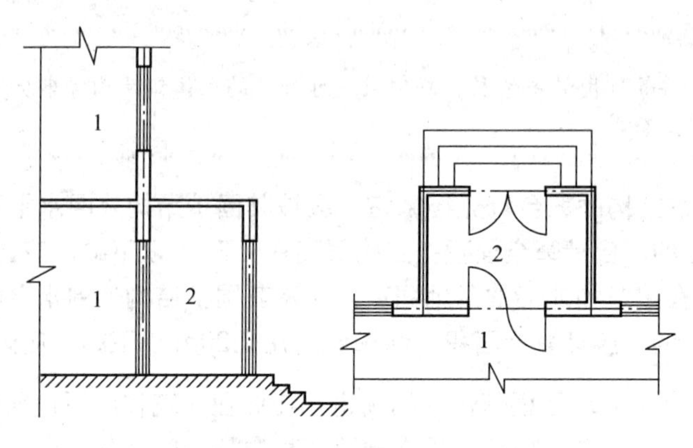

图 2.16　门斗示意图

1—室内；2—门斗

3.0.16　门廊应按其顶板的水平投影面积的 1/2 计算建筑面积；有柱雨篷应按其结构板水平投影面积的 1/2 计算建筑面积；无柱雨篷的结构外边线至外墙结构外边线的宽度在 2.10m 及以上的，应按雨篷结构板的水平投影面积的 1/2 计算建筑面积。

门廊指建筑物入口前有顶棚的半围合空间，是在建筑物出入口，无门、三面或二面有墙，上部有板(或借用上部楼板)围护的部位。雨篷指建筑物出入口上方为遮挡雨水而设置的部件，是建筑物出入口上方、凸出墙面、为遮挡雨水而单独设立的建筑部件。雨篷划分为有柱雨篷(包括独立柱雨篷，多柱雨篷，柱墙混合支撑雨篷、墙支撑雨篷)和无柱雨篷(悬挑雨篷)。如凸出建筑物，且不单独设立顶盖，利用上层结构板(如楼板、阳台底板)进行遮挡，则不视为雨篷，不计算建筑面积。对于无柱雨篷，如顶盖高度达到或超过两个楼层时，也不视为雨篷，不计算建筑面积。出挑宽度，系指雨篷结构外边线至外墙结构外边线的宽度，弧形或异形时，取最大宽度。

应用案例 2-7

图 2.17 所示为某雨篷示意图，求该雨篷的建筑面积。

解：根据《建筑工程建筑面积计算规范》3.0.16 条规定，由图 2.17 可知，该雨棚为无柱雨篷，雨篷外边线至外墙外边线的宽度超过 2.10m，则雨篷的建筑面积为

$$S=2.5\times1.5\times0.5=1.88(\text{m}^2)$$

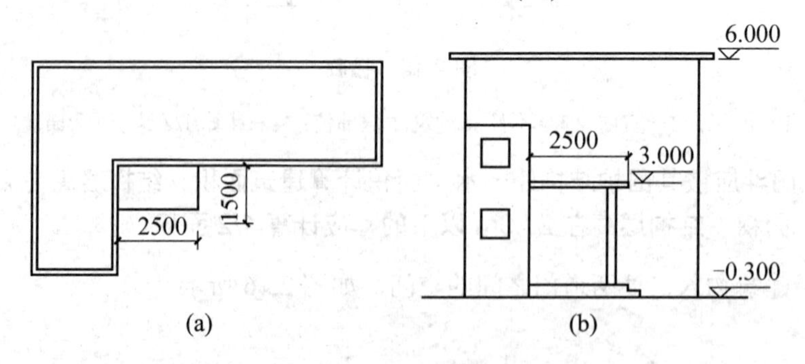

图 2.17　雨篷示意图

3.0.17　设在建筑物顶部的、有围护结构的楼梯间、水箱间、电梯机房等，结构层高在 2.20m 及以上的应计算全面积；结构层高在 2.20m 以下的，应计算 1/2 面积。

应用案例 2-8

图 2.18 所示为某建筑示意图，求门斗和水箱间的建筑面积。

解：根据《建筑工程建筑面积计算规范》3.0.17 条，3.0.15 条规定，由图 2.18 可知，门斗高 2.80m，水箱间高 2.00m，其建筑面积计算如下：

门斗的建筑面积为

$$S=3.5\times2.5=8.75(\text{m}^2)$$

水箱间的建筑面积为

$$S=2.5\times2.5\times0.5=3.25(\text{m}^2)$$

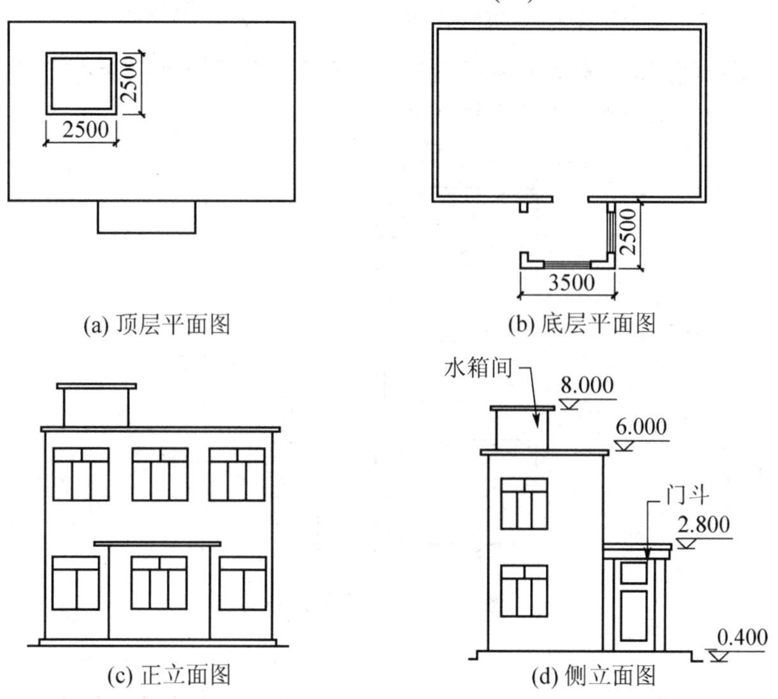

图 2.18　门斗、水箱间示意图

3.0.18　围护结构不垂直于水平面的楼层，应按其底板面的外墙外围水平面积计算。结构净高在 2.10m 及以上的部位，应计算全面积；结构净高在 1.20m 及以上至 2.10m 以下的部位，应计算 1/2 面积；结构净高在 1.20m 以下的部位，不应计算建筑面积。

斜围护结构如图 2.19 所示。

3.0.19　建筑物的室内楼梯、电梯井、提物井、管道井、通风排气竖井、烟道，应并入建筑物的自然层计算建筑面积。有顶盖的采光井应按一层计算面积，结构净高在 2.10m 及以上的，应计算全面积；结构净高在 2.10m 以下的，应计算 1/2 面积。

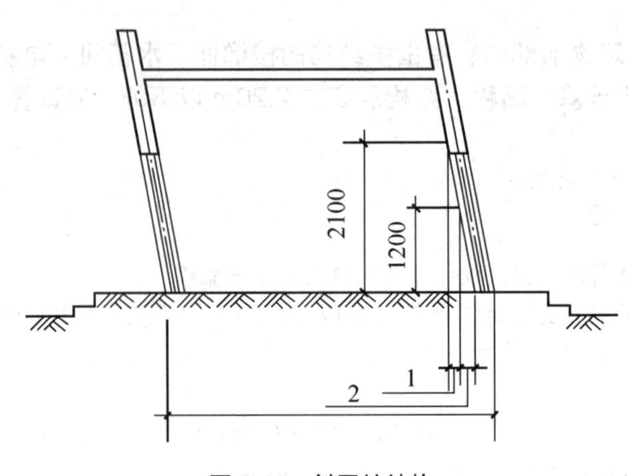

图 2.19　斜围护结构

1—计算 1/2 建筑面积部位；2—不计算建筑面积部位

建筑物的楼梯间层数按建筑物的层数计算。有顶盖的采光井包括建筑物中的采光井和地下室采光井，地下室采光井如图 2.20 所示。

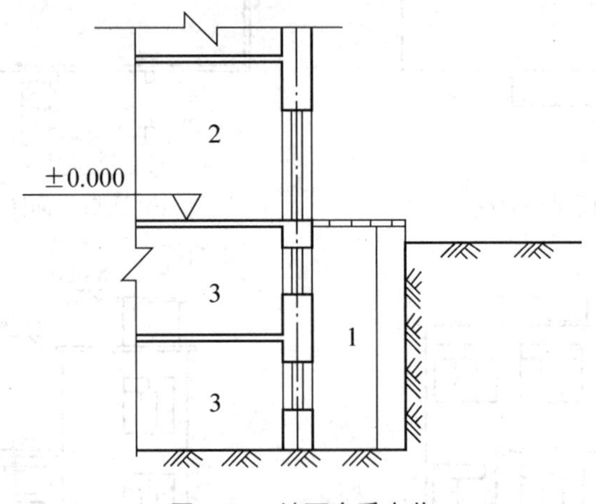

图 2.20　地下室采光井

1—采光井；2—室内；3—地下室

3.0.20　室外楼梯应并入所依附建筑物自然层，并应按其水平投影面积的 1/2 计算建筑面积。

层数为室外楼梯依附的楼层数，即梯段部分投影到建筑物范围的层数。利用室外楼梯下部的建筑空间不得重复计算建筑面积；利用地势砌筑的为室外踏步，不计算建筑面积。

3.0.21　在主体结构内的阳台，应按其结构外围水平面积计算全面积；在主体结构外的阳台，应按其结构底板水平投影面积计算 1/2 面积。

建筑物的阳台(图 2.21)，不论其形式如何，均以建筑物主体结构为界分别计算建筑面积。

3.0.22　有顶盖无围护结构的车棚、货棚、站台、加油站、收费站等，应按其顶盖水平投影面积的 1/2 计算建筑面积。

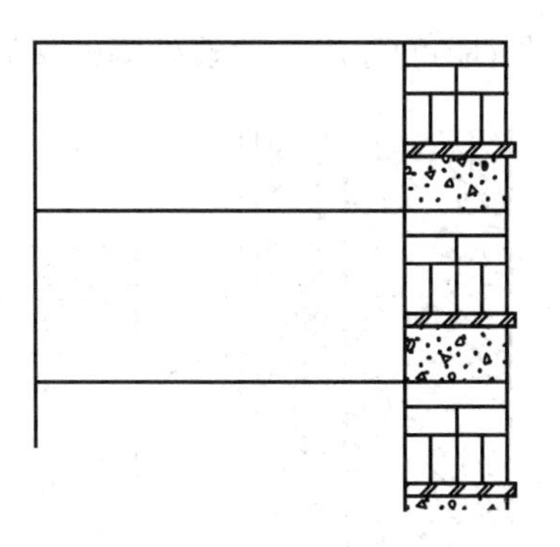

图 2.21 阳台示意图

图 2.22 所示为无围护结构的站台示意图，求其建筑面积。

解：根据《建筑工程建筑面积计算规范》3.0.22 条规定，由图 2.22 可知，有顶盖无围护结构站台的建筑面积为

$$S=7\times12\times0.5=42(\text{m}^2)$$

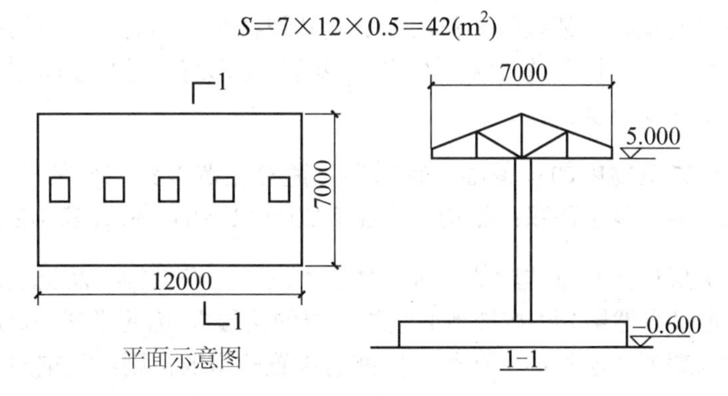

图 2.22 无围护结构的站台示意图

3.0.23 以幕墙作为围护结构的建筑物，应按幕墙外边线计算建筑面积。

幕墙以其在建筑中所起的作用和功能来区分，直接作为外墙起围护作用的幕墙，按其外边线计算建筑面积；设置在建筑物墙体外起装饰作用的幕墙，不计算建筑面积。

3.0.24 建筑物的外墙外保温层，应按其保温材料的水平截面积计算，并计入自然层建筑面积。

建筑物外墙外侧有保温隔热层的，保温隔热层以保温材料的净厚度乘以外墙结构的外边线长度按建筑物的自然层计算建筑面积，其外墙外边线长度不扣除门窗和建筑物外的已计算建筑面积构件(如阳台、室外走廊、门斗、落地橱窗等部件)所占长度。当建筑物外已计算面积的构件有保温隔热层时，其保温隔热层也不再计算建筑面积。外墙是斜面者按楼面楼板处的外墙外边线长度乘以保温材料的净厚度计算。外墙外保温以沿高度方向满铺为准，某层外墙外保温铺设高度未达到全部高度时(不包含阳台、室外走廊、门斗、落地橱窗、雨篷、飘窗等)，不计算建筑面积。保温隔热层的建筑面积是以保温隔热材料的厚度来计算，

不包含抹灰层、防潮层、保护层(墙)的厚度。建筑外墙外保温如图 2.23 所示。

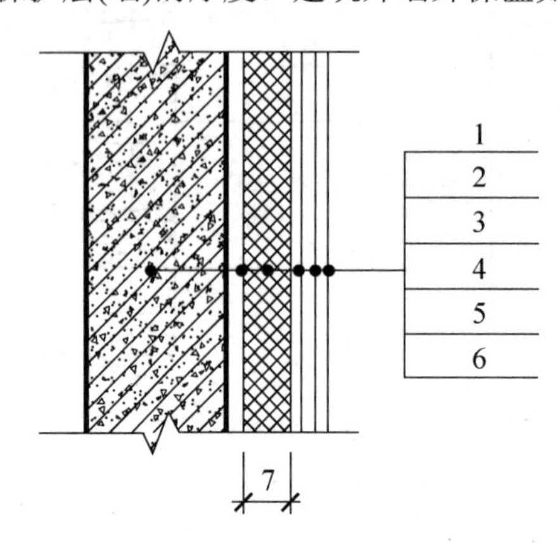

图 2.23　建筑外墙外保温

1—墙体；2—黏结胶浆；3—保温材料；4—标准网；5—加强网；6—抹面胶浆；7—计算建筑面积部位

3.0.25　与室内相通的变形缝，应按其自然层合并在建筑物建筑面积内计算。对于高低联跨的建筑物，当高低跨内部连通时，其变形缝应计算在低跨面积内。

变形缝指防止建筑物在某些因素作用下引起开裂甚至破坏而预留的构造缝。变形缝一般分为伸缩缝、沉降缝、抗震缝三种。与室内相通的变形缝，是指暴露在建筑物内，在建筑物内可以看得见的变形缝。

3.0.26　对于建筑物内的设备层、管道层、避难层等有结构层的楼层，结构层高在 2.20m 及以上的，应计算全面积；结构层高在 2.20m 以下的，应计算 1/2 面积。

设备层、管道层虽然其具体功能与普通楼层不同，但在结构上及施工消耗上并无本质区别，且本规范定义自然层为“按楼地面结构分层的楼层”，因此设备、管道楼层归为自然层，其计算规则与普通楼层相同。在吊顶空间内设置管道的，则吊顶空间部分不能被视为设备层、管道层。

3.0.27　下列项目不应计算面积：

1　与建筑物内不相连通的建筑部件；

2　骑楼、过街楼底层的开放公共空间和建筑物通道；

3　舞台及后台悬挂幕布和布景的天桥、挑台等；

4　露台、露天游泳池、花架、屋顶的水箱及装饰性结构构件；

5　建筑物内的操作平台、上料平台、安装箱和罐体的平台；

6　勒脚、附墙柱、垛、台阶、墙面抹灰、装饰面、镶贴块料面层、装饰性幕墙，主体结构外的空调室外机搁板(箱)、构件、配件，挑出宽度在 2.10m 以下的无柱雨篷和顶盖高度达到或超过两个楼层的无柱雨篷；

7　窗台与室内地面高差在 0.45m 以下且结构净高在 2.10m 以下的凸(飘)窗，窗台与室内地面高差在 0.45m 及以上的凸(飘)窗；

8　室外爬梯、室外专用消防钢楼梯；

9　无围护结构的观光电梯；

10　建筑物以外的地下人防通道，独立的烟囱、烟道、地沟、油(水)罐、气柜、水塔、贮油(水)池、贮仓、栈桥等构筑物。

特 别 提 示

本条第 1 款与建筑物内不相连通的建筑部件指的是依附于建筑物外墙外不与户室开门连通，起装饰作用的敞开式挑台(廊)、平台，以及不与阳台相通的空调室外机搁板(箱)等设备平台部件。

本条第 2 款中，骑楼(图 2.24)指建筑底层沿街面后退且留出公共人行空间的建筑物。过街楼(图 2.25)指跨越道路上空并与两边建筑相连接的建筑物。

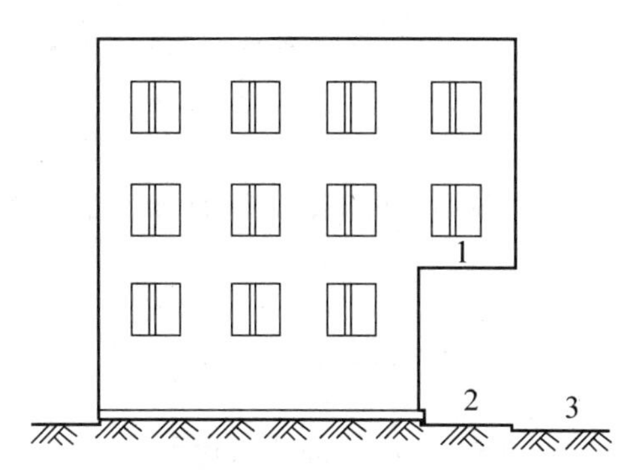

图 2.24　骑楼

1—骑楼；2—人行道；3—街道

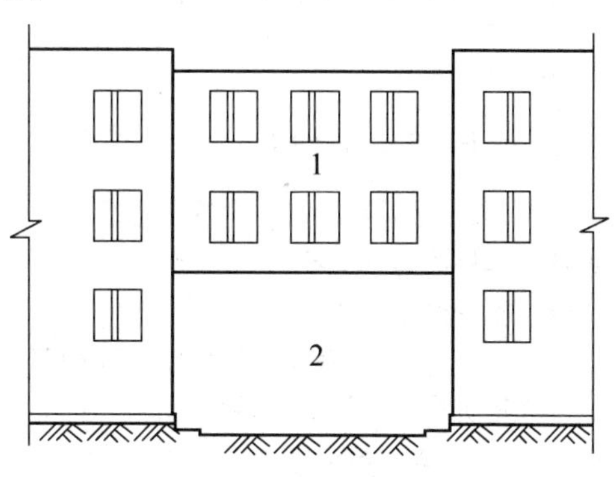

图 2.25　过街楼

1—过街楼；2—建筑物通道

本条第 3 款指的是影剧院的舞台及为舞台服务的可供上人维修、悬挂幕布、布置灯光及布景等搭设的天桥和挑台等构件设施。

本条第 8 款中，室外钢楼梯需要区分具体用途，如专用于消防的楼梯，则不计算建筑面积，如果是建筑物唯一通道，兼用于消防，则需要按 3.0.20 条计算。

应用案例 2-10

如图 2.26 所示为某建筑标准层平面图，已知墙厚 240mm，层高 3.0m，求该建筑物标准层建筑面积。

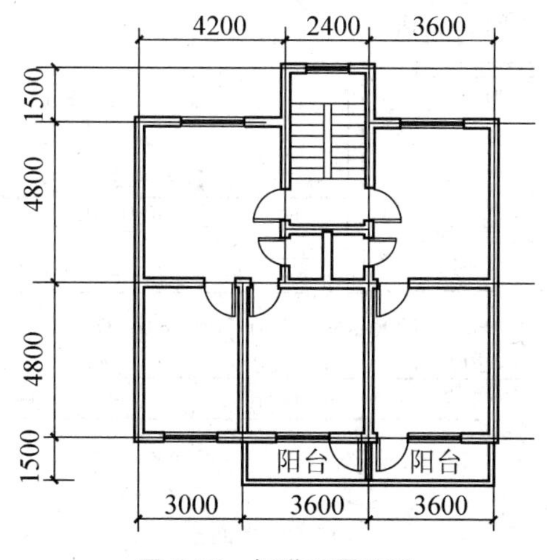

图 2.26　标准层平面图

【解】房屋建筑面积为

$$S_1=(3+3.6+3.6+0.12\times2)\times(4.8+4.8+0.12\times2)+(2.4+0.12\times2)\times(1.5-0.12+0.12)$$
$$=102.73+3.96$$
$$=106.69(\text{m}^2)$$

阳台建筑面积为

$$S_2=0.5\times(3.6+3.6)\times1.5$$
$$=5.4(\text{m}^2)$$

则 $S=S_1+S_2=112.09(\text{m}^2)$

应用案例 2-11

如图 2.27 所示为某二层建筑物的底层、二层平面图，已知墙厚 240mm，层高 2.90m，求该建筑物底层、二层的建筑面积。

解：底层建筑面积为

$$S_1=(8.5+0.12\times2)\times(11.4+0.12\times2)-7.2\times0.9=95.25(\text{m}^2)$$

二层建筑面积为底层建筑面积加上阳台建筑面积，即

$$S_2=S_1+S_3=95.25+[7.2\times0.9+(7.2+0.24)\times0.6]\times0.5=100.72(\text{m}^2)$$

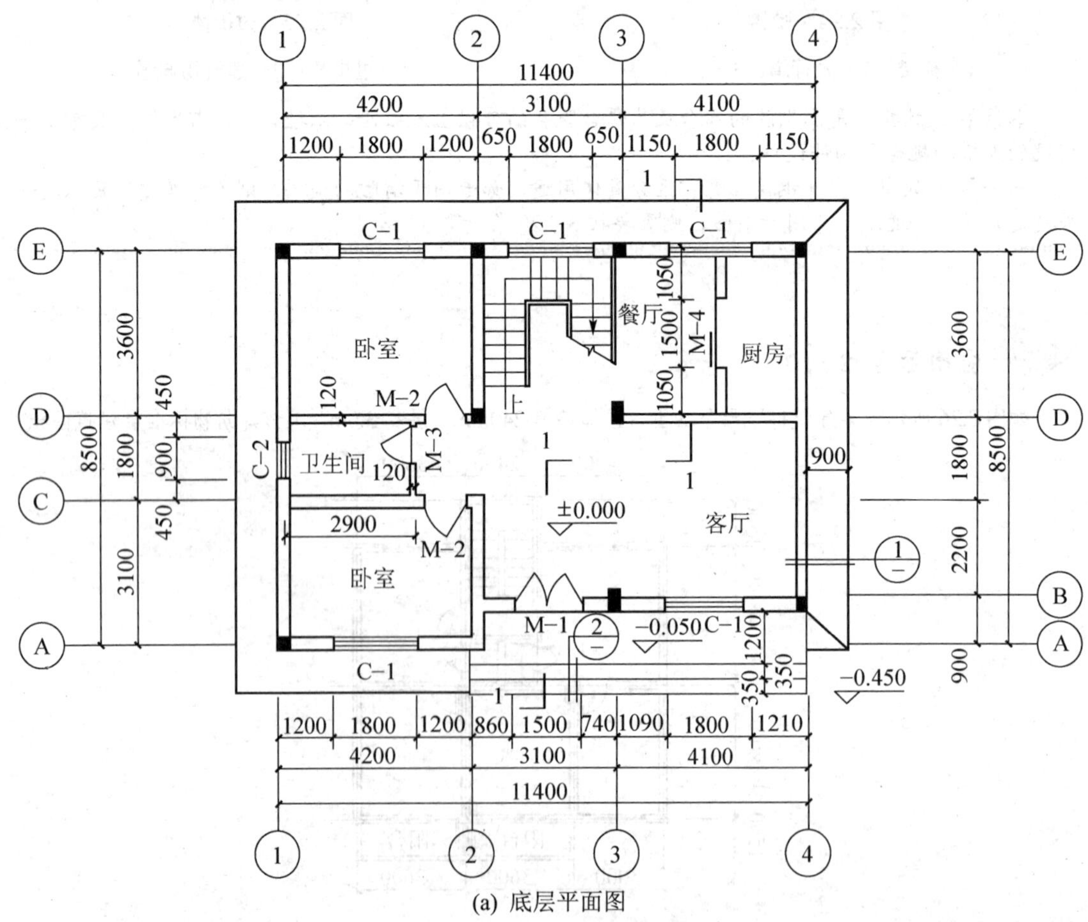

(a) 底层平面图

图 2.27　某建筑底层、二层平面图

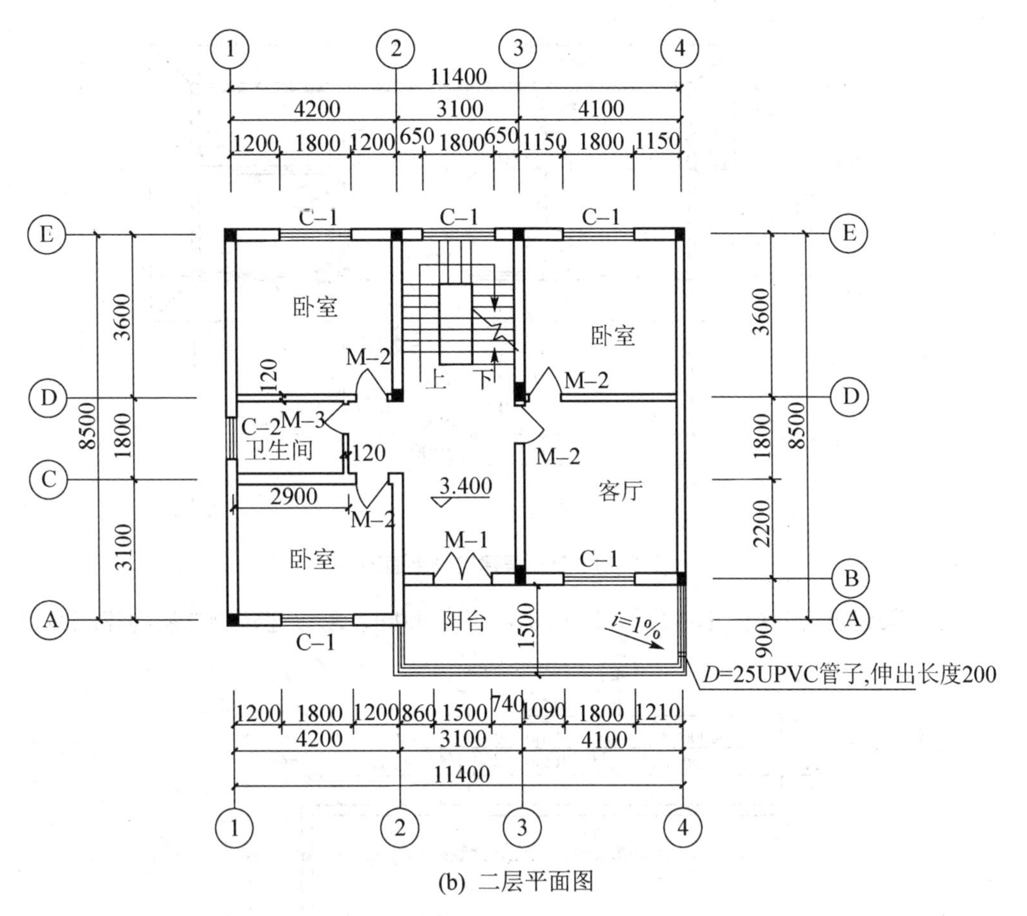

(b) 二层平面图

图 2.27　某建筑底层、二层平面图(续)

小　结

建筑面积是一项重要的技术经济指标，在编制建设工程概预算时，建筑面积也是计算某些分项工程量的基础数据，从而减少概预算编制过程中的计算工作量。

本章重点介绍了以下内容。

(1) 建筑面积的概念。

(2) 建筑面积的计算意义。

(3) 计算建筑面积的规定及案例。

通过本章的学习，要求了解建筑面积的计算意义，掌握建筑面积的基本概念，掌握建筑面积的计算方法，能结合实际工程运用《建筑工程建筑面积计算规范》(GB/T 50353—2013)进行建筑面积的计算。

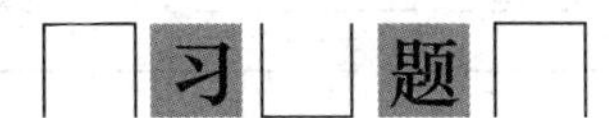

计算题

1. 已知某一层建筑物平面图如图 2.28 所示，层高 4.5m，求该建筑物的建筑面积。

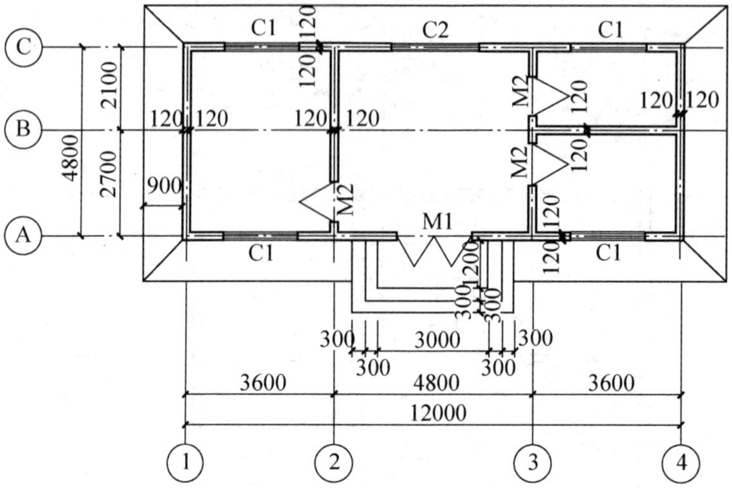

图 2.28　某一层建筑物平面图

2. 已知某建筑物二层平图如图 2.29 所示，层高 3.0m，求该建筑物二层的建筑面积。

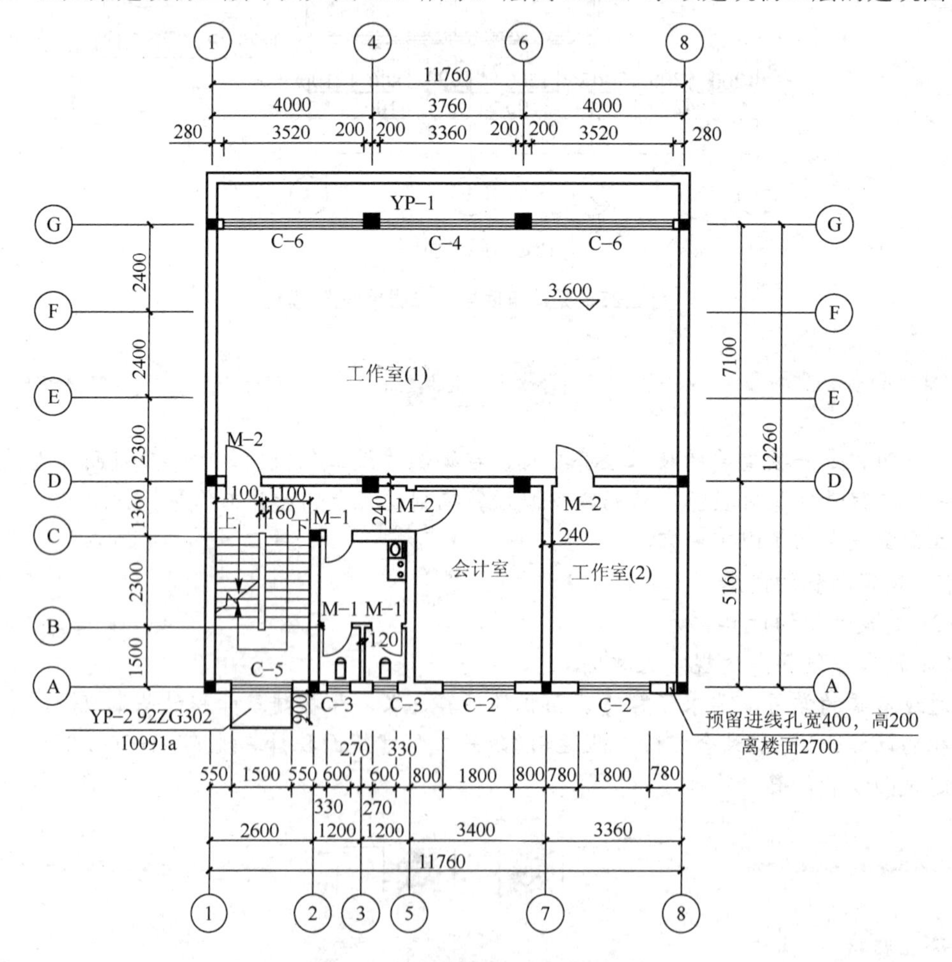

图 2.29　某建筑物二层平面图

第3章

工程量清单编制

学习目标

通过本章学习，了解《房屋建筑与装饰工程工程量计算规范》(GB 50854—2013)、《建设工程工程量清单计价规范》(GB 50500—2013)的编制背景及目的；掌握工程量清单的概念以及工程量清单的编制规定。

能力目标

知识要点	能力要求	比重
建设工程工程量清单计价规范	掌握工程量清单的概念、工程量清单编制的一般规定及编制工程量清单的依据	30%
工程量清单的编制	掌握分部分项工程量清单、措施项目清单、其他项目清单、规费项目清单、税金项目清单的编制要求	50%
工程量清单编制使用表格	掌握工程量清单表格的内容	20%

导 读

某业主家需进行室内装饰，为了便于承包人报价和业主了解报价情况，业主把装饰要求列表见表 3-1。

表 3-1 装饰要求列表

序号	项目编码	项目名称	项目特征描述	单位	工程量	单价	合价
1		楼面	楼面水泥砂浆 粘贴花岗岩地板砖，规格为 800mm×800mm	m^2	50		
2		墙面油漆	1. 抹灰面层 2. 立邦漆三遍 3. 天棚面、地面	m^2	150		

表 3-1 中列出了需要装饰的项目名称，还表示了对装饰的要求，同时也提供了需要完成的任务量，承包人只需要根据业主要求报出自己完成任务需要的金额即可。采用这样的表格内容清晰，发包方的要求以及承包方的报价都一目了然，大大减少了双方沟通的工作量，此表就是工程量清单表的一部分。

在实际的工程当中，工程量清单的应用非常普遍，招投标的过程中，工程量清单是甲方提供给乙方投标报价的依据；在结算时，工程量清单是双方核实工作量结算的依据。因此掌握工程量清单的编制是造价员的基本技能。

3.1 概 述

3.1.1 《建设工程工程量清单计价规范》的简介(总则)

为了使我国工程造价管理迅速与国际惯例接轨，促进我国工程造价管理面向国际市场，原建设部于 2003 年颁发了国家标准《建设工程工程量清单计价规范》(GB 50500—2003)(以下简称“03 规范”)，并于 2003 年 7 月 1 日起执行。“03 规范”主要侧重于规范工程招投标中的工程量清单计价，对工程合同签订、工程计量与价款支付、合同价款调整、索赔和竣工结算等方面缺乏相应的规定。针对这些问题，原建设部标准司组织有关单位对“03 规范”进行了修订，并于 2008 年发布并实施了《建设工程工程量清单计价规范》(GB 50500—2008)(以下简称“08 规范”)。

“08 规范”实施以来，对规范工程实施阶段的计价行为起到了良好的作用，但由于附录没有修订，还存在有待完善的地方。为了进一步适应建设市场的发展，需要借鉴国外经验，总结我国工程建设实践经验，进一步健全、完善计价规范。因此，住房和城乡建设部在全面总结“03 规范”实施 10 年经验的基础上，针对存在的问题，对“08 规范”进行了全面的修订，于 2013 年 7 月 1 日实施了《建设工程工程量清单计价规范》(GB 50500—2013)(以下简称“13 计价规范”)和《房屋建筑与装饰工程工程量计算规范》(GB 50854—2013)(以下简称“13 计量规范)。

3.1.2 工程量清单的概念

“工程量清单”是指载明建设工程分部分项工程项目、措施项目、其他项目的名称和相应数量，以及规费、税金项目等内容的明细清单。

3.1.3 工程量清单编制的一般规定

(1) 招标工程量清单应由具有编制能力的招标人或受其委托，具有相应资质的工程造价咨询人编制。

(2) 招标工程量清单必须作为招标文件的组成部分，其准确性和完整性由招标人负责。

(3) 招标工程量清单是工程量清单计价的基础，应作为编制招标控制价、投标报价、计算或调整工程量、索赔等的依据之一。

(4) 招标工程量清单应以单位(项)工程为单位编制，应由分部分项工程量清单、措施项目清单、其他项目清单、规费和税金项目清单组成。

(5) 编制招标工程量清单应依据：

① 本规范和相关工程的国家计量规范；

② 国家或省级、行业建设主管部门颁发的计价定额和办法；

③ 建设工程设计文件及相关资料；

④ 与建设工程有关的标准、规范、技术资料；

⑤ 拟定的招标文件；

⑥ 施工现场情况、地勘水文资料、工程特点及常规施工方案；

⑦ 其他相关资料。

3.2 分部分项工程量清单的编制

分部分项工程量清单必须载明项目编码、项目名称、项目特征、计量单位和工程量。

编制工程量清单出现附录中未包括的项目，编制人应做补充，并报省级或行业工程造价管理机构备案，省级或行业工程造价管理机构应汇总报住房和城乡建设部标准定额研究所。

3.2.1 项目编码

“项目编码”是表示分部分项工程量清单项目名称的数字标识。采用十二位阿拉伯数字表示。一至九位为统一编码，其中，一、二位为专业工程代码(如 01 代表房屋建筑与装饰工程；02 代表仿古建筑工程)，三、四位为附录分类顺序码(如 01 代表土石方工程；02 代表地基处理与边坡支护工程)，五、六位为分部工程顺序码，七、八、九位为分项工程项目名称顺序码，十至十二位为清单项目名称顺序码。

特别提示

当同一标段(或合同段)的一份工程量清单中含有多个单项或单位(以下简称单位)工程且工程量清单是以单位工程为编制对象时，在编制工程量清单时应特别注意对项目编码十至十二位的设置不得有重码的规定。例如，一个标段(或合同段)的工程量清单中含有三个单位工程，每一单位工程中都有项目特征相同的实心砖墙砌体，在工程量清单中又需反映三个不同单位工程的实心砖墙砌体工程量时，此时工程量清单应以单位工程为编制对象，则第一个单位工程的实心砖墙的项目编码应为010401003001，第二个单位工程的实心砖墙的项目编码应为010401003002，第三个单位工程的实心砖墙的项目编码应为010401003003，并分别列出各单位工程实心砖墙的工程量。

补充项目的编码由本规范的代码01与B和三位阿拉伯数字组成，并应从01B001起顺序编制，同一招标工程的项目不得重码。工程量清单中需附有补充项目的名称、项目特征、计量单位、工程量计算规则、工程内容。

3.2.2 项目名称

分部分项工程量清单项目的名称应按“13计量规范”附录中的项目名称并结合拟建工程的实际确定。

3.2.3 项目特征

“项目特征”是指构成分部分项工程项目、措施项目自身价值的本质特征,也是相对于工程量清单计价而言，对构成工程实体的分部分项工程量清单项目和非实体的措施清单项目，反映其自身价值的特征进行的描述。定义该术语，是为了更加准确地规范工程量清单计价中对分部分项工程项目、措施项目的特征描述的要求，便于准确地组建综合单价。

3.2.4 计量单位

分部分项工程量清单的计量单位应按“13计量规范”附录中规定的计量单位确定。

当计量单位有两个或两个以上时，应根据所编工程量清单项目的特征要求，选择最适宜表现该项目特征并方便计量的单位。例如，“13计量规范”对门窗工程的计量单位有“樘/m^2”两个计量单位，实际工作中，就应选择最适宜、最方便计量的单位来表示。

3.2.5 工程量

分部分项工程量清单中所列工程量应按“13计量规范”附录中规定的工程量计算规则计算。

3.3 措施项目清单及其他

3.3.1 措施项目清单

措施项目清单应根据拟建工程的实际情况列项，分为通用措施项目和专业措施项目。

1. 通用措施项目

“通用措施项目”是指各专业工程的“措施项目清单”中均可列的措施项目，通用措施项目可按表3-2选择列项，若出现本规范未列的项目，可根据工程实际情况补充。

表3-2 通用措施项目一览表

序号	项目名称
1	安全文明施工(含环境保护、文明施工、安全施工、临时设施)
2	夜间施工

续表

序　号	项 目 名 称
3	二次搬运
4	冬雨季施工
5	大型机械设备进出场及安拆
6	施工排水
7	施工降水
8	地上、地下设施，建筑物的临时保护设施
9	已完工程及设备保护

2. 专业措施项目

各专业工程的专用措施项目应按附录中各专业工程中的措施项目并根据工程实际进行选择列项。同时，当出现“13 计价规范”未列的措施项目时，可根据工程实际情况进行补充。

3.3.2　其他项目清单

其他项目清单主要考虑工程建设标准的高低、工程的复杂程度、工程的工期长短、工程的组成内容等直接影响工程造价的部分，它是分部分项项目和措施项目之外的工程措施项目。其他项目清单宜按照下列内容列项。

1. 暂列金额

暂列金额即“13 计价规范”中的“预留金”，是指招标人在工程量清单中暂定并包括在合同价款中的一笔款项。用于工程合同签订时尚未确定或者不可预见的所需材料、工程设备、服务的采购，施工中可能发生的工程变更、合同约定调整因素出现时的合同价款调整以及发生的索赔、现场签证确认等的费用。

不管采用何种合同形式，其理想的标准是，一份建设工程施工合同的价格就是其最终的竣工结算价格，或者至少两者应尽可能接近，按有关部门的规定，经项目审批部门批复的设计概算是工程投资控制的刚性指标，即使是商业性开发项目也有成本的预先控制问题，否则，无法相对准确地预测投资的收益和科学合理地进行投资控制。而工程建设自身的规律决定，设计需要根据工程进展不断地进行优化和调整，发包人的需求可能会随工程建设进展出现变化，工程建设过程还存在其他诸多不确定性因素。消化这些因素必然会影响合同价格的调整，暂列金额正是因这类不可避免的价格调整而设立的，以便合理确定工程造价的控制目标。有一种错误的观念认为，暂列金额列入合同价格就属于承包人(中标人)所有了。事实上，即便是总价包干合同，也不是列入合同价格的任何金额都属于中标人的，是否属于中标人应得金额取决于具体的合同约定，暂列金额的定义是非常明确的，只有按照合同约定程序实际发生后，才能成为中标人的应得金额，纳入合同结算价款中。扣除实际发生金额后的暂列金额余额仍属于招标人所有。设立暂列金额并不能保证合同结算价格就不会再出现超过合同价格的情况，是否超出合同价格完全取决于工程量清单编制人对暂列金额预测的准确性，以及工程建设过程是否出现了其他事先未预测到的事件。

2. 暂估价

暂估价是指招标阶段直至签订合同协议时，招标人在招标文件中提供的用于支付必然要发生但暂时不能确定价格的材料以及需另行发包的专业工程金额，包括材料暂估单价、专业工程暂估价。暂估价类似于 FIDIC 合同条款中的 Prime Cost Items，在招标阶段预见肯定要发生，只是因为标准不明确或者需要由专业承包人完成，暂时无法确定其价格或金额。

为方便合同管理和计价，需要纳入分部分项工程量清单项目综合单价中的暂估价则最好只是材料费，以方便投标人组价。对专业工程暂估价一般应是综合暂估价，包括除规费、税金以外的管理费、利润等。

3. 计日工

在施工过程中，承包人完成发包人提出的工程合同范围以外的零星项目或工作，按合同中约定的单价计价的一种方式。计日工是为了解决现场发生的零星工作的计价而设立的。国际上常见的标准合同条款中，大多数都设立了计日工计价机制。计日工以完成零星工作所消耗的人工工时、材料数量、机械台班进行计量，并按照计日工表中填报的适用项目的单价进行计价支付。计日工适用的所谓零星工作一般是指合同约定之外的或者因变更而产生的，工程量清单中没有相应项目的额外工作，尤其是那些时间不允许事先商定价格的额外工作。计日工为额外工作和变更的计价提供了一个方便快捷的途径。但是，在以往的实践中，计日工经常被忽略。其中一个主要原因是因为计日工项目的单价水平一般要高于工程量清单项目单价的水平。理论上讲，合理的计日工单价水平一定是高于工程量清单的价格水平，其原因在于计日工往往是用于一些突发性的额外工作，缺少计划性，承包人在调动施工生产资源方面难免会影响已经计划好的工作，生产资源的使用效率也有一定的降低，客观上造成超出常规的额外投入。另一方面，计日工清单往往忽略给出一个暂定的工程量，无法纳入有效的竞争，也是造成计日工单价水平偏高的原因之一。因此，为了获得合理的计日工单价，计日工表中一定要给出暂定数量，并且需要根据经验，尽可能估算一个比较贴近实际的数量。

4. 总承包服务费

总承包服务费是指总承包人为配合协调发包人进行的专业工程发包，对发包人自行采购的材料、工程设备等进行保管以及施工现场管理、竣工资料汇总整理等服务所需的费用。

总承包服务费是为了解决招标人在法律、法规允许的条件下进行专业工程发包以及自行采购供应材料、设备时，要求总承包人对发包的专业工程提供协调和配合服务(如分包人使用总包人的脚手架、水电接剥等)；对供应的材料、设备提供收发和保管服务以及对施工现场进行统一管理；对竣工资料进行统一汇总整理等发生并向总承包人支付的费用。招标人应当预计该项费用并按投标人的投标报价向投标人支付该项费用。

3.3.3 规费项目清单

规费是指根据国家法律、法规规定，由省级政府或省级有关权利部门规定施工企业必须缴纳的，应计入建筑安装工程造价的费用。规费项目清单应按照下列内容列项。

1. 工程排污费

工程排污费是指施工现场按规定缴纳的工程排污费。

2. 住房公积金

住房公积金是指企业按规定标准为职工缴纳的住房公积金。

3. 社会保险费

(1) 养老保险费：指企业按规定标准为职工缴纳的基本养老保险费。

(2) 失业保险费：指企业按国家规定标准为职工缴纳的失业保险费。

(3) 医疗保险费：指企业按规定标准为职工缴纳的基本医疗保险费。

(4) 工伤保险费：指企业应当依法为职工参加工伤保险缴纳工伤保险费。

(5) 生育保险费：指企业按照国家规定为职工缴纳的生育保险费。

当出现“13 计价规范”未列的项目，应根据省级政府或省级有关权力部门的规定列项。

3.3.4 税金项目清单

税金是指国家税法规定的应计入建筑安装工程造价内的营业税、城市维护建设税、教育费附加和地方教育费附加。税金项目清单应包括下列内容。

1. 营业税

营业税是指国家依据税法，对从事商业、交通运输业和各种服务业的单位和个人，按营业收征的一种税。

2. 城市维护建设税

城市维护建设税是指为加强城市维护建设，增加和扩大城市维护建设基金的来源，按营业税实交税额的一定比例征收，专用于城市维护建设的一种税。

3. 教育费附加

教育费附加是指为加快发展地方教育事业，扩大地方教育经费来源，按实交营业税的一定比例征收，专用于改善地方中小学办学条件的一种费用。

4. 地方教育附加

根据财政部《关于统一地方教育政策有关问题的通知》(财综[2010]98 号)规定，统一开征地方教育附加，因此，在税金中增列了此项目。

当出现“13 计价规范”未列的项目，应根据税务部分的规定列项。

3.4 工程量清单计价编制使用表格

3.4.1 封面

(1) 招标工程量清单：封-1(图 3.1)。

(2) 招标控制价：封-2(图 3.2)。

(3) 投标总价：封-3(图 3.3)。

(4) 竣工结算总价：封-4(图 3.4)。

______工程

招标工程量清单

招标人：______ 造价咨询人：______

(单位盖章) (单位资质专用章)

法定代表人 法定代表人

或其授权人：______ 或其授权人：______

(签字或盖章) (签字或盖章)

编制人：______ 复核人：______

编制时间： 年 月 日 复核时间： 年 月 日

图 3.1 封-1

______工程

招标控制价

招标控制价(小写)______

(大写)______

招标人：______ 造价咨询人：______

(单位盖章) (单位资质专用章)

法定代表人 法定代表人

或其授权人：______ 或其授权人：______

(签字或盖章) (签字或盖章)

编制人：______ 复核人：______

编制时间： 年 月 日 复核时间： 年 月 日

图 3.2 封-2

——————————工程

投标总价

招标人：______

工程名称：______

投标总价(小写)______

(大写)______

投标人：______

(单位盖章)

法定代表人

或其授权人：______

(签字或盖章)

编制人：______

(造价人员签字盖专用章)

时间： 年 月 日

图 3.3 封-3

______工程

竣工结算总价

签约合同价(小写)______ (大写)：______

竣工结算价(小写)______ (大写)：______

发包人：______ 承包人：______ 造价咨询人：______

(单位盖章) (单位盖章) (单位资质专用章)

法定代表人 法定代表人 法定代表人

或其授权人：______ 或其授权人：______ 或其授权人：______

(签字或盖章) (签字或盖章) (签字或盖章)

编 制 人：______ 核 对 人：______

(造价人员签字盖专用章) (造价人员签字盖专用章)

编制时间： 年 月 日 核对时间： 年 月 日

图 3.4 封-4

3.4.2 总说明

总说明格式见表3-3。

表 3-3 总说明

工程名称：　　　　　　　　　　　　　　　　　　　　　　　　　　　　第　页　　共　页

3.4.3 汇总表

(1) 建设项目招标控制价/投标报价汇总表，见表 3-4。

表 3-4 建设项目招标控制价/投标报价汇总表

工程名称：　　　　　　　　　　　　　　　　　　　　　　　　　　　　第　页　　共　页

序　号	单项工程名称	金额/元	其中：/元		
			暂估价	安全文明施工费	规费
合　计					

注：本表适用于建设项目招标控制价和投标报价的汇总。

(2) 单项工程招标控制价/投标报价汇总表，见表 3-5。

表 3-5 单项工程招标控制价/投标报价汇总表

工程名称：　　　　　　　　　　　　　　　　　　　　　　　　　　　　第　页　　共　页

序　号	单项工程名称	金额/元	其中：/元		
			暂估价	安全文明施工费	规费
合　计					

注：本表适用于建设项目招标控制价和投标报价的汇总。暂估价包括分部分项工程中的暂估价和专业工程暂估价。

(3) 单位工程招标控制价/投标报价汇总表，见表 3-6。

表 3-6 单位工程招标控制价/投标报价汇总表

工程名称：　　　　　　　　　　　　　　　　　　　　　　　　　　　　第　页　　共　页

序　号	汇 总 内 容	金额/元	其中：暂估价/元
1	分部分项工程		
1.1			

续表

序　号	汇 总 内 容	金额/元	其中：暂估价/元
1.2			
…			
2	措施项目		
2.1	其中：安全文明施工费		
3	其他项目		
3.1	其中：暂列金额		
3.2	其中：专业工程暂估价		
3.3	其中：计日工		
3.4	其中：总承包服务费		
4	规费		
5	税金		
招标控制价合计＝1＋2＋3＋4＋5			

(4) 建设项目竣工结算汇总表，见表3-7。

表3-7　建设项目竣工结算汇总表

工程名称：　　　　　　　　　　　　　　　　　　　第　页　共　页

序　号	单项工程名称	金额/元	其中：/元	
			安全文明施工费	规费
合　计				

(5) 单项工程竣工结算汇总表，见表3-8。

表3-8　单项工程竣工结算汇总表

工程名称：　　　　　　　　　　　　　　　　　　　第　页　共　页

序　号	单位工程名称	金额/元	其中：/元	
			安全文明施工费	规费
合　计				

(6) 单位工程竣工结算汇总表，见表3-9。

表3-9 单位工程竣工结算汇总表

工程名称： 第 页 共 页

序 号	汇 总 内 容	金额/元
1	分部分项工程	
1.1		
1.2		
…		
2	措施项目	
2.1	其中：安全文明施工费	
3	其他项目	
3.1	其中：专业工程暂估价	
3.2	其中：计日工	
3.3	其中：总承包服务费	
3.4	其中：索赔与现场签证	
4	规费	
5	税金	
竣工结算总价合计＝1＋2＋3＋4＋5		

注：如无单位工程划分，单项工程也是用本表汇总。

3.4.4 分部分项工程和单价措施项目清单与计价表及工程量清单综合单价分析表

(1) 分部分项工程和单价措施项目清单与计价表，见表3-10。

表3-10 分部分项工程和单价措施项目清单与计价表

工程名称： 第 页 共 页

<table>
<tr><th rowspan="3">序号</th><th rowspan="3">项目编码</th><th rowspan="3">项目名称</th><th rowspan="3">项目特征描述</th><th rowspan="3">计量单位</th><th rowspan="3">工程量</th><th colspan="3">金额/元</th></tr>
<tr><th rowspan="2">综合单价</th><th rowspan="2">合价</th><th>其中</th></tr>
<tr><th>暂估价</th></tr>
<tr><td></td><td></td><td></td><td></td><td></td><td></td><td></td><td></td><td></td></tr>
<tr><td></td><td></td><td></td><td></td><td></td><td></td><td></td><td></td><td></td></tr>
<tr><td colspan="7">本页小计</td><td></td><td></td></tr>
<tr><td colspan="7">合 计</td><td></td><td></td></tr>
</table>

(2) 工程量清单综合单价分析表，见表3-11。

表 3-11　综合单价分析表

工程名称:　　　　　　　　　　　　　　　　　　　　　　　　　　　第　页　　共　页

项目编码				项目名称			计量单位		工程量		
清单综合单价组成明细											
定额编号	定额项目名称	定额单位	数量	单价				合价			
				人工费	材料费	机械费	管理费和利润	人工费	材料费	机械费	管理费和利润
人工单价		小计									
元/工日		未计价材料									
清单项目综合单价											
材料费明细	主要材料名称、规格、型号					单位	数量	单价/元	合价/元	暂估单价/元	暂估合价/元
	其他材料费										
	材料费小计										

注：1. 如不使用省级或行业建设主管部门发布的计价依据，可不填定额编号、名称等。

2. 招标文件提供了暂估单价的材料，按暂估的单价填入表内“暂估单价”栏及“暂估合价”栏。

3.4.5　总价措施项目清单与计价表

总价措施项目清单与计价表，见表 3-12。

表 3-12　总价措施项目清单与计价表

工程名称:　　　　　　　　　　　　　标段:　　　　　　　　　　　　　第　页　　共　页

序号	项目编码	项目名称	计算基础	费率/(%)	金额/元	调整费率/(%)	调整后金额/元	备注
		安全文明施工费						
		夜间施工增加费						
		二次搬运费						
		冬雨季施工增加费						
		已完工程及设备保护费						
合　计								

编制人(造价人员):　　　　　　　　　　　　　　　　　　　　复核人(造价工程师):

注：1.“计价基础”中安全文明施工费可为“定额基价”或“定额人工费＋定额机械费”，其他项目可为“定额人工费”或“定额人工费＋定额机械费”。

2. 按施工方案计算的措施费，若无“计算基础”和“费率”的数值，也可只填“金额”数值，但应在备注栏说明施工方案出处或计算方法。

3.4.6 其他项目清单表

(1) 其他项目清单与计价汇总表，见表 3-13。

表 3-13 其他项目清单与计价汇总表

工程名称： 标段： 第 页 共 页

序 号	项 目 名 称	金额/元	结算金额/元	备 注
1	暂列金额			
2	暂估价			
2.1	材料(工程设备)暂估价/结算价			
2.2	专业工程暂估价/结算价			
3	计日工			
4	总承包服务费			
5	索赔与现场签证			
合 计				

(2) 暂列金额明细表，见表 3-14。

表 3-14 暂列金额明细表

工程名称： 标段： 第 页 共 页

序号	项目名称	计量单位	暂定金额/元	备注
1				
2				
合 计				

(3) 材料(工程设备)暂估单价及调整表，见表 3-15。

表 3-15 材料(工程设备)暂估单价及调整表

工程名称： 标段： 第 页 共 页

序号	材料(工程设备)名称、规格、型号	计量单位	数量		暂估/元		确认/元		差额/(±元)		备注

(4) 专业工程暂估价及结算价表，见表 3-16。

表 3-16　专业工程暂估价及结算价表

工程名称：　　　　　　　　　　　　　　标段：　　　　　　　　　　　　　　第　页　共　页

序号	工程名称	工程内容	暂估金额/元	结算金额/元	差额/(±元)	备注
1						
2						
合　计						

注：此表由招标人填写，投标人应将上述专业工程暂估价计入投标总价中。

(5) 计日工表，见表 3-17。

表 3-17　计日工表

工程名称：　　　　　　　　　　　　　　标段：　　　　　　　　　　　　　　第　页　共　页

编号	项目名称	单位	暂定数量	实际数量	综合单价/元	合价/元	
						暂定	实际
一	人工						
1							
2							
人工小计							
二	材料						
1							
2							
材料小计							
三	施工机械						
1							
2							
施工机械小计							
四、企业管理费和利润							
总计							

注：此表项目名称、数量由招标人填写，编制招标控制价时，单价由招标人按有关计价规定确定；投标时，单价由投标人自主报价，计入投标总价中。

(6) 总承包服务费计价表，见表 3-18。

表 3-18　总承包服务费计价表

工程名称：　　　　　　　　　　　　　　标段：　　　　　　　　　　　　　　第　页　共　页

序号	项目名称	项目价值/元	服务内容	计算基础	费率/(%)	金额/元
1	发包人发包专业工程					
2	发包人提供材料					
	合计	—	—		—	

(7) 索赔与现场签证计价汇总表，见表 3-19。

表 3-19 索赔与现场签证计价汇总表

工程名称： 标段： 第 页 共 页

序号	签证及索赔项目名称	计量单位	数量	单价/元	合价/元	索赔及签证依据
本页小计						
合计						

(8) 费用索赔申请(核准)表，见表 3-20。

表 3-20 费用索赔申请(核准)表

工程名称： 标段： 编号

<table>
<tr><td colspan="2">致：______________________________(发包人全称)__________
根据施工合同全款______条的约定，由于__________原因，我方要求索赔金额(大写)______________(小写________)，请予核准。
附：1. 费用索赔理由和依据：
2. 索赔金额的计算：
3. 证明材料：
承包人(章)
造价人员__________ 承包人代表__________ 日期__________</td></tr>
<tr><td>复核意见：
根据施工合同条款________条的约定，你方提出的费用索赔申请经复核：
□不同意此项索赔，具体意见见附件。
□同意此项索赔，索赔金额的计算，由造价工程师复核。
监理工程师__________
日 期__________</td><td>复核意见：
根据施工合同条款________条的约定，你方提出的费用索赔申请经复核，索赔金额为(大写)______________(小写________)。
造价工程师__________
日 期__________</td></tr>
<tr><td colspan="2">审核意见：
□不同意此项索赔。
□同意此项索赔，与本期进度款同期支付。
发包人(章)
发包人代表 __________
日 期 __________</td></tr>
</table>

(9) 现场签证表，见表 3-21。

表 3-21 现场签证表

工程名称： 标段： 编号

施工部位		日期	

致：____________________(发包人全称)____________________

根据____(指令人姓名)____ 年 月 日的口头指令或你方__________(或监理人) 年 月 日的书面通知，我方要求完成此项工作应支付价款金额为(大写)____________(小写__________)，请予核准。

附：1. 签证事由及原因：

2. 附图及计算式：

承包人(章)

造价人员__________ 承包人代表__________ 日期__________

复核意见：	复核意见：
你方提出的此项签证申请经复核： □不同意此项签证，具体意见见附件。 □同意此项签证，签证金额的计算，由造价工程师复核。 监理工程师__________ 日　　期__________	□此项签证按承包人中标的计日工单价计算，金额为(大写)__________(小写__________元)。 □此项签证因无计日工单价，金额为(大写)__________元，(小写__________元)。 造价工程师__________ 日　　期__________

审核意见：

□不同意此项签证。

□同意此项签证，价款与本期进度款同期支付。

发包人(章)

发包人代表 __________

日　　期 __________

3.4.7 规费、税金项目清单与计价表

规费、税金项目清单与计价表，见表 3-22。

表 3-22 规费、税金项目清单与计价表

工程名称： 标段： 第 页 共 页

序号	项 目 名 称	计 算 基 础	费率(%)	金额/元
1	规费	定额人工费		
1.1	社会保险费	定额人工费		

续表

序号	项 目 名 称	计 算 基 础	费率(%)	金额/元
(1)	养老保险费	定额人工费		
(2)	失业保险费	定额人工费		
(3)	医疗保险费	定额人工费		
(4)	工伤保险费	定额人工费		
(5)	生育保险费	定额人工费		
1.2	住房公积金	定额人工费		
1.3	工程排污费	按工程所在地环境保护部门收取标准，按时计入		
2	税金	分部分项工程费＋措施项目费＋其他项目费＋规费－按规定不计税的工程设备金额		

编制人(造价人员)： 复核人(造价工程师)：

工程量清单计价表格具体形式请查阅《建设工程工程量清单计价规范》(GB 50500—2013)。

小结

工程量清单表示的是实行工程量清单计价的建设工程的分部分项工程项目、措施项目、其他项目、规费项目和税金项目的名称和相应数量等的明细清单。

本章的重点是工程量清单的组成内容以及工程量清单的编制规定。

习题

一、单选题

1.《建设工程工程量清单计价规范》(GB 50500—2013)，自(　　)起实施。

A. 2012 年 1 月 1 日　　B. 2013 年 1 月 1 日

C. 2012 年 7 月 1 日　　D. 2013 年 7 月 1 日

2. 项目编码是采用十二位阿拉伯数字表示，其中十至十二位表示(　　)。

A. 专业工程顺序码　　B. 清单项目名称顺序码

C. 工程顺序　　D. 分项工程项目名称顺序码

3. 补充项目的编码有本规范代码 01 与(　　)和三位阿拉伯数字组成。

A. 01A 001　　B. 01B001　　C. 01Y001　　D. 01C001

4. 通用措施费不包括(　　)。

A. 脚手架　　B. 安全文明施工费

C. 二次搬运费　　D. 夜间施工费增加费

二、多选题

1. 工程量清单的组成包括(　　)。
   A. 税金项目清单　　B. 分部分项工程量清单
   C. 措施项目清单　　D. 规费项目清单
   E. 暂列金额
2. 规费组成包括(　　)。
   A. 社会保险费　　B. 定额测定费　　C. 住房公积金
   D. 养老保险费　　E. 工程排污费
3. 社会保险费包括医疗保险费和(　　)。
   A. 养老保险费　　B. 失业保险费　　C. 生育保险费
   D. 工程排污费　　E. 工伤保险费
4. 税金组成包括(　　)。
   A. 教育费附加　　B. 城市建设维护费
   C. 营业税　　D. 地方教育附加
   E. 土地增值税
5. 其他项目费包括(　　)。
   A. 暂列金额　　B. 暂估价　　C. 意外伤害保险
   D. 计日工　　E. 总承包服务费

三、简答题

1. 简述工程量清单的概念。
2. 工程量清单由哪几部分清单组成?
3. 简述计日工的概念。
4. 分部分项工程量清单的编制包括哪些内容?

第4章

房屋建筑与装饰工程工程量计算

学习目标

掌握《房屋建筑与装饰工程工程量计算规范》(GB 50854—2013)工程量清单(附录A至附录S)的清单项目、清单编码、项目特征描述、工程量的计算规则。

能力目标

知识要点	能力要求	比重
《建设工程工程量清单计价规范》(GB 50500—2013)	掌握《建设工程工程量清单计价规范》(GB 50500—2013)中对工程量清单编制的要求	10%
《房屋建筑与装饰工程工程量计算规范(GB 50854—2013)》	掌握《房屋建筑与装饰工程工程量清单计价规范》(GB 50854—2013)附录A至附录S共17章工程量清单的编制： (1)石方工程；(2)地基与边坡支护工程；(3)桩基础工程；(4)砌筑工程；(5)混凝土及钢筋混凝土工程；(6)金属结构工程；(7)木结构工程；(8)门窗工程；(9)屋面及防水工程；(10)防腐隔热保温工程；(11)楼地面装饰工程；(12)墙、柱面装饰与隔断、幕墙工程；(13)天棚工程；(14)油漆、裱糊工程；(15)其他装饰工程；(16)拆除工程；(17)措施项目	90%

导读

通过前几章的学习，知道了如何编制工程量清单，在清单编制的过程中我们需要完成项目编码、项目名称、项目特征、计量单位、工程量这五部分内容，对于前四部分内容我们一般在结合工程实际对《房屋建筑与装饰工程工程量计算规范》(GB 50854—2013)查询的基础上，按照设计要求进行描述并表述清楚即可。

但工程量的确定这部分，却需要我们正确领悟工程量计算规则并按照施工图样详细计算，毫无疑问这部分是我们在编制工程量清单的过程中最费时费力的部分。而能否对工程量进行准确的估算直接关系到甲乙双方的利益。例如，在投标过程中虽然甲方已提供了工程量，但此时的工程量只是预估的工程量，并不是最终结算的工程量，因此精确地计算工程量不仅能增加施工单位中标的概率，还能帮助乙方在后续的施工过程中获取更大的利润。因此，对工程量计算规则的掌握程度是衡量造价员优劣的标准之一，也是我们学习造价的重点及难点。

4.1 土石方工程

4.1.1 概述

土石方工程包括土方工程、石方工程和回填，适用于房屋建筑与装饰工程的土石方开挖及回填工程。

土石方工程除场地、房心填土外，其他土石方工程不构成工程实体。土石方工程是建筑物或构筑物修建中实实在在的必须发生的施工工序，如果采用基础清单项目内含土石方报价，由于地表以下存在许多不可知的自然条件，势必增加基础项目报价的难度。为此，将土石方工程单独列项。

计算土石方工程量前，应明确以下资料。

(1) 确定土壤及岩石的类别。

(2) 地下水位标高。

(3) 土方、沟槽、地坑挖(填)土起止标高、施工方法及运距。

(4) 岩石开凿、爆破方法、清运方法及运距。

(5) 其他有关资料。

4.1.2 《房屋建筑与装饰工程工程量计算规范》相关规定

(1) 土壤及岩石的分类。

在自然界中，土壤的种类繁多，分布复杂。地基土通常不是均匀分布的一种土类，而往往分若干层次，各层土的组成及状态也不一样。因而其强度、密实度、透水性等物理性质和力学性质也有很大差别，直接影响到土石方工程的施工方法。因此，单位工程土石方施工所消耗的人工、机械台班有很大差别，综合反映的施工费用也不相同。

《房屋建筑与装饰工程工程量计算规范》(GB 50854—2013)(以下简称《工程量计算规范》)中的土壤分类，是按照国家标准《岩土工程勘察规范(2009年版)》(GB 50021—2001)定义的，分为一、二类土，三类土和四类土，按表4-1确定。

《工程量计算规范》中的岩石分类，是按照国家标准《工程岩体分级标准》(GB 50218—1994)和《岩土工程勘察规范(2009年版)》(GB 50021—2001)整理的，分为极软岩、软岩、较软岩、较硬岩、坚硬岩，按表4-2确定。

当土壤及岩石类别不能准确划分时，招标人可注明为综合，由投标人根据地质勘察报告决定报价。

表 4-1　土壤分类表

土 壤 分 类	土 壤 名 称	开 挖 方 法
一、二类土	粉土、砂土(粉砂、细砂、中砂、粗砂、砾砂)、粉质黏土、弱中盐渍土、软土(淤泥质土、泥炭、泥炭质土)、软塑红黏土、冲填土	用锹，少许用镐、条锄开挖。机械能全部直接铲挖满载者
三类土	黏土、碎石土(圆砾、角砾)混合土、可塑红黏土、硬塑红黏土、强盐渍土、素填土、压实填土	主要用镐、条锄，少许用锹开挖。机械需部分刨松方能铲挖满载者或可直接铲挖但不能满载者
四类土	碎石土(卵石、碎石、漂石、块石)、坚硬红黏土、超盐渍土、杂填土	全部用镐、条锄挖掘，少许用撬棍挖掘。机械须普遍刨松方能铲挖满载者

表 4-2　岩石分类表

岩 石 分 类		代表性岩石	开 挖 方 法
极软岩		(1) 全风化的各种岩石 (2) 各种半成岩	部分用手凿工具、部分用爆破法开挖
软质岩	软岩	(1) 强风化的坚硬岩或较硬岩 (2) 中等风化—强风化的较软岩 (3) 未风化—微风化的页岩、泥岩、泥质砂岩等	用风镐和爆破法开挖
	较软岩	(1) 中等风化—强风化的坚硬岩或较硬岩； (2) 未风化—微风化的凝灰岩、千枚岩、泥灰岩、砂质泥岩等	用爆破法开挖
硬质岩	较硬岩	(1) 微风化的坚硬岩 (2) 未风化—微风化的大理岩、板岩、石灰岩、白云岩、钙质砂岩等	用爆破法开挖
	坚硬岩	未风化—微风化的花岗岩、闪长岩、辉绿岩、玄武岩、安山岩、片麻岩、石英岩、石英砂岩、硅质砾岩、硅质石灰岩等	用爆破法开挖

(2) 土方体积和石方体积均以挖掘前的天然密实体积计算。

土方天然密实体积与其他土方体积的折算系数见表 4-3，石方天然密实体积与其他石方体积的折算系数见表 4-4。

表 4-3　土方体积折算系数表

天然密实度体积	虚 方 体 积	夯实后体积	松 填 体 积
1.00	1.30	0.87	1.08
0.77	1.00	0.67	0.83
1.15	1.50	1.00	1.25
0.92	1.20	0.80	1.00

表 4-4　石方体积折算系数表

石方类别	天然密实度体积	虚方体积	松填体积	码　方
石方	1.0	1.54	1.31	
块石	1.0	1.75	1.43	1.67
砂夹石	1.0	1.07	0.94	

(3) 挖土方、石方的平均厚度应按自然地面测量标高至设计地坪标高间的平均厚度确定。基础土方、石方开挖深度应按基础垫层底表面标高至交付施工场地标高确定，无交付施工场地标高时，应按自然地面标高确定。

(4) 建筑物场地在厚度≤±300mm 的挖、填、运、找平，应按平整场地项目编码列项。厚度大于±300mm 的竖向布置挖土或山坡切土，应按挖一般土方项目编码列项。

(5) 厚度>±300mm 的竖向布置挖石或山坡凿石，应按挖一般石方项目编码列项。

(6) 沟槽、基坑、一般土(石)方的划分为：底宽≤7m 且底长>3 倍底宽为沟槽；底长≤3 倍底宽且底面积≤150m^2 为基坑；超出上述范围则为一般土(石)方。

(7) 挖沟槽、基坑、一般土方因工作面和放坡增加的工程量(管沟工作面增加的工程量)，是否并入各土方工程量中，按各省、自治区、直辖市或行业建设主管部门的规定实施，如并入各土方工程量中，办理工程结算时，按经发包人认可的施工组织设计规定计算，编制工程量清单时，放坡系数、基础施工作面宽度、管沟施工所需工作面宽度可按表 4-5～表 4-7 的规定计算。

(8) 挖土方如需截桩头时，应按桩基工程相关项目列项。

(9) 桩间挖土不扣除桩的体积，并在项目特征中加以描述。

(10) 弃、取土运距可以不描述，但应注明由投标人根据施工现场实际情况自行考虑，决定报价。

(11) 管沟土(石)方项目适用于管道(给排水、工业、电力、通信)、光(电)缆沟(包括人(手)孔、接口坑)及连接井(检查井)等。

(12) 挖方出现流砂、淤泥时，如设计未明确，在编制工程量清单时，其工程数量可为暂估量，结算时应根据实际情况由发包人与承包人双方现场签证确认工程量。

表 4-5　放坡系数表

土壤分类	放坡起点/m	人工挖土(1：k)	机械挖土(1：k)		
			在坑内作业	在坑上作业	顺沟槽在坑上作业
一、二类土	1.20	1：0.5	1：0.33	1：0.75	1：0.5
三类土	1.50	1：0.33	1：0.25	1：0.67	1：0.33
四类土	2.00	1：0.25	1：0.10	1：0.33	1：0.25

注：1. 沟槽、基坑中土壤类别不同时，分别按其放坡起点、放坡系数，依不同土类别厚度加权平均计算。k 为放坡系数。

2. 计算放坡时，交接处的重复工程量不予扣除，原槽、坑做基础垫层时，放坡自垫层上表面开始计算。

表 4-6 基础施工所需工作面宽度计算表

基 础 材 料	每边工作面宽度/mm
砖基础	200
浆砌毛石、条石基础	150
混凝土基础垫层支模板	300
混凝土基础支模板	300
基础垂直面做防水层	1000(防水层面)

表 4-7 管沟施工每侧所需工作面宽度计算表

管沟材料	管道结构宽/mm			
	≤500	≤1000	≤2500	>2500
混凝土及钢筋混凝土管道/mm	400	500	600	700
其他材质管道/mm	300	400	500	600

注：管道结构宽：有管座的按基础外缘，无管座的按管道外径。

4.1.3 工程量计算及应用案例

1. 土方工程

(1) 平整场地 010101001。“平整场地”项目适于建筑场地厚度≤±300mm 的挖、填、运、找平，其清单项目设置及工程量计算规则见表 4-8。

表 4-8 平整场地工程量清单项目设置及工程量计算规则

项目编码	项目名称	项目特征	计量单位	工程量计算规则	工程内容
010101001	平整场地	(1) 土壤类别 (2) 弃土运距 (3) 取土运距	m^2	按设计图示尺寸以建筑物首层建筑面积计算	(1) 土方挖填 (2) 场地找平 (3) 运输

项目特征描述包括：土壤类别、弃土运距、取土运距。其中土壤的类别应按表 4-1 确定。

可能出现±300mm 以内的全部是挖方或全部是填方，需外运土方或借土回填时，在工程量清单项目中应描述弃土运距(或弃土地点)或取土运距(或取土地点)，这部分的运输应包括在“平整场地”项目报价内；另外，工程量“按建筑物首层建筑面积计算”，如施工组织设计规定超面积平整场地时，超出部分应包括在报价内。

应用案例 4-1

某工程首层平面图如图 4.1 所示，地基土壤为三类土，试编制其平整场地的工程量清单。

解：平整场地的工程量按设计图示尺寸以建筑物首层建筑面积计算，其工程量为

$$(12+0.24)\times(4.8+0.24)=61.69(m^2)$$

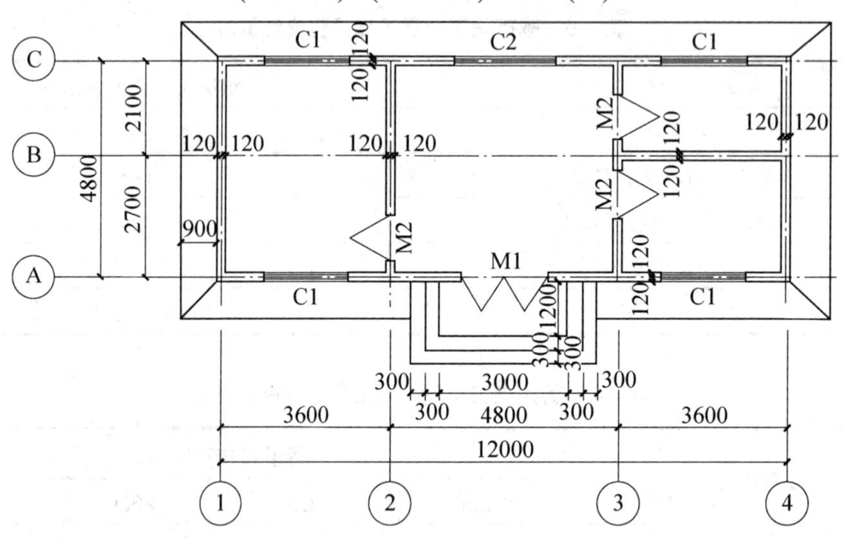

图 4.1 某工程首层平面图

则平整场地的工程量清单见表 4-9。

表 4-9 某工程平整场地的工程量清单

项目编码	项目名称	项目特征	计量单位	工程量	综合单价	合价
010101001001	平整场地	(1) 土壤类别：三类土 (2) 弃土、取土运距：自定	m^2	61.69		

应用案例 4-2

如图 4.2 所示为某工程首层平面示意图，已知土壤为四类土，平整场地中不发生弃土与取土，试编制其平整场地的工程量清单。

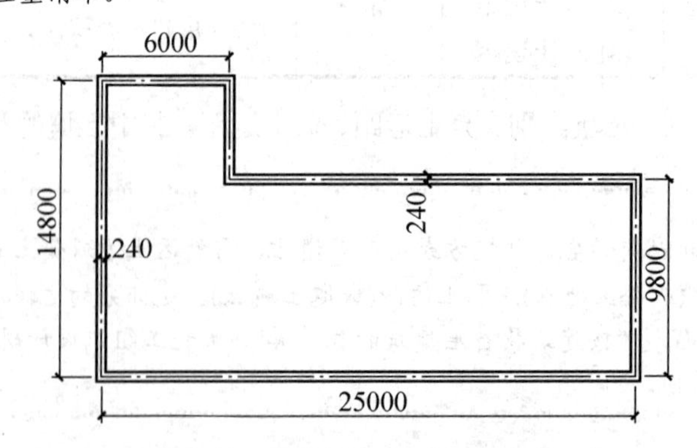

图 4.2 某工程首层平面示意图

【解】平整场地的工程量按设计图示尺寸以建筑物首层建筑面积计算，其工程量为

$$25.24\times10.04+6.24\times(14.8-9.8)=284.61(m^2)$$

则平整场地的工程量清单见表 4-10。

表 4-10　某工程平整场地的工程量清单

项目编码	项目名称	项目特征	计量单位	工程量	综合单价	合价
010101001001	平整场地	(1) 土壤类别：四类土 (2) 不发生取土与弃土	m^2	284.61		

(2) 挖土方分为挖一般土方，挖沟槽土方，挖基坑土方，冻土开挖，挖淤泥，流砂和管沟土方六个项目，其清单项目设置及工程量计算规则见表 4-11。

厚度＞±300mm 的竖向布置的挖土或山坡切土，应区分沟槽、基坑、一般土方，按相应的项目编码列项。

表 4-11　挖土方工程量清单项目设置及工程量计算规则

项目编码	项目名称	项目特征	计量单位	工程量计算规则	工程内容
010101002	挖一般土方	(1) 土壤类别 (2) 挖土深度 (3) 弃土运距	m^3	按设计图示尺寸以体积计算	(1) 排地表水 (2) 土方开挖 (3) 围护(挡土板)及拆除 (4) 基底钎探 (5) 运输
010101003	挖沟槽土方			按设计图示尺寸以基础垫层底面积乘以挖土深度计算	
010101004	挖基坑土方				
010101005	冻土开挖	(1) 冻土厚度 (2) 弃土运距	m^3	按设计图示尺寸开挖面积乘厚度以体积计算	(1) 爆破 (2) 开挖 (3) 清理 (4) 运输
010101006	挖淤泥、流砂	(1) 挖掘深度 (2) 弃淤泥、流砂距离		按设计图示位置、界限以体积计算	(1) 开挖 (2) 运输
010101007	管沟土方	(1) 土壤类别 (2) 管外径 (3) 挖沟深度 (4) 回填要求	(1) m (2) m^3	(1) 以米计量，按设计图示以管道中心线长度计算 (2) 以立方米计量，按设计图示管底垫层面积乘以挖土深度计算；无管底垫层按管外径的水平投影面积乘以挖土深度计算。不扣除各类井的长度，井的土方并入	(1) 排地表水 (2) 土方开挖 (3) 围护(挡土板)、支撑 (4) 运输 (5) 回填

挖方形基坑土方工程量为

$$V= a\cdot b\cdot H \tag{4-1}$$

考虑工作面和四边放坡时，所挖方形基坑是一四棱台，如图 4.3 所示。

$$V=(a+2c+K\cdot H)(b+2c+K\cdot H)\cdot H+\frac{1}{3}K^2H^3 \tag{4-2}$$

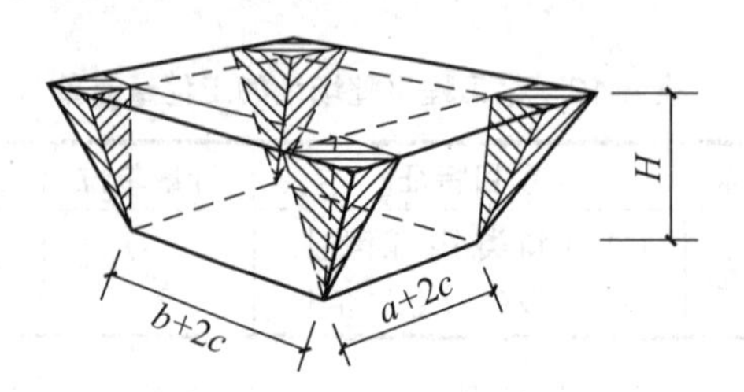

图 4.3　四棱台基坑示意

挖沟槽土方工程量：

$$V=a\cdot H\cdot L \tag{4-3}$$

考虑工作面和放坡时，沟槽断面如图 4.4 所示。

$$V=(a+2c+K\cdot H)H\cdot L \tag{4-4}$$

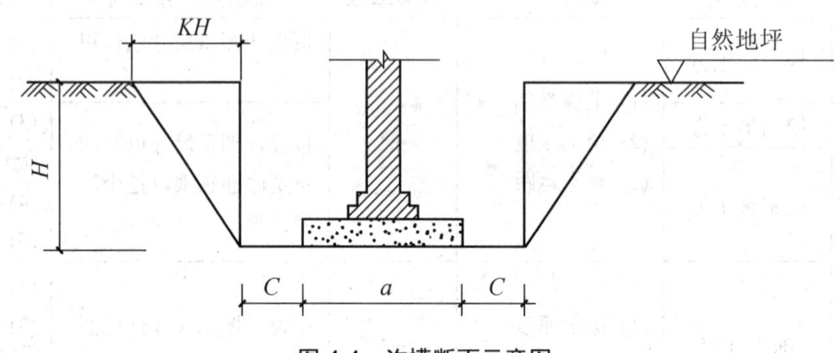

图 4.4　沟槽断面示意图

式中：a——基坑基础垫层底面短边设计尺寸；

b——基坑基础垫层底面长边设计尺寸；

c——工作面尺寸；

H——基坑深度；

K——坡度系数；

L——沟槽长度。

外墙按图示中心线长度计算；内墙按图示基础垫层底面之间净长线长度计算；内外突出部分(垛、附墙烟囱等)体积并入沟槽土方工程量内计算。

根据豫建设标〔2014〕28 号文规定，河南省土方工程，因工作面和放坡增加的工程量(含管沟工作面增加的工程量)列入各项目工程量，可另列项目计算。编制工程量清单时，放坡系数、基础施工所需工作面宽度、管沟施工所需工作面宽度可按表 4-5、表 4-6 和表 4-7 的规定计算。办理工程结算时，按经发包人认可的施工组织设计规定计算。

土方开挖、弃土运输、排地表水、围挡(挡土板)及拆除、基底钎探等工作内容的费用，均应包含在挖土方的报价内。

应用案例 4-3

某多层砖混住宅土方工程，土壤类别为三类土，基础为砖大放脚带形基础，垫层宽度 920mm，挖土深度为 1.80m，弃土运距 4km，基础总长度为 1590.60m，试编制其挖基础土方的工程量清单。

解：挖土底宽即垫层宽 920mm＝0.92m，小于 7m，挖土底长即基础总长度 1590.60m，大于 3 倍底宽，应按挖沟槽土方列项。

挖沟槽土方的工程量按设计图示尺寸以基础垫层底面积乘以挖土深度计算，其工程量为

$$V=0.92\times1.8\times1590.60=2634.03(\text{m}^3)$$

三类土，深度 H＝1.80m＞1.50m

施工时需放坡开挖，若采用人工挖土，查表 4-5 知 K＝0.33

砖大放脚带形基础，查表 4-6 知 c＝200mm

考虑工作面和放坡时，挖土总量为

$$\begin{aligned}V_1&=(a+2c+K\cdot H)\cdot H\cdot \sum L\\&=(0.92+2\times0.2+0.33\times1.8)\times1.8\times1590.60\\&=5479.94(\text{m}^3)\end{aligned}$$

因工作面和放坡增加的工程量为

$$V_2=5479.94-2634.03=2845.91(\text{m}^3)$$

则挖基础土方的工程量清单见表 4-12。

表 4-12　某挖基础土方的工程量清单

序号	项目编码	项目名称	项目特征	计量单位	工程量	综合单价	合价
1	010101003001	挖沟槽土方	(1) 土壤类别：三类土 (2) 挖土深度：1.8m (3) 弃土运距：4km	m^3	2634.03		
2	010101003002	挖沟槽土方	(1) 土壤类别：三类土 (2) 挖土深度：1.8m (3) 弃土运距：4km (4) 人工开挖时，因工作面和放坡增加的工程量	m^3	2845.91		

2. 石方工程

石方分为挖一般石方、挖沟槽石方、挖基坑石方和挖管沟石方四个项目，其清单项目设置及工程量计算规则见表 4-13。

厚度＞±300mm 的竖向布置挖石或山坡凿石，应区分沟槽、基坑、一般石方按相应的项目编码列项。弃碴运距可以不描述，但应注明由投标人根据施工现场实际情况自行考虑，决定报价。

表 4-13　石方工程量清单项目设置及工程量计算规则

项目编码	项目名称	项目特征	计量单位	工程量计算规则	工程内容
010102001	挖一般石方	(1) 岩石类别 (2) 开凿深度 (3) 弃碴运距	m^3	按设计图示尺寸以体积计算	(1) 排地表水 (2) 凿石 (3) 运输
010102002	挖沟槽石方			按设计图示尺寸沟槽底面积乘以挖石深度以体积计算	
010102003	挖基坑石方			按设计图示尺寸基坑底面积乘以挖石深度以体积计算	
010102004	挖管沟石方	(1) 岩石类别 (2) 管外径 (3) 挖沟深度	(1) m (2) m^3	(1) 以米计量，按设计图示以管道中心线长度计算 (2) 以立方米计量，按设计图示截面面积乘以长度计算	(1) 排地表水 (2) 凿石 (3) 回填 (4) 运输

3. 回填

回填分为回填方和余方弃置两个项目，其清单项目设置及工程量计算规则见表 4-14。

回填方项目适用于场地回填、室内回填和基础回填。

填方密实度要求，在无特殊要求情况下，项目特征可描述为满足设计和规范的要求。

填方材料品种可以不描述，但应注明由投标人根据设计要求验方后方可填入，并符合相关工程的质量规范要求。

填方粒径要求，在无特殊要求情况下，项目特征可以不描述。

如需买土回填应在项目特征填方来源中描述，并注明买土方数量。

表 4-14　回填工程量清单项目设置及工程量计算规则

项目编码	项目名称	项目特征	计量单位	工程量计算规则	工程内容
010103001	回填方	(1) 密实度要求 (2) 填方材料品种 (3) 填方粒径要求 (4) 填方来源、运距	m^3	按设计图示尺寸以体积计算 (1) 场地回填：回填面积乘以平均回填厚度 (2) 室内回填：主墙间面积乘以回填厚度，不扣除间隔墙 (3) 基础回填：挖方清单项目工程量减去自然地坪以下埋没的基础体积(包括基础垫层及其他构筑物)	(1) 运输 (2) 回填 (3) 压实
010103002	余方弃置	(1) 废弃料品种 (2) 运距		按挖方清单项目工程量减利用回填方体积(正数)计算	余方点装料运输至弃置点

4.2　地基处理与边坡支护工程

4.2.1　概述

当建筑物荷载较大或者位于中、高压缩性地基上时，为了减少工后沉降，确保工程安全，可以对天然地基进行处理，以获得较高的承载力和降低压缩性。另外，基坑开挖过程中，边坡的稳定是非常重要的，否则，一旦边坡塌陷不但地基受到扰动，影响承载力，而且也影响周围建筑物和人身的安全，因此，当基坑自身的稳定性不足时就需要对边坡进行支护。

地基处理包括换填垫层、强夯地基、粉喷桩、灰土挤密桩、砂石桩等。边坡支护包括地下连续墙、预制钢筋混凝土板桩、锚杆支护、土钉支护等。

在计算桩基础工程工程量时，应该明确：

(1) 地基处理与边坡支护的方式；

(2) 施工的工艺流程；

(3) 桩的类型，及桩长(直径或体积)。

4.2.2 《房屋建筑与装饰工程工程量计算规范》相关规定

(1) 地层情况按表4-1和表4-2的规定，并根据岩土工程勘察报告按单位工程各地层所占比例(包括范围值)进行描述。对无法准确描述的地层情况，可注明由投标人根据岩土工程勘察报告自行决定报价。

(2) 项目特征中的桩长应包括桩尖，空桩长度＝孔深－桩长，孔深为自然地面至设计桩底的深度。

(3) 高压喷射注浆类型包括旋喷、摆喷、定喷，高压喷射注浆方法包括单管法、双重管法、三重管法。

(4) 复合地基的检测费用按国家相关取费标准单独计算，不在本清单项目中。

(5) 如采用泥浆护壁成孔，工作内容包括土方、废泥浆外运；如采用沉管灌注成孔，工作内容包括桩尖制作、安装。

(6) 弃土(不含泥浆)清理、运输按本章4.1节中相关项目编码列项。

(7) 其他锚杆是指不施加预应力的土层锚杆和岩石锚杆。置入方法包括钻孔置入、打入或射入等。

(8) 基坑与边坡的检测、变形观测等费用按国家相关取费标准单独计算，不在本清单项目中。

(9) 地下连续墙和喷射混凝土的钢筋网及咬合灌注桩的钢筋笼制作、安装，按本章4.5节中相关项目编码列项。本分部未列的基坑与边坡支护的排桩按本章4.3节中相关项目编码列项。水泥土墙、坑内加固按本部分相关项目编码列项。砖、石挡土墙、护坡按本章4.4节中相关项目编码列项。混凝土挡土墙按本章4.5节中相关项目编码列项。

特别提示

(1) 对地层情况的描述按本章4.1节当中的土石划分，并根据岩土工程勘察报告进行描述，为避免描述内容与实际地质情况有差异而造成重新组价，可采取以下方法处理。

第一种方法是描述各类土石的比例及范围值。

第二种方法是分不同土石类别分别列项。

第三种方法是直接描述“详勘察报告”。

(2) 为避免“空桩长度、桩长”的描述引起重新组价，可采取以下方式处理。

第一种方法是描述“空桩长度、桩长”的范围值，或描述空桩长度、桩长所占比例及范围值；

第二种方法是空桩部分单独列项。

(3) 对于“预压地基”“强夯地基”和“振冲密实(不填料)”项目的工程量按设计图示处理范围以面积计算，即根据每个点位所代表的范围乘以点数计算，如图4.5所示。

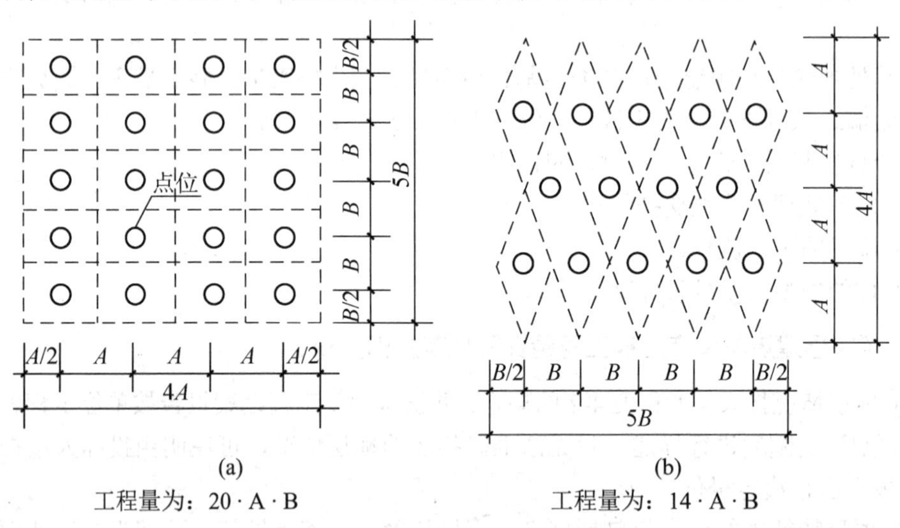

图4.5 强夯地基工程量计算示意图

4.2.3 工程量计算及应用案例

1. 地基强夯

强夯是用起重机将大吨位夯锤起吊到高处，自由下落，对土体进行强力夯实，以提高地基强度、降低地基的压缩性。其作用原理是用很大的冲击能使土出现很大的冲击波和应力，迫使土的空隙压缩、夯击点周围产生间隙形成良好的排水通道，土体迅速固结，适用于黏性土、湿陷性黄土及人工填土地基的深层加固。其清单项目设置及工程量计算规则见表4-15。

表4-15 强夯地基工程量清单项目设置及工程量计算规则

项目编码	项目名称	项目特征	计量单位	工程量计算规则	工程内容
010201004	强夯地基	(1) 夯击能量 (2) 夯击遍数 (3) 夯击点布置形式、间距 (4) 地耐力要求 (5) 夯填材料种类	m^2	按设计图示处理范围以面积计算	(1) 铺设夯填材料 (2) 强夯 (3) 夯填材料运输

2. 喷粉桩

喷粉桩是用喷粉桩钻机首先钻进到设计要求的桩底，然后开动喷粉机，边喷水泥粉边提升钻机与土体搅拌，形成水泥土的复合地基施工工艺。喷粉桩适用于含水量较高土体的地基加固处理。其清单项目设置及工程量计算规则见表4-16。

表 4-16　喷粉桩工程量清单项目设置及工程量计算规则

项目编码	项目名称	项目特征	计量单位	工程量计算规则	工程内容
010201010	喷粉桩	(1) 地层情况 (2) 空桩长度、桩长 (3) 桩径 (4) 粉体种类、掺量 (5) 水泥强度等级、石灰粉要求	m	按设计图示尺寸以桩长计算	(1) 预搅下钻、水泥浆制作、喷浆搅拌提升成桩 (2) 材料运输

应用案例 4-4

某工程采用 42.5 级硅酸盐水泥喷粉桩进行地基加固，已知桩长 12m，桩径为 0.5m，水泥掺量为 50kg/m，共 2000 根桩，试编制喷粉桩的工程量清单。

解： 喷粉桩的工程量按设计图示尺寸以桩长(包括桩尖)计算。

其工程量为　　　　　　$12\times2000=24000(m)$

则喷粉桩的工程量清单见表 4-17。

表 4-17　某喷粉桩的工程量清单

项目编码	项目名称	项目特征	计量单位	工程量	综合单价	合价
010201010001	喷粉桩	(1) 桩长：12m (2) 桩径：0.5m (3) 粉体种类：水泥粉 (4) 水泥强度等级：42.5 级	m	24000		

3. 地下连续墙

地下连续墙的施工工艺过程：地下连续墙是分段施工的，每段可分为导墙开挖、导墙混凝土浇筑、机械成槽、清底置换、安放接头管、置放钢筋笼、混凝土连续墙浇筑、拔接头管等过程。其清单项目设置及工程量计算规则见表 4-18。

表 4-18　地下连续墙工程量清单项目设置及工程量计算规则

项目编码	项目名称	项目特征	计量单位	工程量计算规则	工程内容
010202001	地下连续墙	(1) 地层情况 (2) 导墙类型、截面 (3) 墙体厚度 (4) 成槽深度 (5) 混凝土类别、强度等级 (6) 接头形式	m^3	按设计图示墙中心线长乘以厚度乘以槽深以体积计算	(1) 导墙挖填、制作、安装、拆除 (2) 挖土成槽、固壁、清底置换 (3) 混凝土制作、运输、灌注、养护 (4) 接头处理 (5) 土方、废泥浆外运 (6) 打桩场地硬化及泥浆池、泥浆沟

4. 土钉墙、喷射混凝土、水泥砂浆

土钉墙施工工艺：开挖第一层基坑土层，设置土钉，土壁挂网，喷射混凝土护坡面层；依次进行第二层土层施工，直至达到设计开挖深度。其清单项目设置及工程量计算规则见表4-19。

表4-19　非预应力锚杆、土钉及喷射混凝土工程量清单项目设置及工程量计算规则

项目编码	项目名称	项目特征	计量单位	工程量计算规则	工程内容
010202008	土钉	(1) 地层情况 (2) 钻孔深度 (3) 钻孔直径 (4) 置入方法 (5) 杆体材料品种、规格、数量 (6) 浆液种类、强度等级	(1) m (2) 根	(1) 以米计量，按设计图示尺寸以钻孔深度计算 (2) 以根计量，按设计图示数量计算	(1) 钻孔、浆液制作、运输、压浆 (2) 土钉制作、安装 (3) 土钉施工平台搭设、拆除
010202009	喷射混凝土、水泥砂浆	(1) 部位 (2) 厚度 (3) 材料种类 (4) 混凝土(砂浆)类别、强度等级	m^2	按设计图示尺寸以面积计算	(1) 修整边坡 (2) 混凝土(砂浆)制作、运输、喷射、养护 (3) 钻排水孔、安装排水管 (4) 喷射施工平台搭设、拆除

应用案例4-5

某工程对基坑的边坡进行了土钉外喷混凝土的支护方案，基坑的平面及剖面如图4.6所示，设计土钉长为3m，平均每平方米设一根，杆筋送入后灌注M30水泥砂浆。混凝土面板采用C20喷射混凝土，厚度为100mm，试编制该支护方案的工程量清单。

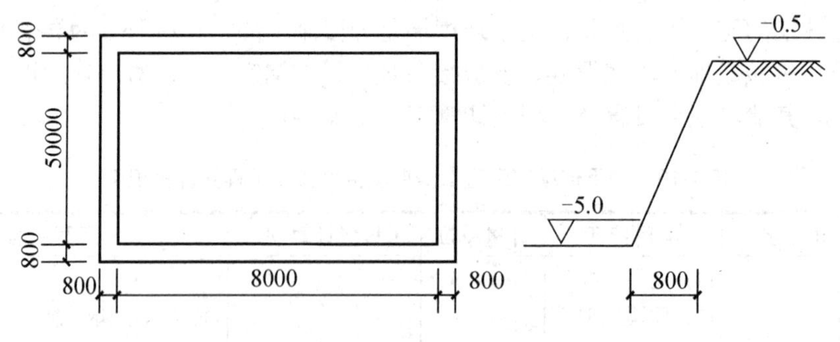

图4.6　基坑平面及剖面

解： 土钉支护面积 $=(50.8+80.8)\times2\times\sqrt{0.8^2+(5.0-0.5)^2}=1202.97(m^2)$

土钉工程量 $=1202.97/1\times3=3608.91(m)$

喷射混凝土工程量 $=1202.97(m^2)$

表4-20　某工程边坡支护的工程量清单

序号	项目编码	项目名称	项目特征	计量单位	工程量	综合单价	合价
1	010202008001	土钉	(1) 钻孔深度：3.0m (2) 杆体材料品种、规格、数量：每平方米一根 (3) 浆液种类、强度等级：M30水泥砂浆	m	3608.91		
2	010202009001	喷射混凝土	(1) 部位：边坡 (2) 厚度：100mm (3) 材料种类：混凝土 (4) 混凝土强度等级：C20	m^2	1202.97		

4.3　桩基工程

4.3.1　概述

当建筑物荷载较大或者位于中、高压缩性地基土时，为了减少后沉降，确保工程安全，可以采用桩基础；也可以对天然地基进行处理，以获得较高的承载力和降低压缩性。

桩基工程共两节11个项目，分为打桩、灌注桩两节，包括预制钢筋混凝土方桩、预制钢筋混凝土管桩、钢管桩、截(凿)桩头、泥浆护壁成孔灌注桩、沉管灌注桩、干作业成孔灌注桩、挖孔桩土(石)方、人工挖孔灌注桩、钻孔压浆桩和灌注桩后压浆等11项，适用于建筑物和构筑物的桩基工程。

在计算桩基础工程工程量时，应该明确：

(1) 桩的类型及桩长(直径或体积)；

(2) 施工工艺流程。

4.3.2　《房屋建筑与装饰工程工程量计算规范》相关规定

(1) 地层情况按表4-1 和表4-2的规定，并根据岩土工程勘察报告按单位工程各地层所占比例(包括范围值)进行描述。对无法准确描述的地层情况，可注明由投标人根据岩土工程勘察报告自行决定报价。

(2) 项目特征中的桩截面(桩径)、混凝土强度等级、桩类型等可直接用标准图代号或设计桩型进行描述。

(3) 预制钢筋混凝土方桩、预制钢筋混凝土管桩项目以成品桩编制，应包括成品桩购置费，如果用现场预制桩，应包括现场预制桩的所有费用。

(4) 打试验桩和打斜桩应按相应项目单独列项，并应在项目特征中注明试验桩或斜桩(斜率)。

(5) 项目特征中的桩长应包括桩尖，空桩长度＝孔深－桩长，孔深为自然地面至设计桩底的深度。

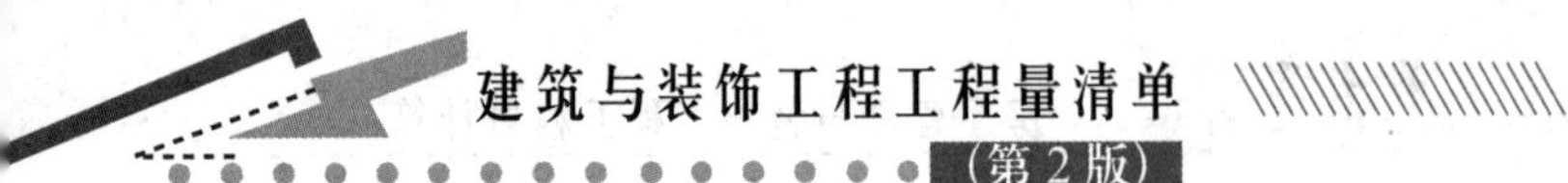

(6) 泥浆护壁成孔灌注桩是指在泥浆护壁条件下成孔，采用水下灌注混凝土的桩。其成孔方法包括冲击钻成孔、冲抓锥成孔、回旋钻成孔、潜水钻成孔、泥浆护壁的旋挖成孔等。

(7) 沉管灌注桩的沉管方法包括锤击沉管法、振动沉管法、振动冲击沉管法、内夯沉管法等。

(8) 干作业成孔灌注桩是指不用泥浆护壁和套管护壁的情况下，用钻机成孔后，下钢筋笼，灌注混凝土的桩，适用于地下水位以上的土层使用。其成孔方法包括螺旋钻成孔、螺旋钻成孔扩底、干作业的旋挖成孔等。

(9) 混凝土种类：指清水混凝土、彩色混凝土、水下混凝土等，如在同一地区既使用预拌(商品)混凝土，又允许现场搅拌混凝土时，也应注明。

(10) 混凝土灌注桩的钢筋笼制作、安装，按混凝土及钢筋混凝土工程中相关项目编码列项。

4.3.3 工程量计算及应用案例

1. 打桩及截(凿)桩头

1) 打桩

打桩包括预制钢筋混凝土方桩、预制钢筋混凝土管桩和钢管桩三项，其清单项目设置及工程量计算规则见表4-21。

表4-21 打桩工程量清单项目设置及工程量计算规则

项目编码	项目名称	项目特征	计量单位	工程量计算规则	工程内容
010301001	预制钢筋混凝土方桩	(1) 地层情况 (2) 送桩深度、桩长 (3) 桩截面 (4) 桩倾斜度 (5) 沉桩方法 (6) 接桩方式 (7) 混凝土强度等级	(1) m (2) m^3 (3) 根	(1) 以米计量，按设计图示尺寸以桩长(包括桩尖)计算 (2) 以立方米计量，按设计图示截面积乘以桩长(包括桩尖)以实体积计算 (3) 以根计量，按设计图示数量计算	(1) 工作平台搭拆 (2) 桩机竖拆、移位 (3) 沉桩 (4) 接桩 (5) 送桩
010301002	预制钢筋混凝土管桩	(1) 地层情况 (2) 送桩深度、桩长 (3) 桩外径、壁厚 (4) 桩倾斜度 (5) 沉桩方法 (6) 桩尖类型 (7) 混凝土强度等级 (8) 填充材料种类 (9) 防护材料种类			(1) 工作平台搭拆 (2) 桩机竖拆、移位 (3) 沉桩 (4) 接桩 (5) 送桩 (6) 桩尖制作安装 (7) 填充材料、刷防护材料

续表

项目编码	项目名称	项目特征	计量单位	工程量计算规则	工程内容
010301003	钢管桩	(1) 地层情况 (2) 送桩深度、桩长 (3) 材质 (4) 管径、壁厚 (5) 桩倾斜度 (6) 沉桩方法 (7) 填充材料种类 (8) 防护材料种类	(1) t (2) 根	(1) 以吨计量，按设计图示尺寸以质量计算 (2) 以根计量，按设计图示数量计算	(1) 工作平台搭拆 (2) 桩机竖拆、移位 (3) 沉桩 (4) 接桩 (5) 送桩 (6) 切割钢管、精割盖帽 (7) 管内取土 (8) 填充材料、刷防护材料

应用案例 4-6

某工程预制 C30 钢筋混凝土方桩共 40 根，三类土，设计桩长共 16m(两段，包括桩尖，焊接接桩)，截面面积为 100mm×100mm，设计桩顶高程距自然地面 0.60m，锤击沉桩，试编制预制钢筋混凝土方桩的工程量清单。

解： 预制钢筋混凝土方桩的工程量以米计量时，按设计图示尺寸以桩长(包括桩尖)计算。

其工程量为 $16\times40=640(m)$

预制钢筋混凝土方桩的工程量清单见表 4-22。

表 4-22　某预制钢筋混凝土方桩的工程量清单

项目编码	项目名称	项目特征	计量单位	工程量	综合单价	合价
010301001001	预制钢筋混凝土方桩	(1) 地层情况：三类土 (2) 送桩深度：1.1m (3) 桩长：16m (4) 桩截面：100mm×100mm (5) 沉桩方式：锤击沉桩 (6) 接桩方式：焊接接桩 (7) 混凝土强度等级：C30	m	640		

特别提示

送桩长度按打桩架底至桩顶面高度或自桩顶面至自然地坪面另加 0.5m 计算。

应用案例 4-7

某打桩工程，采用预制钢筋混凝土管桩，设计桩型为 T-PHC-AB700-650(110)-13a，管桩数量 300 根，断面及示意如图 4.7 所示，桩外径 700mm，壁厚 110mm，自然地面标高－0.3m，桩顶标高－3.6m，螺栓加焊接接桩，管桩接桩接点周边设计用钢板，该型号管桩成品价为 1900 元/m^3，a 型空心桩尖市场价为 200 元/个。采用静力压桩施工方法，管桩场内运输按 250m 考虑。试编制预制钢筋混凝土管桩的工程量清单。

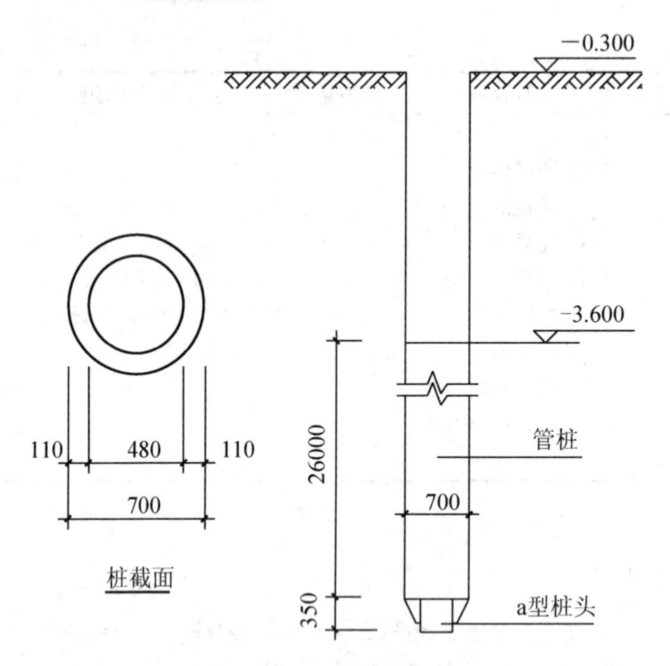

图 4.7　管桩断面图

解：预制钢筋混凝土方桩的工程量以根计量时，按设计图示数量计算。

其工程量为 300 根

预制钢筋混凝土管桩的工程量清单见表 4-23。

表 4-23　某预制钢筋混凝土管桩的工程量清单

项目编码	项目名称	项 目 特 征	计量单位	工程量	综合单价	合价
010301002001	预制钢筋混凝土管桩	(1) 地层情况：三类土 (2) 送桩深度、桩长：3.8m，26.35m (3) 桩截面：300mm×300mm (4) 桩外径、壁厚：700mm、110mm (5) 沉桩方法：静力压桩 (6) 桩尖类型：a 型空心桩尖 (7) 混凝土强度等级：成品桩	根	300		

(2) 截(凿)桩头

截(凿)桩头工程量清单项目设置及工程量计算规则见表 4-24。

表 4-24　截(凿)桩头工程量清单项目设置及工程量计算规则

项目编码	项目名称	项目特征	计量单位	工程量计算规则	工程内容
010301004	截(凿)桩头	(1) 桩类型 (2) 桩头截面、高度 (3) 混凝土强度等级 (4) 有无钢筋	(1) m^3 (2) 根	(1) 以立方米计量，按设计桩截面乘以桩头长度以体积计算 (2) 以根计量，按设计图示数量计算	(1) 截(切割)桩头 (2) 凿平 (3) 废料外运

2. 灌注桩

灌注桩包括泥浆护壁成孔灌注桩、沉管灌注桩、干作业成孔灌注桩、挖孔桩土(石)方、人工挖孔灌注桩、钻孔压浆桩和灌注桩后压浆七项，其清单项目设置及工程量计算规则见表4-25。

表4-25 灌注桩工程量清单项目设置及工程量计算规则

项目编码	项目名称	项目特征	计量单位	工程量计算规则	工程内容
010302001	泥浆护壁成孔灌注桩	(1) 地层情况 (2) 空桩长度、桩长 (3) 桩径 (4) 成孔方法 (5) 护筒类型、长度 (6) 混凝土种类、强度等级	(1) m (2) m^3 (3) 根	(1) 以米计量，按设计图示尺寸以桩长(包括桩尖)计算 (2) 以立方米计量，按不同截面在桩上范围内以体积计算 (3) 以根计量，按设计图示数量计算	(1) 护筒埋设 (2) 成孔、固壁 (3) 混凝土制作、运输、灌注、养护 (4) 土方、废泥浆外运 (5) 打桩场地硬化及泥浆池、泥浆沟
010302002	沉管灌注桩	(1) 地层情况 (2) 空桩长度、桩长 (3) 复打长度 (4) 桩径 (5) 沉管方法 (6) 桩尖类型 (7) 混凝土种类、强度等级	(1) m (2) m^3 (3) 根	(1) 以米计量，按设计图示尺寸以桩长(包括桩尖)计算 (2) 以立方米计量，按不同截面在桩上范围内以体积计算 (3) 以根计量，按设计图示数量计算	(1) 打(沉)拔钢管 (2) 桩尖制作、安装 (3) 混凝土制作、运输、灌注、养护
010302003	干作业成孔灌注桩	(1) 地层情况 (2) 空桩长度、桩长 (3) 桩径 (4) 扩孔直径、高度 (5) 成孔方法 (6) 混凝土种类、强度等级			(1) 成孔、扩孔 (2) 混凝土制作、运输、灌注、振捣、养护
010302004	挖孔桩土(石)方	(1) 地层情况 (2) 挖孔深度 (3) 弃土(石)运距	m^3	按设计图示尺寸(含护壁)截面积乘以挖孔深度以立方米计算	(1) 排地表水 (2) 挖土、凿石 (3) 基底钎探 (4) 运输
010302005	人工挖孔灌注桩	(1) 桩芯长度 (2) 桩芯直径、扩底直径、扩底高度 (3) 护壁厚度、高度 (4) 护壁混凝土种类、强度等级 (5) 桩芯混凝土种类、强度等级	(1) m^3 (2) 根	(1) 以立方米计量，按桩芯混凝土体积计算 (2) 以根计量，按设计图示数量计算	(1) 护壁制作 (2) 混凝土制作、运输、灌注、振捣养护

续表

项目编码	项目名称	项目特征	计量单位	工程量计算规则	工程内容
010302006	钻孔压浆桩	(1) 地层情况 (2) 空钻长度、桩长 (3) 钻孔直径 (4) 水泥强度等级	(1) m (2) 根	(1) 以米计量，按设计图示尺寸以桩长计算 (2) 以根计量，按设计图示数量计算	钻孔、下注浆管、投放骨料、浆液制作、运输、压浆
010302007	灌注桩后压浆	(1) 注浆导管材料、规格 (2) 注浆导管长度 (3) 单孔注浆量 (4) 水泥强度等级	孔	按设计图示以注浆孔数计算	(1) 注浆导管制作、安装 (2) 浆液制作、运输、压浆

应用案例 4-8

某工程锤击沉管灌注桩，采用预制桩尖，二类土，单根桩设计长度为 8m，桩直径为 ϕ800mm，桩顶到自然地面的距离为 0.6m，混凝土强度等级 C30，共 127 根。试编制沉管灌注桩的工程量清单。

解： 沉管灌注桩工程量为

$$8\times127=1016(\text{m})(\text{以 m 计量})$$

$$\text{或 } 3.14\times0.4^2\times8\times127=510.44(\text{m}^3)(\text{以 m}^3\text{ 计量})$$

或 127 根(以根计量)

沉管灌注桩的工程量清单见表 4-26。

表 4-26 某混凝土沉管灌注桩的工程量清单

项目编码	项目名称	项 目 特 征	计量单位	工程量	综合单价	合价
010302002001	沉管灌注桩	土层情况：二类土 空桩长：0.6m 桩长：8m 桩径：ϕ800mm 沉管方法：锤击沉管 桩尖：预制桩尖 混凝土强度：C30	m/m^3/根	1016/510.44/127		

4.4 砌 筑 工 程

4.4.1 概述

砌筑工程主要是指由砖和砂浆组成，形成砖墙、砖柱等构件。

建筑物的墙体既起围护、分隔作用，又起承重构件作用。按墙体所处平面位置不同，可分为外墙和内墙；按受力情况不同，可分为承重墙和非承重墙；按装修做法不同，可分为清水墙和混水墙；按组砌方法不同，可分为实心砖墙、空斗墙、空花墙和填充墙等。砖柱按材料分为标准砖柱和灰砂砖柱；按形状不同分为砖方柱和砖圆柱。

砌筑工程共五节 27 个项目，分为砖砌体、砌块砌体、石砌体、垫层、相关问题及说明等五节，包括砖基础、砖砌挖孔桩护壁、实心砖墙、多孔砖墙、空心砖墙、空斗墙、空花墙、填充墙、实心砖柱、多孔砖柱、砖检查井、零星砌砖、砖砌散水地坪、砖砌地沟明沟、砌块墙、砌块柱、石基础、石勒脚、石墙、石挡土墙、石柱、石栏杆、石护坡、石台阶、石坡道、石地沟明沟、垫层等 27 项，适用于建筑物的砌筑工程。

4.4.2　《房屋建筑与装饰工程工程量计算规范》相关规定

(1) 墙体厚度尺寸的取定。标准砖的尺寸为 240mm×115mm×53mm，由标准砖砌筑的墙体厚度，按表 4-27 取定。

表 4-27　标准砖砌体计算厚度表

砖数(厚度)	1/4	1/2	3/4	1	1.5	2	2.5	3
计算厚度/mm	53	115	180	240	365	490	615	740

当使用非标准砖时，由非标准砖砌筑的墙体厚度，应按砖实际规格和设计厚度取定。

(2) 砖基础与墙身(柱身)界线划分。

① 砖基础与墙(柱)身使用同一种材料时，以设计室内地坪为界(有地下室者，以地下室室内设计地坪为界)，以下为基础，以上为墙(柱)身。

② 砖基础与墙(柱)身使用不同材料时，位于设计室内地坪(或地下室室内地坪)±300mm 以内时以不同材料为界，超过±300mm 时，应以设计室内地坪(或地下室室内地坪)为界，以下为基础，以上为墙(柱)身。

③ 砖围墙以设计室外地坪为界，以下为基础，以上为墙身。

(3) 附墙烟囱、通风道、垃圾道应按设计图示尺寸以体积(扣除孔洞所占体积)计算并入所依附的墙体体积内。当设计规定孔洞内需抹灰时，应按墙、柱面装饰与隔断、幕墙工程中零星抹灰项目编码列项。

(4) 墙体内钢筋加固，砌体内加筋、墙体拉结筋的制作、安装，应按混凝土及钢筋混凝土工程中钢筋的相关项目编码列项。

(5) 砌块排列应上、下错缝搭砌，如果搭错缝长度满足不了规定的压搭要求，应采取压砌钢筋网片的措施，具体构造要求按设计规定。若设计无规定时，应注明由投标人根据工程实际情况自行考虑。

(6) 如施工图设计标注做法见标准图集时，应注明标注图集的编码、页号及节点大样。

4.4.3　工程量计算及应用案例

1. *砖砌体*

1) 砖基础

砖基础是由基础墙和大放脚组成。其剖面一般都做成阶梯形，这个阶梯形通常被称为大放脚。砖基础具有造价低、施工简便的特点，一般用在荷载不大，基础宽度小、土质较好、地下水位较低的情况。

砖基础项目适用于各种类型砖基础，如柱基础、墙基础、管道基础等，其清单项目设置及工程量计算规则见表 4-28。

表 4-28　砖基础工程量清单项目设置及工程量计算规则

项目编码	项目名称	项目特征	计量单位	工程量计算规则	工程内容
010401001	砖基础	(1) 砖品种、规格、强度等级 (2) 基础类型 (3) 砂浆强度等级 (4) 防潮层材料种类	m^3	按设计图示尺寸以体积计算。包括附墙垛基础宽出部分体积，扣除地梁(圈梁)、构造柱所占体积，不扣除基础大放脚T形接头处的重叠部分及嵌入基础内的钢筋、铁件、管道、基础砂浆防潮层和单个面积≤$0.3m^2$的孔洞所占体积，靠墙暖气沟的挑檐不增加 基础长度：外墙按外墙中心线，内墙按内墙净长线计算	(1) 砂浆制作、运输 (2) 砌砖 (3) 防潮层铺设 (4) 材料运输

(1) 大放脚的形式及分类。大放脚是指从基础墙断面上看单边或两边阶梯形的放出部分。根据每步放脚的高度是否相等，分为等高式和不等高式两种。等高放脚，每步放脚层数相等，高度为126mm(两皮砖，两灰缝)；每步放脚宽度相等，为62.5mm(一砖长加一灰缝的1/4)，如图4.8所示。不等高放脚，每步放脚高度不等，为63mm与126mm互相交替间隔放脚；每步放脚宽度相等，为62.5mm，如图4.9所示。

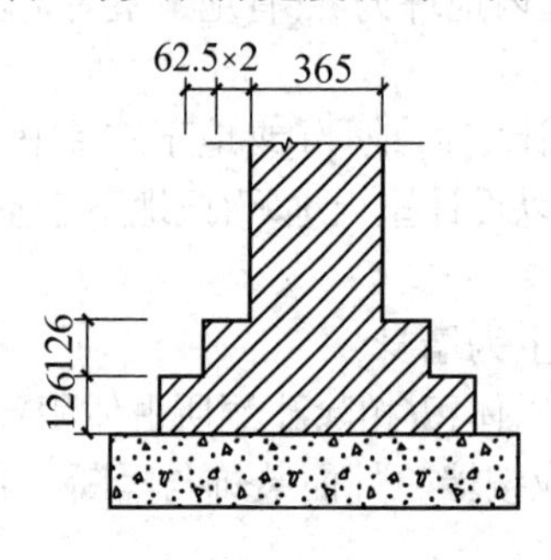

图 4.8　等高式

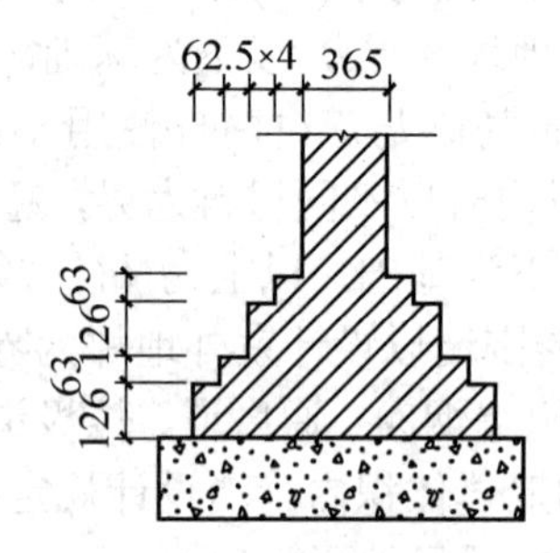

图 4.9　不等高式

(2) 大放脚折加高度和折算断面积。

标准砖的大放脚折算高度及折算断面积，可查表4-29和表4-30。

表 4-29　等高式标准砖墙基大放脚折算为墙高和断面积表

大放脚层数	折算高度/m						折算断面积/m^2
	1/2砖 (0.115)	1砖 (0.240)	1.5砖 (0.365)	2砖 (0.490)	2.5砖 (0.615)	3砖 (0.740)	
一	0.137	0.066	0.043	0.032	0.026	0.021	0.01575
二	0.411	0.197	0.129	0.096	0.077	0.064	0.04725
三	0.822	0.394	0.259	0.193	0.154	0.128	0.09450
四	1.369	0.656	0.432	0.321	0.256	0.213	0.15750
五	2.054	0.984	0.647	0.432	0.384	0.319	0.23630
六	2.876	1.378	0.906	0.675	0.538	0.447	0.33080

表 4-30 不等高式标准砖墙基大放脚折算为墙高和断面积表

大放脚层数	折算高度/m						折算断面积/m^2
	1/2 砖 (0.115)	1 砖 (0.240)	1.5 砖 (0.365)	2 砖 (0.490)	2.5 砖 (0.615)	3 砖 (0.740)	
一(一低)	0.069	0.033	0.022	0.016	0.013	0.011	0.00788
二(一高一低)	0.342	0.164	0.108	0.080	0.064	0.053	0.03938
三(二高一低)	0.685	0.328	0.216	0.161	0.128	0.106	0.07875
四(二高二低)	1.096	0.525	0.345	0.257	0.205	0.170	0.12600
五(三高二低)	1.643	0.788	0.518	0.386	0.307	0.255	0.18900
六(三高三低)	2.260	1.083	0.712	0.530	0.423	0.351	0.25990

注：1. 折算高度——基础墙两边阶梯形部分的断面积折算成基础墙厚度所得到的高度。
2. 折算面积——基础墙两边阶梯形部分的断面积，不包括中间基础墙的面积。

(3) 砖墙基础工程量的计算。

砖墙基础工程量，按设计图示尺寸以体积计算。计算公式为

砖墙基础工程量＝砖基础长度×基础断面面积±应并入(扣除)体积 (4-5)

式中各项计算方法如下。

① 砖基础长度。外墙砖基础按外墙中心线长度计算，内墙砖基础按内墙净长线长度计算。遇有偏轴线时，应将轴线移为中心线计算。

② 砖基础断面面积。

砖基础断面面积＝基础墙厚度×(基础高度＋大放脚折加高度)

或砖基础断面面积＝基础墙厚度×基础高度＋大放脚折算断面面积 (4-6)

式中基础墙厚度为标准砖时，按表查用；基础高度为大放脚底面至基础顶面(即分界面)的高度。

③ 应扣除或不扣除的体积如下。

应扣除：单个面积在 0.3m^2 以上孔洞所占体积，砖基础中嵌入的钢筋混凝土柱(包括独立柱、框架柱、构造柱及柱基等)、梁(包括基础梁、圈梁、过梁、挑梁等)。

不扣除：基础大放脚 T 形接头的重叠部分及嵌入基础内的钢筋、铁件、管道、基础砂浆防潮层和单个面积在 0.3m^2 以内的孔洞所占体积。

④ 应并入或不增加的体积如下。

应并入：附墙垛基础宽出部分的体积。

不增加：靠墙暖气沟的挑檐的体积。

应用案例 4-9

如图 4.10 所示，带形砖基础长度为 50m，墙厚 1.5 砖，高 1.0m，M10 水泥砂浆砌筑 MU10 标准砖，三层等高大放脚，试编砖基础的工程量清单。

解： 图 4.10 中，墙厚设计标注尺寸为 370mm，大放脚高度设计标注尺寸为 120mm，大放脚宽

度设计尺寸为60mm，均为非标准标注，在计算工程量时应改为标准尺寸，即墙厚365mm，大放脚高126mm，大放脚宽62.5mm。

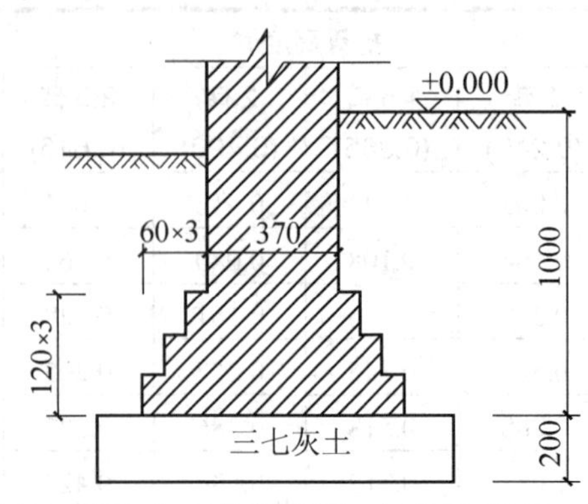

图 4.10　三层等高大放脚砖基础

方法一：按大放脚折算为断面积计算。

查表4-29知，三层等高大放脚折算断面积为$0.0945m^2$，根据式(4-5)得

砖墙基础工程量＝砖基础长度×(基础墙厚度×基础高度＋大放脚折算断面积)

＝50×(0.365×1.0＋0.0945)＝22.98(m^3)

方法二、按大放脚折算为折加高度计算。

查表4-29知，三层等高大放脚墙厚1.5砖时的折算高度为0.259m，根据式(4-5)得

砖墙基础工程量＝砖基础长度×基础墙厚度×(基础高度＋大放脚折加高度)

＝50×0.365×(1.0＋0.259)＝22.98(m^3)

砖基础的工程量清单见表4-31。

表 4-31　某砖基础的工程量清单

项目编码	项目名称	项 目 特 征	计量单位	工程量	综合单价	合价
010401001001	砖基础	(1) 砖品、规格、强度等级：MU10标准砖 (2) 基础类型：带形基础 (3) 砂浆强度等级：M10水泥砂浆	m^3	22.98		

2) 砖砌挖孔桩护壁

砖砌挖孔桩护壁的工程量按设计图示尺寸以立方米计算，其清单项目设置及工程量计算规则见表4-32。

表 4-32　砖砌挖孔桩护壁工程量清单项目设置及工程量计算规则

项目编码	项目名称	项目特征	计量单位	工程量计算规则	工程内容
010401002	砖砌挖孔桩护壁	(1) 砖品种、规格、强度等级 (2) 砂浆强度等级	m^3	按设计图示尺寸以立方米计算	(1) 砂浆制作、运输 (2) 砌砖 (3) 材料运输

3) 砖墙

砖墙包括实心砖墙、多孔砖墙、空心砖墙、空斗墙、空花墙、填充墙六个项目。

(1) 实心砖墙。实心砖墙项目适用于各种类型实心砖墙，可分为外墙、内墙、围墙、直形墙、弧形墙以及不同的墙厚，砌筑砂浆分水泥砂浆、混合砂浆等。砖品种、规格、强度等级，砂浆强度等级、配合比，应在工程量清单项目特征中进行描述。实心砖墙的清单项目设置及工程量计算规则见表 4-33。

表 4-33　实心砖墙、多孔砖墙、空心砖墙工程量清单项目设置及工程量计算规则

项目特征	项目名称	项目特征	计量单位	工程量计算规则	工程内容
010401003	实心砖墙	(1) 砖品种、规格、强度等级 (2) 墙体类型 (3) 砂浆强度等级、配合比	m^3	按设计图示尺寸以体积计算 扣除门窗、洞口、嵌入墙内的钢筋混凝土柱、梁、圈梁、挑梁、过梁及凹进墙内的壁龛、管槽、暖气槽、消火栓箱所占体积，不扣除梁头、板头、檩头、垫木、木楞头、沿椽木、木砖、门窗走头、砖墙内加固钢筋、木筋、铁件、钢管及单个面积≤$0.3m^2$ 以内的孔洞所占体积。凸出墙面的腰线、挑檐、压顶、窗台线、虎头砖、门窗套的体积亦不增加。凸出墙面的砖垛并入墙体体积内计算 (1) 墙长度：外墙按中心线，内墙按净长计算 (2) 墙高度： ① 外墙：斜(坡)屋面无檐口天棚者算至屋面板底；有屋架且室内外均有天棚者算至屋架下弦底另加 200mm；无天棚者算至屋架下弦底另加 300mm，出檐宽度超过 600mm 时按实砌高度计算；与钢筋混凝土楼板隔层者算至板顶，平屋顶算至钢筋混凝土板底 ② 内墙：位于屋架下弦者，算至屋架下弦底；无屋架者算至天棚底另加 100mm；有钢筋混凝土楼板隔层者算至楼板顶；有框架梁时算至梁底 ③ 女儿墙：从屋面板上表面算至女儿墙顶面(如有混凝土压顶时算至压顶下表面) ④ 内、外山墙：按其平均高度计算 (3) 框架间墙：不分内外墙按墙体净尺寸以体积计算 (4) 围墙：高度算至压顶上表面(如有混凝土压顶时算至压顶下表面)，围墙柱并入围墙体积内	(1) 砂浆制作、运输 (2) 砌砖 (3) 刮缝 (4) 砖压顶砌筑 (5) 材料运输
010401004	多孔砖墙				
010401005	空心砖墙				

实心砖墙工程量计算公式为

$$V=L\times H\times \delta -V_{扣}+V_{增} \tag{4-7}$$

式中：V——实心砖墙工程量，m^3；

L——墙长，m；

H——墙高，m；

δ——墙厚，m。

① 墙长度：外墙按中心线，内墙按净长线计算。

外墙长度按中心线长度计算。应注意定位轴线若为偏轴线时，要移至中心线。按中心线计算时，图中外角的阴影部分未计算，而内角的阴影部分计算了两次。由于轴线是中心线，这部分是相等的，用内角来弥补外角正好余缺平衡，如图4.11所示。若为偏轴线时，显然余缺是不平衡的，遇有偏轴线时，应将轴线移为中心线计算。

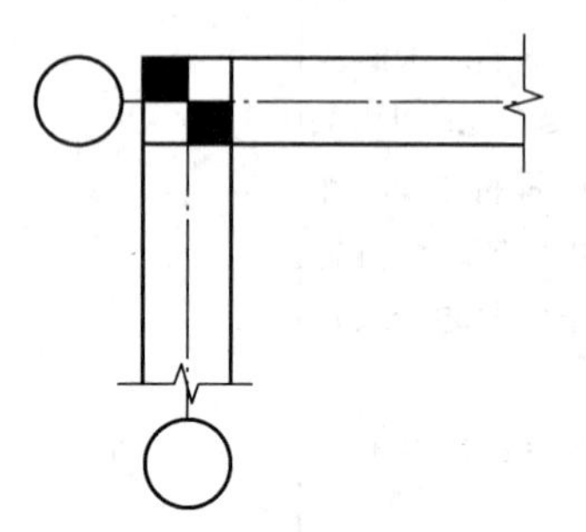

图4.11　外墙长度计算示意图

内墙长度按净长线计算。内墙与外墙丁字相交时，如图4.12(a)所示，计算内墙长度时，要算至外墙的里边线，这就避免了阴影部分重复计算。内墙与内墙L形相交时，两面内墙的长度均算至中心线，如图4.12(b)所示。内墙与内墙十字相交时，按较厚墙体的内墙长度计算，较薄墙体的内墙长度算至较厚墙体的外边线处，如图4.12(c)所示。

② 墙高度。

外墙：斜(坡)屋面无檐口天棚者算至屋面板底；有屋架且室内外均有天棚者算至屋架下弦底另加200mm；无天棚者算至屋架下弦底另加300mm，出檐宽度超过600mm时按实砌高度计算；平屋面算至钢筋混凝土板底，如图4.13(b)、(c)所示。

内墙：位于屋架下弦者，其高度算至屋架底；无屋架者算至天棚底另加100mm；有钢筋混凝土楼板隔层者算至楼板顶；有框架梁时算至梁底。

女儿墙：从屋面板上表面算至女儿墙顶面(如有混凝土压顶时算至压顶下表面)的高度，如图4.13(a)所示。

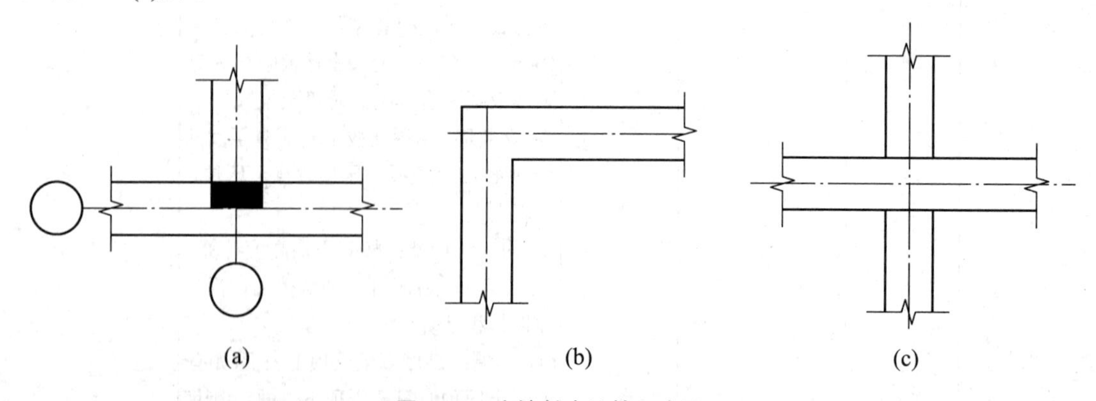

图4.12　内墙长度计算示意图

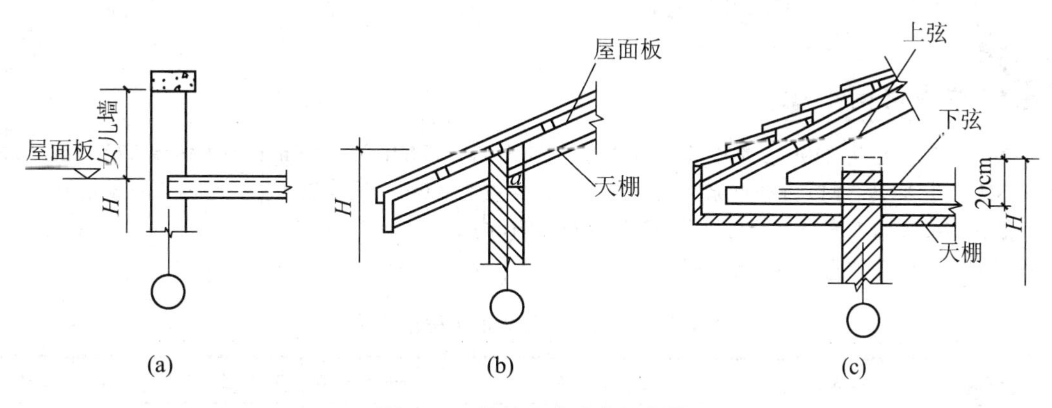

图 4.13　外墙高度确定示意图

内、外山墙：按其平均高度计算，如图 4.14 所示。

③ 墙厚度。

实心砖墙若采用标准砖砌筑，其厚度按表 4-27 确定，使用非标准砖时，其厚度应按实际规格和设计厚度计算。

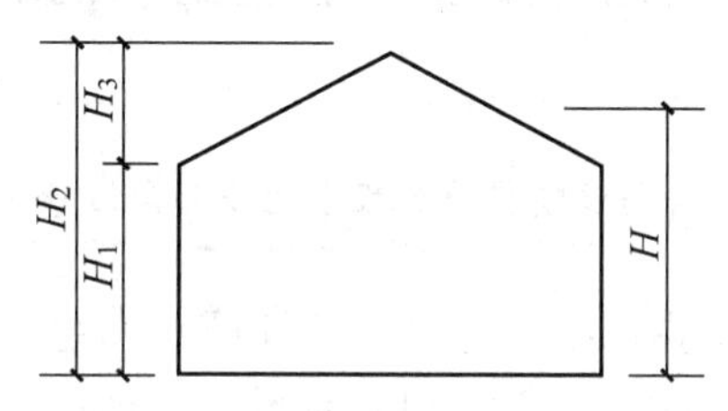

图 4.14　山墙高度确定示意图

④ 应扣除和应增加体积计算，见表 4-34 和表 4-35。

表 4-34　计算墙体工程量应扣除和不扣除的内容

部位	应扣除	不扣除
孔洞	门窗、洞口、空圈、$0.3m^2$ 以上的孔洞	$0.3m^2$ 以下的孔洞
嵌入墙体	嵌入墙身的钢筋混凝土柱、梁、圈梁、挑梁、过梁及凹进墙内的壁龛、管槽、暖气槽、消火栓箱所占体积	梁头、板头、檩头、垫木、木楞头、沿椽木、木砖、门窗走头、墙身内的加固钢筋、木筋、铁件、钢管

表 4-35　计算墙体工程量应增加和不增加的内容

应增加	不增加
凸出墙面的墙垛	凸出墙面的腰线、挑檐、压顶、窗台线、虎头砖、门窗套的体积

突出墙面的腰线、挑檐、压顶、窗台线、虎头砖、门窗套均不计算体积；内墙算至楼板隔层板顶；女儿墙的砖压顶、围墙的砖压顶突出墙面部分不计算体积，压顶顶面凹进墙面的部分也不扣除。墙内砖平拱、砖弧拱及砖过梁的体积不扣除，应包括在报价内。

应用案例 4-10

某二层砖混结构 240mm 单面清水墙(原浆勾缝)外墙 155.87m^{3}和 240mm 混水内墙 322.35m^3，均采用 MU10 标准砖、M5 混合砂浆砌筑，已知墙体高度为 3.6m，试编该实心砖墙的工程量清单。

解： 实心砖墙工程量＝155.87＋322.35＝478.22(m^3)

实心砖墙的工程量清单见表 4-36。

表 4-36 某实心砖墙的工程量清单

项目编码	项目名称	项目特征	计量单位	工程量	综合单价	合价
010401003001	实心砖墙	(1) 砖品种、规格、强度等级：MU10 标准砖	m^3	478.22		
010401003001	实心砖墙	(2) 墙体类型：240mm 厚实心砖墙 (3) 砂浆强度等级、配合比：M5 混合砂浆	m^3	478.22		

特别提示

砖砌体勾缝应按墙、柱面装饰与隔断幕墙工程中的墙面勾缝项目编码列项。

(2) 多孔砖墙。多孔砖是指以黏土、页岩、煤矸石为主要原料，经焙烧而成的孔洞率不小于 15%，孔为圆孔或非圆孔，孔的尺寸小而数量多的砖。多孔砖主要用于非承重墙。

多孔砖有 P 形多孔砖和 M 形多孔砖两种。其中 P 形多孔砖的外形尺寸为 240mm×115mm×90mm，M 形多孔砖形尺寸为 190mm×190mm×90mm。

多孔砖墙工程量，按图示尺寸以体积计算，不扣除其孔洞部分的体积。其清单项目设置及工程量计算规则见表 4-33。

(3) 空心砖墙。空心砖是指以黏土、页岩、煤矸石为主要原料，经焙烧而成的孔洞率不小于 35%，孔的尺寸大而数量少的砖。空心砖外形为直角六面体。在与砂浆的结合面上设有增加结合力的凹线槽。其孔洞垂直于小面或条面。

空心砖的长度有 290mm、240mm；宽度有 190mm、180mm、140mm；厚度有 115mm、90mm；壁厚大于 10mm，肋厚大于 7mm。

空心砖主要用于非承重墙，空心砖墙的厚度多为空心砖的厚度。施工时，空心砖采用全顺侧砌，孔洞呈水平方向与墙长同向。

空心砖墙工程量，按图示尺寸以体积计算，不扣除其孔洞部分的体积。其清单项目设置及工程量计算规则见表 4-33。

(4) 空斗墙。空斗墙是用标准砖平砌和侧砌结合方法砌筑而成的墙体。平砌层称为“眠砖”，侧砌层墙面顺砖的“顺斗砖”和侧砖露头的“丁头砖”。顺头砖和丁头砖所形成的孔洞称为“空斗”。空斗墙依其立面砌筑形式不同，分为一眠一斗、一眠二斗、一眠三斗、无眠空斗四种。

“空斗墙”项目适用于各种砌法的空斗墙。应注意：空斗墙工程量按设计图示尺寸以空斗墙外形体积计算，包括墙角、内外墙交接处、门窗洞口立边、窗台砖、屋檐处的实砌部分体积；窗间墙、窗台下、楼板下、梁头下等的实砌部分，应另行计算，按零星砌砖项目编码列项。空斗墙的清单项目设置及工程量计算规则见表 4-37。

表 4-37 空斗墙工程量清单项目设置及工程量计算规则

项目编码	项目名称	项目特征	计量单位	工程量计算规则	工程内容
010401006	空斗墙	(1) 砖品种、规格、强度等级 (2) 墙体类型 (3) 砂浆强度等级、配合比	m^3	按设计图示尺寸以空斗墙外形体积计算。墙角、内外墙交接处、门窗洞立边、窗台砖、屋檐处的实砌部分体积并入空斗墙体积内	(1) 砂浆制作、运输 (2) 砌砖 (3) 刮缝 (4) 材料运输

(5) 空花墙。空花墙是指用砖按一定艺术形式组砌而成的带镂空的墙体，一般多用于砖砌围墙和女儿墙。

空花墙项目适用于各种类型空花墙，空花墙工程量按设计图示尺寸以空花部分外形体积计算，不扣除空洞部分体积。使用混凝土花格砌筑的空花墙，实砌墙体和混凝土花格应分别计算。混凝土花格按混凝土及钢筋混凝土工程中其他预制构件项目编码列项。空花墙的清单项目设置及工程量计算规则见表 4-38。

表 4-38 空花墙工程量清单项目设置及工程量计算规则

项目编码	项目名称	项目特征	计量单位	工程量计算规则	工程内容
010401007	空花墙	(1) 砖品种、规格、强度等级 (2) 墙体类型 (3) 砂浆强度等级，配合比	m^3	按设计图示尺寸以空花部分外形体积计算，不扣除空洞部分体积	(1) 砂浆制作、运输 (2) 砌砖 (3) 刮缝 (4) 材料运输

(6) 填充墙。填充墙是指在空斗墙砌筑过程中，同时在空斗内填筑保温填充材料的空斗墙，填充墙的清单项目设置及工程量计算规则见表 4-39。

表 4-39 填充墙工程量清单项目设置及工程量计算规则

项目编码	项目名称	项目特征	计量单位	工程量计算规则	工程内容
010401008	填充墙	(1) 砖品种、规格、强度等级 (2) 墙体类型 (3) 填充材料种类及厚度 (4) 砂浆强度等级、配合比	m^3	按设计图示尺寸以填充墙外形体积计算	(1) 砂浆制作、运输 (2) 砌砖 (3) 装填充料 (4) 刮缝 (5) 材料运输

4) 砖柱

砖柱分为实心砖柱和多孔砖柱两个项目，适用于各种类型柱、矩形柱、异形柱、圆柱、包柱等。工程量按设计图示尺寸以体积计算，应扣除混凝土及钢筋混凝土梁垫、梁头、板头所占体积。砖柱的清单项目设置及工程量计算规则见表 4-40。

表 4-40 砖柱工程量清单项目设置及工程量计算规则

项目编码	项目名称	项目特征	计量单位	工程量计算规则	工程内容
010401009	实心砖柱	(1) 砖品种、规格、强度等级 (2) 柱类型 (3) 砂浆强度等级、配合比	m^3	按设计图示尺寸以体积计算。扣除混凝土及钢筋混凝土梁垫、梁头、板头所占体积	(1) 砂浆制作、运输 (2) 砌砖 (3) 刮缝 (4) 材料运输
010401010	多孔砖柱				

5) 砖检查井

砖检查井按设计图示数量以座计算，清单项目设置及工程量计算规则见表 4-41。

表 4-41 砖检查井工程量清单项目设置及工程量计算规则

项目编码	项目名称	项目特征	计量单位	工程量计算规则	工程内容
010401011	砖检查井	(1) 井截面、深度 (2) 砖品种、规格、强度等级 (3) 垫层材料种类、厚度 (4) 底板厚度 (5) 井盖安装 (6) 混凝土强度等级 (7) 砂浆强度等级 (8) 防潮层材料种类	座	按设计图示数量计算	(1) 砂浆制作、运输 (2) 铺设垫层 (3) 底板混凝土制作、运输、浇筑、振捣、养护 (4) 砌砖 (5) 刮缝 (6) 井池底、壁抹灰 (7) 抹防潮层 (8) 材料运输

6) 零星砌砖

零星砌砖项目适用于台阶、台阶挡墙、梯带、锅台、炉灶、池槽、池槽腿、砖胎模、花台、花池、楼梯栏板、阳台栏板、地垄墙、屋面隔热板下的砖墩、0.3m^2以内孔洞填塞、框架外表面镶贴砖等。砖砌锅台与炉灶可按外形尺寸以个计算，砖砌台阶可按水平投影面积以平方米计算。小便槽、地垄墙可按长度计算，其他工程量以立方米计算。零星砌砖清单项目设置及工程量计算规则见表 4-42。

表 4-42 零星砌砖工程量清单项目设置及工程量计算规则

项目编码	项目名称	项目特征	计量单位	工程量计算规则	工程内容
010401012	零星砌砖	(1) 零星砌砖名称、部位 (2) 砖品种、规格、强度等级 (3) 砂浆强度等级、配合比	(1) m^3 (2) m^2 (3) m (4) 个	(1) 以立方米计量，按设计图示尺寸截面积乘以长度计算 (2) 以平方米计量，按设计图示尺寸水平投影面积计算 (3) 以米计量，按设计图示尺寸长度计算 (4) 以个计量，按设计图示数量计算	(1) 砂浆制作、运输 (2) 砌砖 (3) 刮缝 (4) 材料运输

7) 砖散水、地坪

砖散水、地坪工程量按设计图示尺寸以面积计算，其清单项目设置及工程量计算规则见表 4-43。

表 4-43 砖散水、地坪工程量清单项目设置及工程量计算规则

项目编码	项目名称	项目特征	计量单位	工程量计算规则	工程内容
010401013	砖散水、地坪	(1) 砖品种、规格、强度等级 (2) 垫层材料种类、厚度 (3) 散水、地坪厚度 (4) 面层种类、厚度 (5) 砂浆强度等级	m^2	按设计图示尺寸以面积计算	(1) 土方挖、运、填 (2) 地基找平、夯实 (3) 铺设垫层 (4) 砌砖散水、地坪 (5) 抹砂浆面层

8) 砖地沟、明沟

砖地沟、明沟工程量按设计图示尺寸以中心线长度计算，其清单项目设置及工程量计算规则见表 4-44。

表 4-44 砖地沟、明沟工程量清单项目设置及工程量计算规则

项目编码	项目名称	项目特征	计量单位	工程量计算规则	工程内容
010401014	砖地沟、明沟	(1) 砖品种、规格、强度等级 (2) 沟截面尺寸 (3) 垫层材料种类、厚度 (4) 混凝土强度等级 (5) 砂浆强度等级	m	以米计量，按设计图示尺寸中心线长度计算	(1) 土方挖、运、填 (2) 铺设垫层 (3) 底板混凝土制作、运输、浇筑、振捣、养护 (4) 砌砖 (5) 刮缝、抹灰 (6) 材料运输

2. *砌块砌体*

1) 砌块墙

砌块是指普通混凝土小型空心砌块、加气混凝土块墙、硅酸盐砌块等。通常把高度为 180～350mm 的称为小型砌块，高度为 360～900mm 的称为中型砌块。小型空心砌块，是指由混凝土或轻骨料混凝土制成，主规格尺寸为 390mm×190mm×190mm，空心率在 25%～50%的空心砌块。

砌块墙项目适用于各种规格的砌块砌筑的墙体，砌块墙清单项目设置及工程量计算规则见表 4-45。

表 4-45 砌块墙工程量清单项目设置及工程量计算规则

项目编码	项目名称	项目特征	计量单位	工程量计算规则	工程内容
010402001	砌块墙	(1) 砌块品种、规格、强度等级 (2) 墙体类型 (3) 砂浆强度等级	m^3	按设计图示尺寸以体积计算 扣除门窗、洞口、嵌入墙内的钢筋混凝土柱、梁、圈梁、挑梁 、过梁及凹进墙内的壁龛、管槽、暖气槽、消火栓箱所占体积，不扣除梁头、板头、檩头、垫木、木楞头、沿椽木、木砖、门窗走头、砌块墙内加固钢筋、木筋、铁件、钢管及单个面积≤$0.3m^2$的孔洞所占的体积。凸出墙面的腰线、挑檐、压顶、窗台线、虎头砖、门窗套的体	(1) 砂浆制作、运输 (2) 砌砖、砌块 (3) 勾缝 (4) 材料运输

续表

项目编码	项目名称	项目特征	计量单位	工程量计算规则	工程内容
010402001	砌块墙	(1) 砌块品种、规格、强度等级 (2) 墙体类型 (3) 砂浆强度等级	m^3	积亦不增加。凸出墙面的砖垛并入墙体体积内计算 (1) 墙长度：外墙按中心线、内墙按净长计算； (2) 墙高度： ① 外墙：斜(坡)屋面无檐口天棚者算至屋面板底；有屋架且室内外均有天棚者算至屋架下弦底另加200mm；无天棚者算至屋架下弦底另加300mm，出檐宽度超过600mm时按实砌高度计算；与钢筋混凝土楼板隔层者算至板顶；平屋面算至钢筋混凝土板底 ② 内墙：位于屋架下弦者，算至屋架下弦底；无屋架者算至天棚底另加100mm；有钢筋混凝土楼板隔层者算至楼板顶；有框架梁时算至梁底 ③ 女儿墙：从屋面板上表面算至女儿墙顶面(如有混凝土压顶时算至压顶下表面) ④ 内、外山墙：按其平均高度计算 (3) 框架间墙：不分内外墙按墙体净尺寸以体积计算 (4) 围墙：高度算至压顶上表面(如有混凝土压顶时算至压顶下表面)，围墙柱并入围墙体积内	(1) 砂浆制作、运输 (2) 砌砖、砌块 (3) 勾缝 (4) 材料运输

2) 砌块柱

砌块柱项目适用于各种类型柱(矩形柱、方柱、异形柱、圆柱、包柱等)。

砌块柱工程量按设计图示尺寸以体积计算，其清单项目设置及工程量计算规则见表4-46。

表4-46　砌块柱工程量清单项目设置及工程量计算规则

项目编码	项目名称	项目特征	计量单位	工程量计算规则	工程内容
010402002	砌块柱	(1) 砌块品种、规格、强度等级 (2) 柱类型 (3) 砂浆强度等级	m^3	按设计图示尺寸以体积计算扣除混凝土及钢筋混凝土梁垫、梁头、板头所占体积	(1) 砂浆制作、运输 (2) 砌砖、砌块 (3) 勾缝 (4) 材料运输

3. 垫层

在工程上，经常采用的有灰土垫层和混凝土垫层。

垫层工程量按设计图示尺寸以立方米计算，其清单项目设置及工程量计算规则见表4-47。

表 4-47 垫层工程量清单项目设置及工程量计算规则

项目编码	项目名称	项目特征	计量单位	工程量计算规则	工程内容
010404001	垫层	垫层材料种类、配合比、厚度	m^3	按设计图示尺寸以立方米计算	(1) 垫层材料的拌制 (2) 垫层铺设 (3) 材料运输

特别提示

混凝土垫层应按混凝土及钢筋混凝土工程中相关项目编码列项外，其他垫层的清单项目应按本表垫层项目编码列项。

4.5 混凝土及钢筋混凝土工程

4.5.1 概述

混凝土及钢筋混凝土工程，按其施工方法不同，分为现浇混凝土工程和预制混凝土工程。现浇混凝土的供应方式(现场搅拌和商品混凝土)以施工组织设计确定。预制混凝土工程又划分为普通预制钢筋混凝土工程和预应力钢筋混凝土工程，预应力钢筋混凝土工程根据张拉顺序不同分为先张法预应力构件和后张法预应力构件。混凝土与钢筋混凝土工程中共十七节 76 个项目，包括现浇混凝土、预制混凝土和钢筋工程三部分内容，其中现浇、预制混凝土工程按分项工程又分为基础、柱、梁、墙、板、楼梯等，钢筋工程分为现浇构件钢筋、预制构件钢筋、先张法预应力钢筋、后张法预应力钢筋等。

混凝土及钢筋混凝土的施工过程包括支模板、绑扎钢筋和浇筑混凝土三个主要工序，钢筋混凝土工程的工程量清单应分为混凝土和钢筋两部分或模板、混凝土和钢筋三部分。

对于模板规范考虑了使用者方便计价及各专业的定额编制情况，对现浇混凝土模板采用两种方式进行编制，一方面混凝土工程“工作内容”中包括模板工程的内容，以立方米计量，与混凝土工程项目一起组成综合单价；另一方面又在措施项目中单列了现浇混凝土模板工程项目，以平方米计量，单独组成综合单价。对此，有以下三层内容。

招标人可根据工程的实际情况在同一个标段(或合同段)中在两种方式中选择其一；

招标人若采用单列现浇混凝土模板工程，必须按本规范所规定的计量单位、项目编码、项目特征列出清单，同时，现浇混凝土项目中不含模板的工程费用；

招标人若不单列现浇混凝土模板工程项目，现浇混凝土工程项目的综合单价中就应包括模板的工程费用。

4.5.2 《房屋建筑与装饰工程工程量计算规范》相关规定

(1) 有肋带形基础、无肋带形基础均应按带形基础列项，并注明肋高。

(2) 箱式满堂基础的满堂基础底板、柱、梁、墙、板，可按满堂基础、柱、梁、墙、板分别编码列项。

(3) 毛石混凝土基础，项目特征应描述毛石所占比例。

(4) 混凝土类别指清水混凝土、彩色混凝土等，如在同一地区既使用预拌(商品)混凝土又允许现场搅拌混凝土时，也应注明。

(5) 短肢剪力墙是指截面厚度不大于 300mm、各肢截面高度与厚度之比的最大值大于 4 但不大于 8 的剪力墙；各肢截面高度与厚度之比的最大值不大于 4 的剪力墙按柱项目编码列项。

(6) 现浇挑檐、天沟板、雨篷、阳台与板(包括屋面板、楼板)连接时，以外墙外边线为分界线；与圈梁(包括其他梁)连接时，以梁外边线为分界线。外边线以外为挑檐、天沟、雨篷或阳台。

(7) 现浇混凝土小型池槽、垫块、门框等，应按表 4-58 中其他构件项目编码列项。

(8) 三角形屋架应按表 4-62 中折线形屋架项目编码列项。

(9) 不带肋的预制遮阳板、雨篷板、挑檐板、栏板等，应按表 4-63 中平板项目编码列项。

(10) 预制 F 形板、双 T 形板、单肋板和带反挑檐的雨篷板、挑檐板、遮阳板等，应按表 4-63 中带肋板项目编码列项。

(11) 预制大型墙板、大型楼板、大型屋面板等，应按表 4-62 中大型板项目编码列项。

(12) 预制钢筋混凝土小型池槽、压顶、扶手、垫块、隔热板、花格等，应按表 4-65 中其他构件项目编码列项。

(13) 预制混凝土构件或预制钢筋混凝土构件，如施工图设计标注做法见标准图集时，项目特征应注明标准图集的编码、页号及节点大样。

(14) 现浇构件中伸出构件的锚固钢筋应并入钢筋工程量内。除设计(包括规范规定)标明的搭接外，其他施工搭接不计算工程量，在综合单价中综合考虑。

(15) 现浇构件中固定位置的支撑钢筋、双层钢筋用的“铁马”在编制工程量清单时，如果设计未明确，其工程数量可为暂估量，结算时按现场签证数量计算。

(16) 现浇或预制混凝土和钢筋混凝土构件，不扣除构件内钢筋、螺栓、预埋铁件、张拉孔道所占体积，但应扣除劲性骨架的型钢所占体积。

4.5.3 工程量计算及应用案例

1. 现浇混凝土基础

现浇混凝土基础包括垫层、带形基础、独立基础、满堂基础、桩承台基础、设备基础，其清单项目设置及工程量计算规则见表 4-48。

表 4-48 现浇混凝土基础工程量清单项目设置及工程量计算规则

项目编码	项目名称	项目特征	计量单位	工程量计算规则	工程内容
010501001	垫层	(1) 混凝土种类 (2) 混凝土强度等级	m^3	按设计图示尺寸以体积计算。不扣除伸入承台基础的桩头所占体积	(1) 模板及支撑制作、安装、拆除、堆放、运输及清理模内杂物、刷隔离剂等 (2) 混凝土制作、运输、浇筑、振捣、养护
010501002	带形基础				
010501003	独立基础				
010501004	满堂基础				
010501005	桩承台基础				

续表

项目编码	项目名称	项目特征	计量单位	工程量计算规则	工程内容
010501006	设备基础	(1) 混凝土种类 (2) 混凝土强度等级 (3) 灌浆材料及其强度等级	m^3	按设计图示尺寸以体积计算。不扣除伸入承台基础的桩头所占体积	(1) 模板及支撑制作、安装、拆除、堆放、运输及清理模内杂物、刷隔离剂等 (2) 混凝土制作、运输、浇筑、振捣、养护

带形基础项目适用于各种带形基础，如墙下的带形基础，浇筑在一字排桩上面的带形基础等。工程量不扣除浇入带形基础内的桩头所占体积。

独立基础项目适用于柱下的块体基础、杯形基础、无筋倒圆台基础、壳体基础、电梯井基础。

桩承台基础项目适用于浇筑在组桩(如梅花桩)上的承台，工程量不扣除浇入承台体积内的桩头所占体积。

1) 垫层

基础垫层设置在基础与地基之间，它的主要作用是使基础与地基有良好的接触面，把基础承受的上部荷载均匀地传给地基。

混凝土垫层的清单项目设置及工程量计算规则见表 4-48，其他垫层的清单项目设置及工程量计算规则见表 4-47。

方型基础垫层工程量，可根据表 4-48 中计算规则的计算原则，按式(4-8)计算：

$$工程量=垫层底面积\times垫层厚度 \tag{4-8}$$

带形基础垫层工程量，可根据表 4-48 中计算规则的计算原则，按式(4-9)计算：

$$工程量=垫层长度\times垫层断面面积 \tag{4-9}$$

式中，垫层长度，外墙按外墙中心线(注意偏轴线时，应把轴线移至中心线位置)长度；内墙按内墙基础垫层的净长线。凸出部分的体积并入工程量内计算。

2) 带形基础

带形基础又称条形基础，其外形呈长条状，断面形式一般有梯形、阶梯形和矩形等；常用于房屋上部荷载较大、地基承载能力较差的混合结构房屋墙下基础。

凡带形基础上部有梁的几何特征，均属于有梁(肋)带形基础，如图 4.15 所示。凡带形基础上部没有梁的几何特征，均属于无梁(肋)带形基础，如图 4.16 所示。有梁(肋)带形基础、无梁(肋)带形基础应分别编码(第五级编码)列项，并注明梁(肋)高。

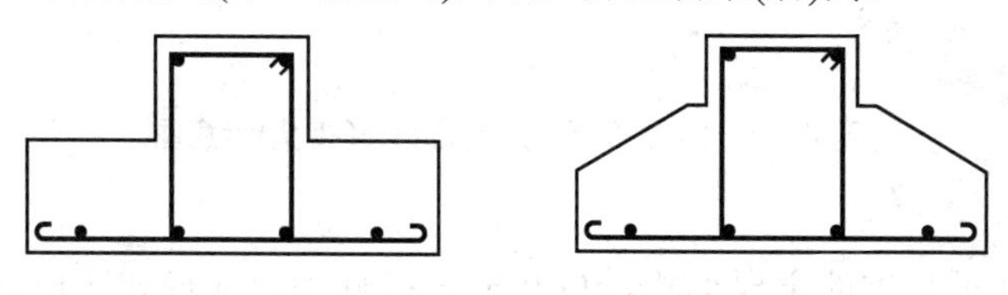

图 4.15　有梁式带形基础

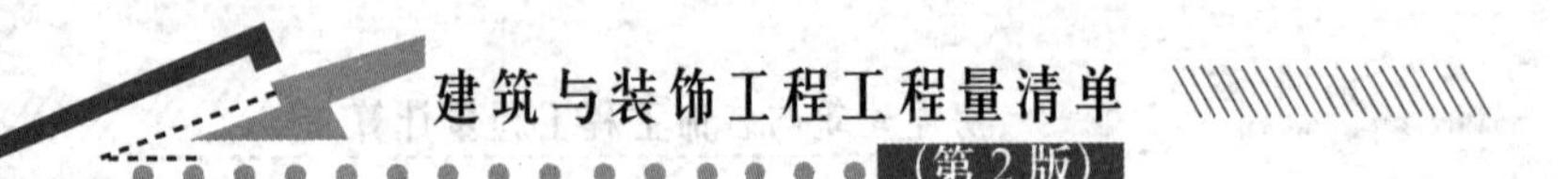

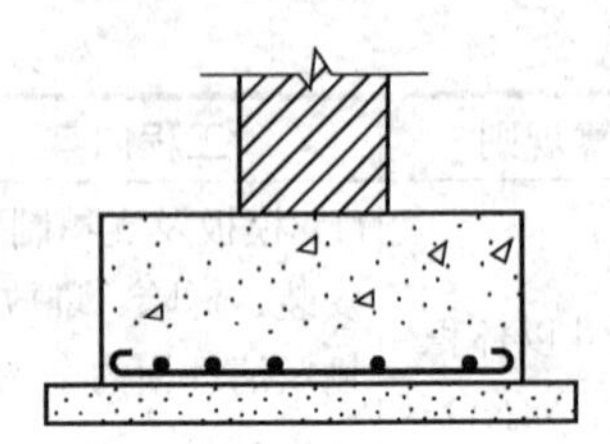

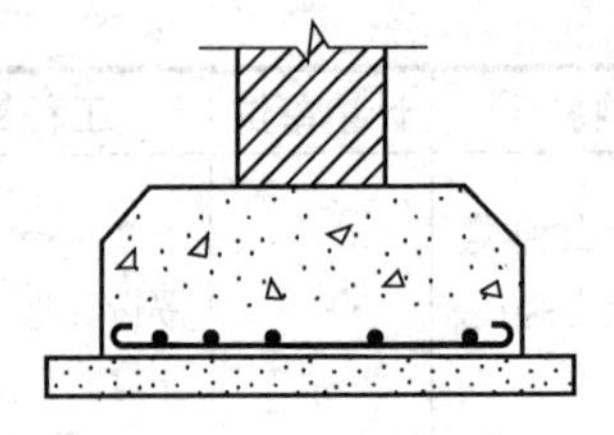

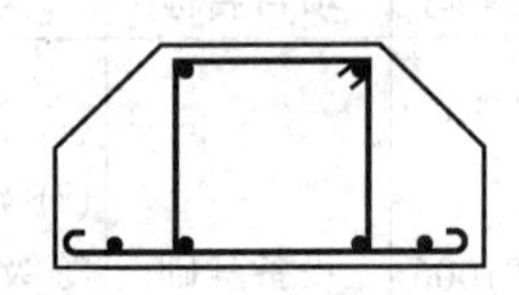

图 4.16　无梁式带形基础

带形基础工程量，可根据表 4-48 中的计算规则，按式(4-10)计算：

$$V=S\times L+V_T \tag{4-10}$$

式中：V——带形基础工程，m^3

S——带形基础断面面积，m^2；

L——带形基础长度[外墙基础长度，按带形基础中心线长度计算，内墙基础长度，按带形基础净长线长度(即长度算至丁字相交基础的侧面)计算(图 4.17)]；

V_T——T 形接头的搭接部分的体积。

梯形断面带形基础每个丁字接头(图 4.18)的体积可按式(4-11)计算：

$$V_T=bHL_T+(2b+B)h_1L_T/6 \tag{4-11}$$

式中，b、B、h_1、h_2、H、L_T 如图 4.18 所示。

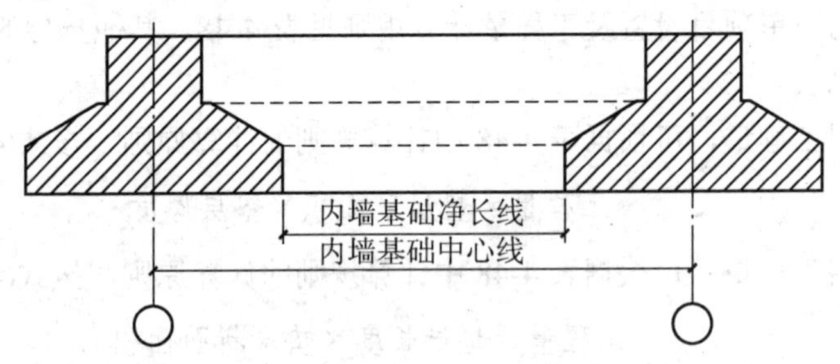

图 4.17　内墙带形基础净长线示意图

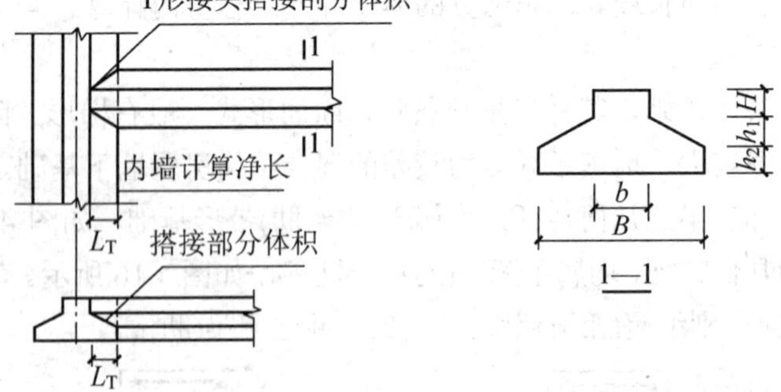

图 4.18　梯形断面带形基础(T 形接头)示意图

3) 独立基础

独立基础是柱子基础的主要形式，按其形式可分为阶梯形和四棱锥台形，如图 4.19 所示。

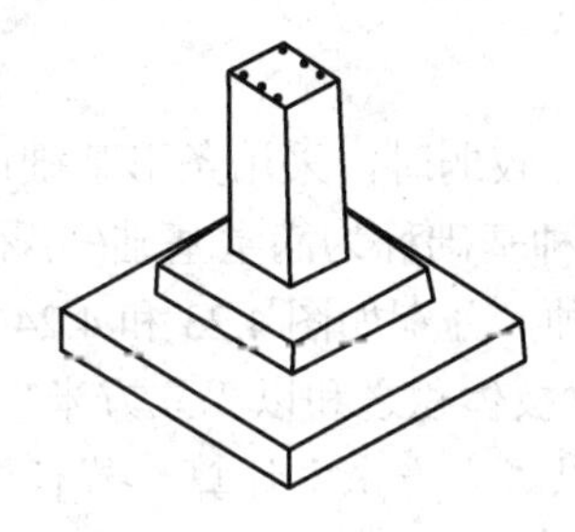
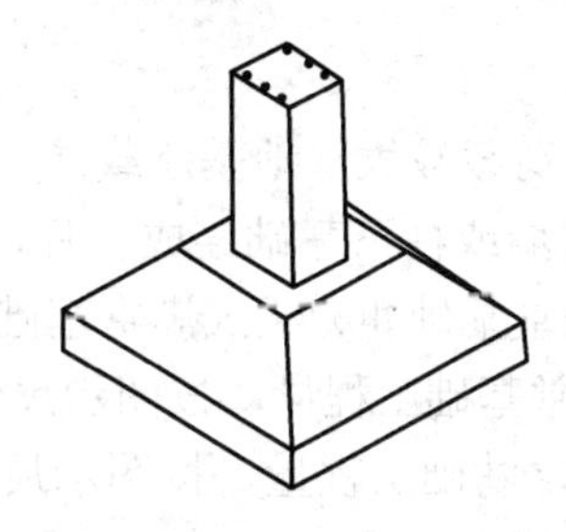

图 4.19　独立基础示意图

(1) 独立基础与柱子的划分。独立基础与柱子以柱基上表面为分界线，以上为柱子，以下为独立基础，如图 4.20 所示。

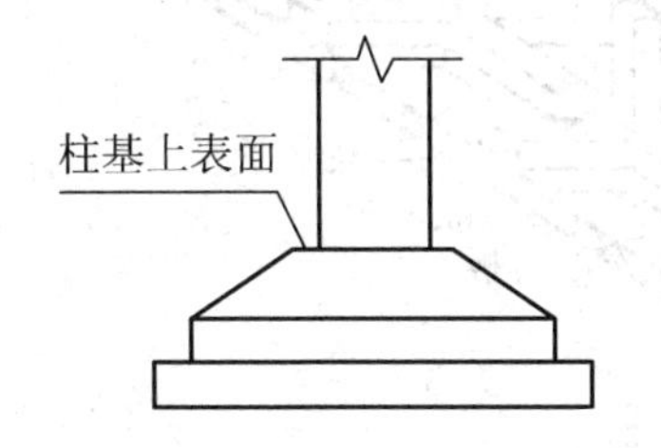

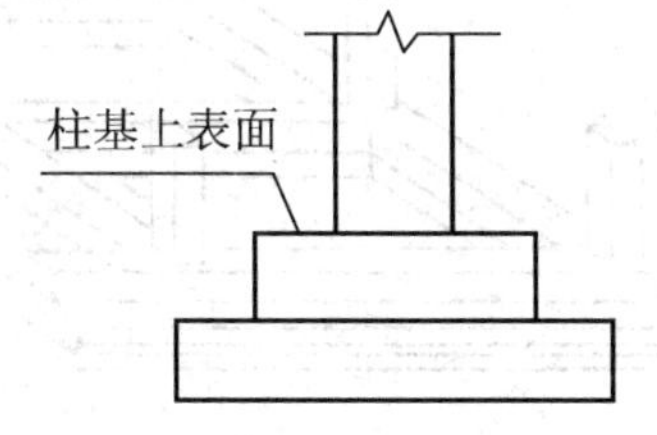

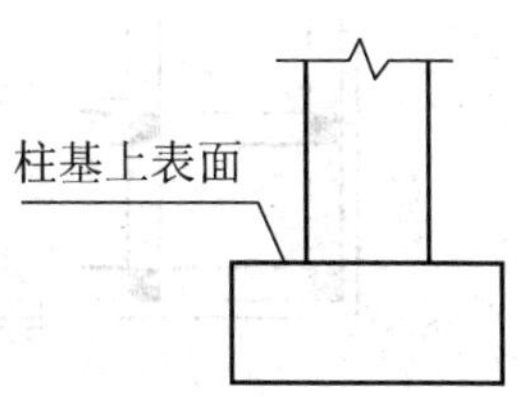

图 4.20　基础与柱子划分示意图

(2) 独立基础工程量计算。阶梯形独立基础的体积计算比较容易，只需按图示尺寸分别计算出每阶的立方体体积，求和即可。四棱锥台形独立基础，如图 4.21 所示，

其体积为四棱锥台体积加底座体积。计算公式为

$$V = A \cdot B \cdot h + [A \cdot B + (A + a)(B + b) + a \cdot b] \cdot \frac{H}{6} \quad (4\text{-}12)$$

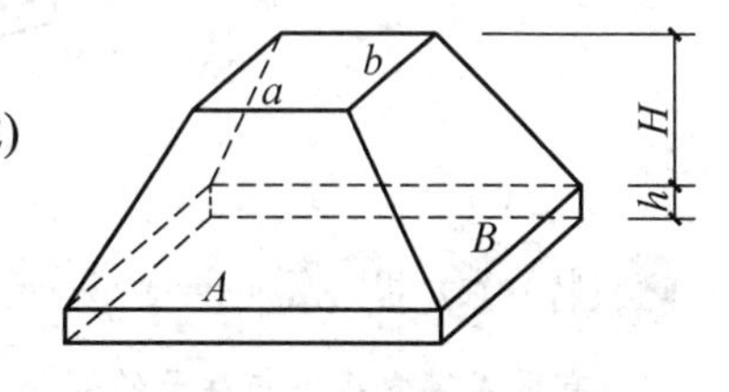

图 4.21　四棱锥台立体图

式中：V——四棱锥台形独立基础体积，m^3；

A、B——四棱锥台底边的长、宽，m；

a、b——四棱锥台上边的长、宽，m；

H——四棱锥台的高度，m；

h——四棱锥台底座的厚度，m。

当柱采用预制构件时，则独立基础做成杯口形，然后将柱子插入并嵌固在杯口内，形成杯形基础，如图 4.22 所示。杯形基础工程量＝外形体积－杯芯体积。

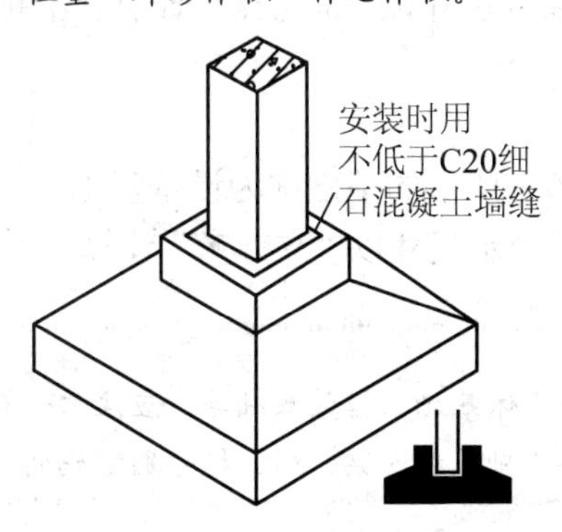

图 4.22　杯形基础

4) 满堂基础。

当建筑物上部荷载较大，地基承载能力又比较弱时，采用条形基础已不能适应地基变形的需要时，常将墙或柱下基础连成一片，这种基础称为满堂基础(又称筏片基础)。满堂基础分为有梁式满堂基础和无梁式满堂基础两种，分别如图4.23和4.24所示。

(1) 有梁式满堂基础工程量，按图示尺寸梁板体积之和以“立方米”计算。

(2) 无梁式满堂基础工程量，按图示尺寸以“立方米”计算。若有边肋，边肋体积并入基础工程量内计算。

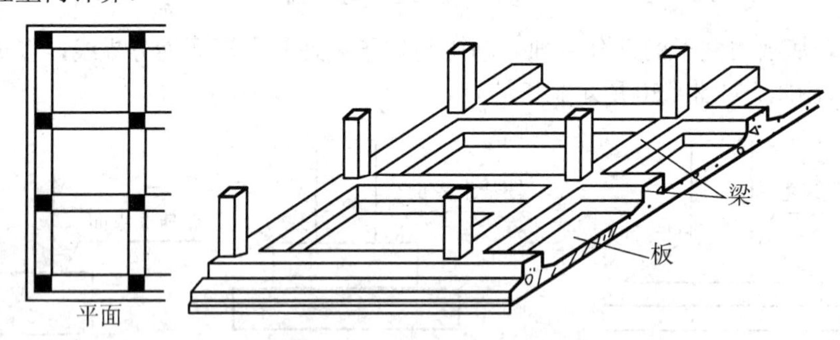

图4.23 有梁式满堂基础

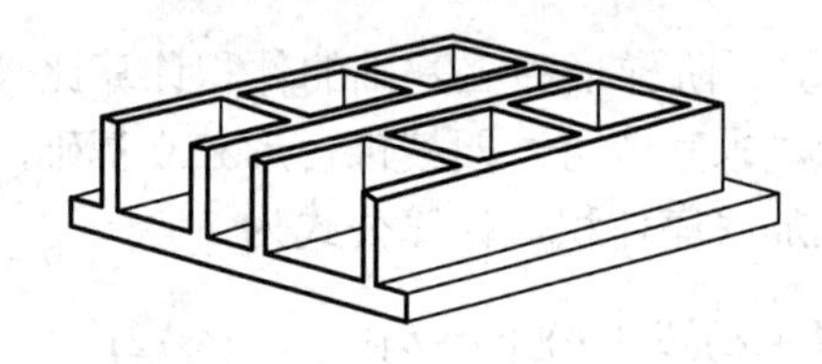

图4.24 无梁式满堂基础

特别提示

有梁式满堂基础与柱子的划分：以梁的上表面为界，梁的体积并入有梁式满堂基础计算。

无梁式满堂基础与柱子的划分：以板的上表面为界，若有柱墩，柱墩体积并入柱内计算。

5) 桩承台

桩承台是在已打完的桩顶上，将桩顶部的混凝土剔凿掉，露出钢筋，浇灌混凝土使之与桩顶连成一体的钢筋混凝土基础。

工程量计算，按图示桩承台尺寸以“立方米”计算，不扣除浇入承台体积内的桩头所占体积。

6) 设备基础

为安装锅炉、机械或设备等所做的基础称为设备基础。

工程量计算：设备基础按图示尺寸以“立方米”计算，不扣除螺栓套孔洞所占的体积。

特别提示

设备基础项目适用于设备的块体基础、框架基础等。应注意：螺栓孔灌浆包括在报价内。

框架式设备基础，可按设备基础、柱、梁、墙、板分别编码列项。

应用案例 4-11

如图 4.25 所示钢筋混凝土独立基础，已知：垫层采用现场搅拌 C10(40)现浇碎石混凝土浇筑，基础采用现场搅拌 C25(40)现浇碎石混凝土浇筑，基础钢筋保护层厚度为 40mm，独立基础四周第一道钢筋自距另一方向钢筋端部 60mm 开始布置，试编制该基础混凝土的工程量清单。

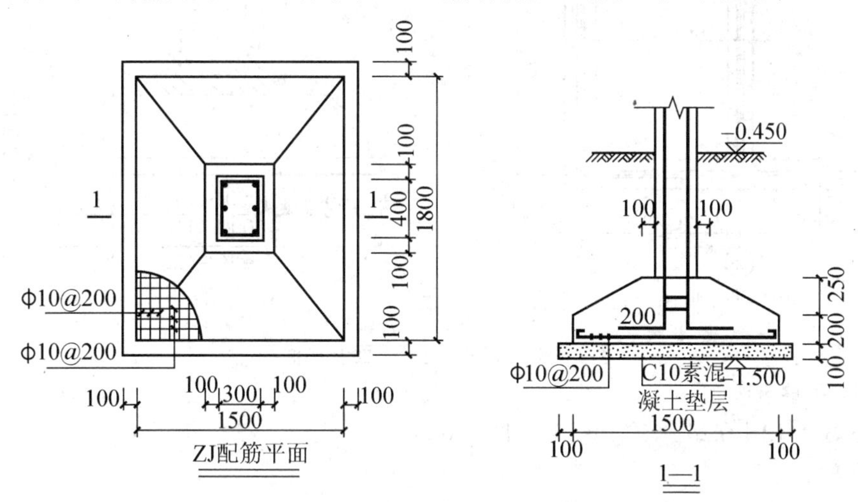

图 4.25　某独立基础示意图

解：(1) 基础垫层。

工程量 $V=(1.5+0.1\times2)\times(1.8+0.1\times2)\times0.1=0.34(m^3)$

(2) 独立基础。

工程量 $V=1.5\times1.8\times0.2+[1.5\times1.8+(1.5+0.5)\times(1.8+0.6)+0.5\times06]\times0.25\times(1/6)$

$=0.87(m^3)$

工程量清单见表 4-49。

表 4-49　独立基础混凝土工程量清单表

项目编码	项目名称	项 目 特 征	计量单位	工程量	综合单价	合价
010501001001	垫层	(1) 混凝土种类：现场搅拌现浇碎石混凝土 (2) 混凝土强度等级：C10(40)	m^3	0.34		
010501003001	独立基础	(1) 混凝土种类：现场搅拌现浇碎石混凝土 (2) 混凝土强度等级：C25(40)	m^3	0.87		

应用案例 4-12

某住宅工程基础平面及剖面如图 4.26 所示，已知：土质为三类土，室外地坪−0.30m，室内地坪±0.00m，地面面层厚 10cm，基础垫层混凝土强度等级为 C15，带形基础混凝土强度等级为 C20，采用泵送商品混凝土浇筑，砖基础采用M7.5水泥砂浆砌筑MU10标准砖，回填土分层夯实，取、弃土运距40m。试编制平整场地、挖基础土方(人工开挖)、垫层、带形基础、砖基础、回填土的工程量清单。

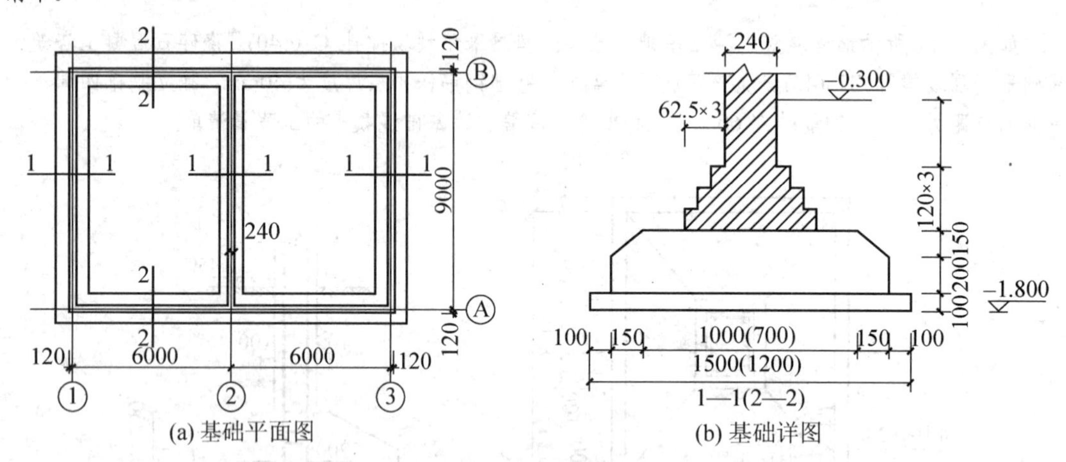

图4.26　某住宅基础平面及剖面图

解：(1) 平整场地。

工程量 $S=(12+0.24)\times(9+0.24)=113.10(m^2)$

(2) 挖基础土方。

深度 $H=(-0.3)-(-1.8)=1.5(m)$

底宽 $B_1=1.5m$，底宽 $B_2=1.2m$

底长 $L_1=9\times2+9-1.2=25.8(m)$，底长 $L_2=12\times2=24(m)$应按挖沟槽土方列项。

工程量 $V=1.5\times1.5\times(9\times2+9-1.2)+1.2\times1.5\times12\times2=101.25(m^3)$

考虑工作面和放坡时，查表4-5，$K=0.33$，查表4-6，$C=300mm$

$$
\begin{aligned}
\text{工程量 } V_1 &= (1.5+2\times0.3+0.33\times1.5)\times1.5\times(9\times2+9-1.8) \\
&\quad +(1.2+2\times0.3+0.33\times1.5)\times1.5\times12\times2 \\
&= 180.71(m^3)
\end{aligned}
$$

因工作面和放坡增加的工程量 $V_2=180.71-101.25=79.46(m^3)$

(3) 垫层。

工程量 $V=0.1\times1.5\times〔9\times2+(9-1.2)〕+0.1\times1.2\times12\times2=6.75(m^3)$

(4) 带形基础。

$$
\begin{aligned}
\text{工程量 } V &= \left(1.3\times0.2+\frac{1.0+1.3}{2}\times0.15\right)\times(9\times2+9-1)+\left(1.0\times0.2+\frac{0.7+1.0}{2}\times0.15\right) \\
&\quad \times12\times2+\frac{1}{6}\times\frac{1-0.7}{2}\times(1.3+2\times1.0)\times0.15\times2 \\
&= 11.245+7.86+0.024\,75 \\
&= 19.13(m^3)
\end{aligned}
$$

(5) M7.5水泥砂浆砖基础。

$$
\begin{aligned}
\text{工程量 } V &= [0.24\times(1.8-0.1-0.2-0.15)+0.0945]\times[(9+12)\times2+(9-0.24)] \\
&= 0.4185\times50.76 \\
&= 21.24(m^3)
\end{aligned}
$$

(6) 基础回填土。

工程量 $V=101.25-6.75-19.13-21.24+0.24\times0.3\times50.76$

$=57.78(m^3)$

考虑工作面和放坡时

工程量 $V_1=180.71-6.75-19.13-21.24+0.24\times0.3\times50.76$

$=137.24(m^3)$

因工作面和放坡增加的工程量 $V_2=137.24-57.78=79.46(m^3)$

(7) 室内回填。

工程量 $V=(6-0.24)\times(9-0.24)\times(0.3-0.1)\times2$

$=20.18(m^3)$

工程量清单见表 4-50。

表 4-50 某住宅基础工程工程量清单

序号	项目编码	项目名称	项目特征	计量单位	工程量	综合单价	合价
1	010101001001	平整场地	(1) 土壤类别：三类土 (2) 弃土运距：40m (3) 取土运距：40m	m^2	113.10		
2	010101003001	挖沟槽土方	(1) 土壤类别：三类土 (2) 挖土深度：1.5m (3) 弃土运距：40m	m^3	101.25		
3	010101003002	挖沟槽土方	(1) 土壤类别：三类土 (2) 挖土深度：1.5m (3) 弃土运距：40m (4) 因工作面和放坡增加土方量	m^3	79.46		
4	010501001001	垫层	(1) 混凝土种类：商品混凝土 (2) 混凝土强度等级：C15	m^3	6.75		
5	010501002001	带形基础	(1) 混凝土种类：商品混凝土 (2) 混凝土强度等级：C20	m^3	19.13		
6	010401001001	砖基础	(1) 砖品种、规格、强度等级：MU10 标准砖 (2) 基础类型：带形砖基础 (3) 砂浆强度等级：M7.5 水泥砂浆	m^3	21.24		
7	010103001001	基础回填方	(1) 密实度要求：分层夯填，并满足规范及设计 (2) 填方材料品种：满足规范及设计 (3) 粒径要求：满足规范及设计 (4) 填方来源、运距：投标人自行考虑	m^3	57.78		

续表

序号	项目编码	项目名称	项目特征	计量单位	工程量	综合单价	合价
8	010103001002	基础回填方	(1) 密实度要求：分层夯填，并满足规范及设计 (2) 填方材料品种：满足规范及设计 (3) 粒径要求：满足规范及设计 (4) 填方来源、运距：投标人自行考虑 (5) 因工作面和放坡增加的回填量	m^3	79.46		
9	010103001003	室内回填方	(1) 密实度要求：分层夯填，并满足规范及设计 (2) 填方材料品种：满足规范及设计 (3) 粒径要求：满足规范及设计 (4) 填方来源、运距：投标人自行考虑 (5) 因工作面和放坡增加的回填量	m^3	20.18		

特别提示

挖沟槽、基坑、一般土方因工作面和放坡增加的工程量(管沟工作面增加的工程量)，是否并入各土方工程量中，按各省、自治区、直辖市或行业建设主管部门的规定实施，河南省土方工程，因工作面和放坡增加的工程量(含管沟工作面增加的工程量)列入各项目工程量，另列项目计算。

2. 现浇混凝土柱

现浇混凝土柱包括矩形柱、构造柱和异形柱，其清单项目设置及工程量计算规则见表4-51。

表4-51　现浇混凝土柱工程量清单项目设置及工程量计算规则

项目编码	项目名称	项目特征	计量单位	工程量计算规则	工程内容
010502001	矩形柱	(1) 混凝土种类 (2) 混凝土强度等级	m^3	按设计图示尺寸以体积计算 柱高： (1) 有梁板的柱高，应自柱基上表面(或楼板上表面)至上一层楼板上表面之间的高度计算 (2) 无梁板的柱高，应自柱基上表面(或楼板上表面)至柱帽下表面之间的高度计算 (3) 框架柱的柱高，应自柱基上表面至柱顶高度计算 (4) 构造柱按全高计算，嵌接墙体部分(马牙槎)并入柱身体积 (5) 依附柱上的牛腿和升板的柱帽，并入柱身体积计算	(1) 模板及支架(撑)制作、安装、拆除、堆放、运输及清理模内杂物、刷隔离剂等 (2) 混凝土制作、运输、浇筑、振捣、养护
010502002	构造柱				
010502003	异形柱	(1) 柱形状 (2) 混凝土种类 (3) 混凝土强度等级			

柱工程量，按设计图示尺寸以体积计算，即按设计柱断面积乘以柱高计算。

柱高按下列规定确定。

(1) 有梁板的柱高，按柱基上表面(或楼板上表面)至上一层楼板上表面之间的高度计算，如图 4.27(a)所示。

(2) 无梁板的柱高，按柱基上表面(或楼板上表面)至柱帽下表面之间的高度计算，如图 4.27(b)所示。

(3) 框架柱的柱高，按柱基上表面至柱顶高度计算，如图 4.27(c)所示。

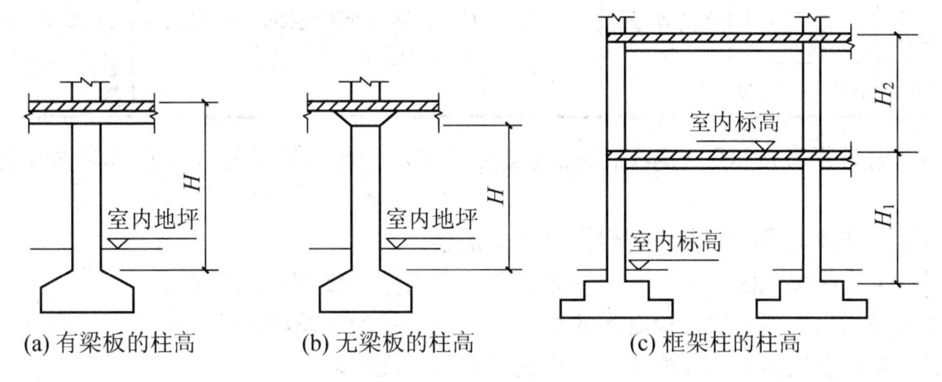

(a) 有梁板的柱高　(b) 无梁板的柱高　(c) 框架柱的柱高

图 4.27　柱高的确定(一)

(4) 构造柱按全高计算，嵌接墙体部分并入柱身体积，如图 4.28(a)所示。

(5) 依附柱上的牛腿和升板的柱帽，并入柱身体积计算，如图 4.28(b)所示。

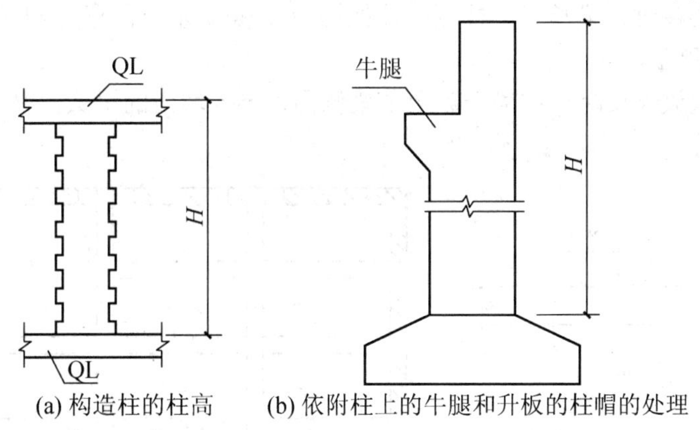

(a) 构造柱的柱高　(b) 依附柱上的牛腿和升板的柱帽的处理

图 4.28　柱高的确定(二)

无梁板柱的高度计算至柱帽下表面，其他柱都算全高，柱帽的工程量计算在无梁板体积内。

3. 现浇混凝土梁

现浇混凝土梁包括基础梁、矩形梁、异形梁、圈梁、过梁、弧形、拱形梁等，其清单项目设置及工程量计算规则见表 4-52。

表4-52　现浇混凝土梁工程量清单项目设置及工程量计算规则

项目编码	项目名称	项目特征	计量单位	工程量计算规则	工程内容
010503001	基础梁	(1) 混凝土种类 (2) 混凝土强度等级	m^3	按设计图示尺寸以体积计算。伸入墙内的梁头、梁垫并入梁体积内 梁长： (1) 梁与柱连接时，梁长算至柱侧面 (2) 主梁与次梁连接时，次梁长算至主梁侧面	(1) 模板及支架(撑)制作、安装、拆除、堆放、运输及清理模内杂物、刷隔离剂等 (2) 混凝土制作、运输、浇筑、振捣、养护
010503002	矩形梁				
010503003	异形梁				
010503004	圈梁				
010503005	过梁				
010503006	弧形、拱形梁				

基础梁是指直接以独立基础或柱为支点的梁。一般多用于不设条形基础时墙体的承托梁。

单梁、连续梁是指梁上没有现浇板的矩形梁。

异形梁是指梁截面为T形、十字形、工字形等梁上没有现浇板的梁。

圈梁是指以墙体为底模板浇筑的梁，包括以墙体为底模浇筑的框架梁、连系梁。

过梁是指在墙体砌筑过程中，门窗洞口上同步浇筑的梁。

现浇混凝土梁，按设计图示尺寸以体积计算，即按设计梁断面积乘以梁长计算，伸入墙内的梁头、梁垫并入梁体积内。

梁长按下列规定确定。

(1) 梁与柱连接时，梁长算至柱侧面，如图 4.29(a)所示。圈梁与构造柱连接时，圈梁长度算至构造柱侧面。

(2) 主梁与次梁连接时，次梁长算至主梁侧面，伸入墙内的梁头、梁垫并入梁体积内，如图 4.29(b)所示。

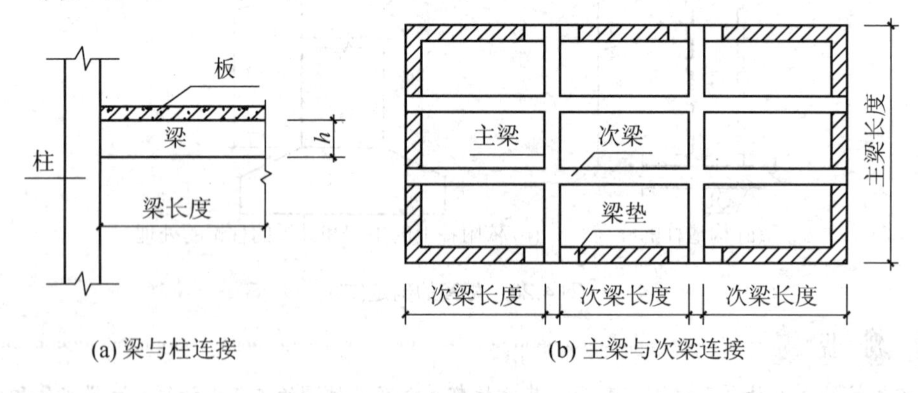

(a) 梁与柱连接　　(b) 主梁与次梁连接

图4.29　梁长的确定

特别提示

各种梁项目的工程量，主梁与次梁连接时，次梁算至主梁侧面。简而言之，截面小的梁长度算至截面大的梁侧面。

4. 现浇混凝土墙

现浇混凝土墙，包括直行墙、弧形墙、短肢剪力墙和挡土墙。应注意：与墙相连的薄壁柱按墙项目编码列项。现浇混凝土墙清单项目设置及工程量计算规则见表 4-53。

表 4-53　现浇混凝土墙工程量清单项目设置及工程量计算规则

项目编码	项目名称	项目特征	计量单位	工程量计算规则	工程内容
010504001	直形墙	(1) 混凝土种类 (2) 混凝土强度等级	m^3	按设计图示尺寸以体积计算。扣除门窗洞口及单个面积＞$0.3m^2$的孔洞所占体积，墙垛及突出墙面部分并入墙体体积内计算	(1) 模板及支架(撑)制作、安装、拆除、堆放、运输及清理模内杂物、刷隔离剂等 (2) 混凝土制作、运输、浇筑、振捣、养护
010504002	弧形墙				
010504003	短肢剪力墙				
010504004	挡土墙				

5. 现浇混凝土板

现浇混凝土板，包括有梁板、无梁板、平板、拱板、薄壳板、栏板、天沟(檐沟)、挑檐板、雨篷、悬挑板、阳台板、空心板及其他板等。其清单项目设置及工程量计算规则见表 4-54。

表 4-54　现浇混凝土板工程量清单项目设置及工程量计算规则

项目编码	项目名称	项目特征	计量单位	工程量计算规则	工程内容
010505001	有梁板	(1) 混凝土种类 (2) 混凝土强度等级	m^3	按设计图示尺寸以体积计算。不扣除单个面积≤$0.3m^2$的柱、垛以及孔洞所占体积压形钢板混凝土楼板扣除构件内压形钢板所占体积有梁板(包括主、次梁与板)按梁、板体积之和计算，无梁板按板和柱帽体积之和计算，各类板伸入墙内的板头并入板体积内计算，薄壳板的肋、基梁并入薄壳体积内计算	(1) 模板及支架(撑)制作、安装、拆除、堆放、运输及清理模内杂物、刷隔离剂等 (2) 混凝土制作、运输、浇筑、振捣、养护
010505002	无梁板				
010505003	平板				
010505004	拱板				
010505005	薄壳板				
010505006	栏板				
010505007	天沟(檐沟)、挑檐板			按设计图示尺寸以体积计算	
010505008	雨篷、悬挑板、阳台板			按设计图示尺寸以墙外部分体积计算，包括伸出墙外的牛腿和雨篷反挑檐的体积	
010505009	空心板			按设计图示尺寸以体积计算。空心板(GBF 高强薄壁蜂巢芯板等)应扣除空心部分体积	
010405010	其他板			按设计图示尺寸以体积计算	

有梁板是指梁(包括主、次梁)与板构成一体并至少有三边是以承重梁支撑的板。

无梁板是指不带梁而直接用柱头支撑的板。

平板是指直接由墙(包括钢筋混凝土墙)承重的板。

特别提示

板与圈梁连接时，板算至圈梁的侧面。

有多种板连接时，应以墙的中心线为分界线，分别列项计算。

现浇挑檐、天沟板、雨篷、阳台与板(包括屋面板、楼板)连接时，以外墙外边线为分界线，如图 4.30 所示；与圈梁(包括其他梁)连接时，以梁外边线为分界线，外边线以外为挑檐、天沟板、雨篷或阳台，如图 4.31 所示。

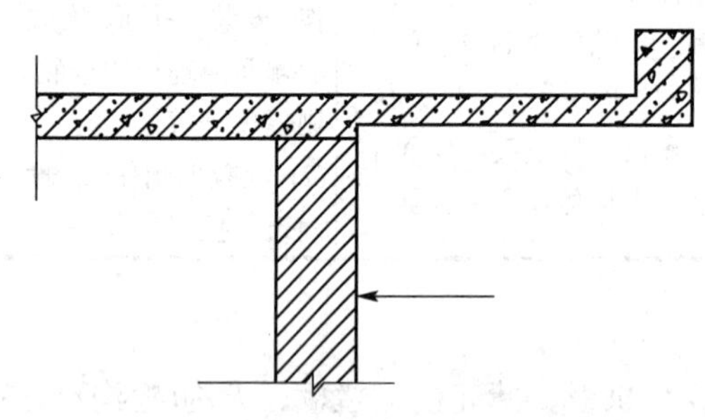

图 4.30 现浇挑檐与板连接

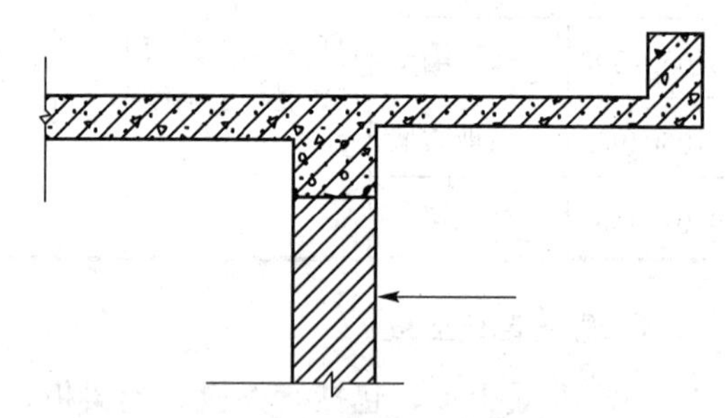

图 4.31 现浇挑檐与梁连接

构件标高(如梁底标高、板底标高等)，安装高度，不需要每个构件都注上标高和高度，而是要求选择关键部位注明，以便投标人选择吊装机械和垂直运输机械。

应用案例 4-13

某现浇框架结构房屋的三层结构平面图如图 4.32 所示。已知二层板顶标高为 3.3m，三层板顶标高 6.6m，板厚 100mm，均采用 C30(40)泵送商品混凝土浇筑，构件断面尺寸见表 4-55。试编制该层框架的工程量清单。

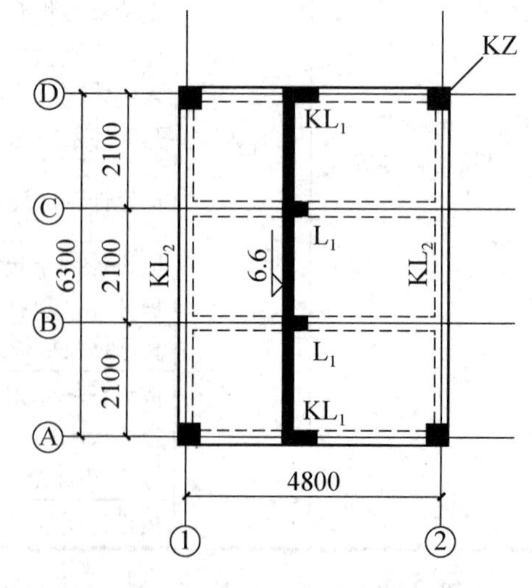

图 4.32 三层结构平面图

表 4-55 构件尺寸表

构件名称	构件尺寸/mm^2
KZ	400×400
KL1	250×550(宽×高)
KL2	300×600(宽×高)
L1	250×500(宽×高)

解：(1) 现浇混凝土框架柱。

工程量 $V=0.4\times0.4\times(6.6-3.3)\times4=2.11(m^3)$

(2) 有梁板。

$V_{KL1}=0.25\times(0.55-0.1)\times(4.8-0.2\times2)\times2=0.99(m^3)$

$V_{KL2}=0.3\times(0.6-0.1)\times(6.3-0.2\times2)\times2=1.77(m^3)$

$V_{L1}=0.25\times(0.5-0.1)\times(4.8-0.1\times2)\times2=0.92(m^3)$

$V_{板}=(6.3+0.2\times2)\times(4.8+0.2\times2)\times0.1=3.484(m^3)$

$S_{柱头}=0.4\times0.4=0.16(m^2)$小于 $0.3m^2$，不扣除

工程量 V=板体积＋梁体积－柱头体积

$=0.99+1.77+0.92+3.484=7.16(m^3)$

该层框架的工程量清单见表 4-56。

表 4-56 混凝土框架工程量清单

序号	项目编码	项目名称	项目特征	计量单位	工程量	综合单价	合价
1	010502001001	矩形柱	商品混凝土 C30(40)	m^3	2.11		
2	010505001001	有梁板	商品混凝土 C30(40)	m^3	7.16		

6. 现浇混凝土楼梯

现浇混凝土楼梯分为直形楼梯和弧形楼梯两项，其清单项目设置及工程量计算规则见表 4-57。

表 4-57 现浇混凝土楼梯工程量清单项目设置及工程量计算规则

项目编码	项目名称	项目特征	计量单位	工程量计算规则	工程内容
010506001	直形楼梯	(1) 混凝土种类 (2) 混凝土强度等级	(1) m^2 (2) m^3	(1) 以平方米计量，按设计图示尺寸以水平投影面积计算。不扣除宽度≤500mm 的楼梯井，伸入墙内部分不计算 (2) 以立方米计算，按设计图示尺寸以体积计算	(1) 模板及支架(撑)制作、安装、拆除、堆放、运输及清理模内杂物、刷隔离剂等 (2) 混凝土制作、运输、浇筑、振捣、养护
010506002	弧形楼梯				

整体楼梯(包括直形楼梯、弧形楼梯)水平投影面积包括休息平台、平台梁、斜梁和楼

梯的连接梁。当整体楼梯与现浇楼板无梯梁连接时，以楼梯的最后一个踏步边缘加300mm为界。

单跑楼梯如无中间休息平台时，应在工程量清单中描述。

应用案例4-14

现浇整体式钢筋混凝土楼梯平面如图4.33所示，试计算一层楼梯混凝土的工程量。

解： 工程量＝(3.72＋0.3－0.12)×(3.24－0.24)

＝10.50(m^2)

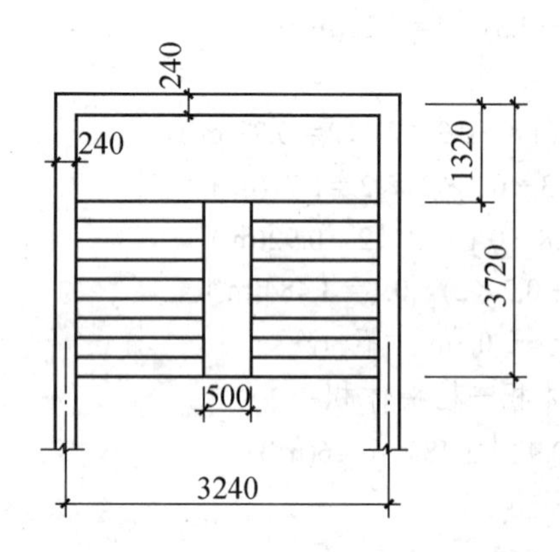

图4.33　某现浇混凝土楼梯平面图

7. 现浇混凝土其他构件

现浇混凝土其他构件包括散水、坡道、室外地坪、电缆沟、地沟、台阶、扶手、压顶、化粪池、检查井及其他构件，其清单项目设置及工程量计算规则见表4-58。

现浇混凝土小型池槽、垫块、门框等应按其他构件项目编码列项。

表4-58　现浇混凝土其他构件工程量清单项目设置及工程量计算规则

项目编码	项目名称	项目特征	计量单位	工程量计算规则	工程内容
010507001	散水、坡道	(1) 垫层材料种类、厚度 (2) 面层厚度 (3) 混凝土种类 (4) 混凝土强度等级 (5) 变形缝填塞材料种类	m^2	按设计图示尺寸以水平投影面积计算。不扣除单个≤0.3m^2的孔洞所占面积	(1) 地基夯实 (2) 铺设垫层 (3) 模板及支撑制作、安装、拆除、堆放、运输及清理模内杂物、刷隔离剂等 (4) 混凝土制作、运输、浇筑、振捣、养护 (5) 变形缝填塞
010507002	室外地坪	(1) 地坪厚度 (2) 混凝土强度等级			

续表

项目编码	项目名称	项目特征	计量单位	工程量计算规则	工程内容
010507003	电缆沟、地沟	(1) 土壤类别 (2) 沟截面净空尺寸 (3) 垫层材料种类、厚度 (4) 混凝土种类 (5) 混凝土强度等级 (6) 防护材料种类	m	按设计图示以中心线长度计算	(1) 挖填、运土石 (2) 铺设垫层 (3) 模板及支撑制作、安装、拆除、堆放、运输及清理模内杂物、刷隔离剂等 (4) 混凝土制作、运输、浇筑、振捣、养护 (5) 刷防护材料
010507004	台阶	(1) 踏步高、宽 (2) 混凝土种类 (3) 混凝土强度等级	(1) m^2 (2) m^3	(1) 以平方米计量，按设计图示尺寸水平投影面积计算 (2) 以立方米计量，按设计图示尺寸以体积计算	(1) 模板及支撑制作、安装、拆除、堆放、运输及清理模内杂物、刷隔离剂等 (2) 混凝土制作、运输、浇筑、振捣、养护
010507005	扶手、压顶	(1) 断面尺寸 (2) 混凝土种类 (3) 混凝土强度等级	(1) m (2) m^3	(1) 以米计量，按设计图示的中心线延长米计算 (2) 以立方米计量，按设计图示尺寸以体积计算	(1) 模板及支架(撑)制作、安装、拆除、堆放、运输及清理模内杂物、刷隔离剂等 (2) 混凝土制作、运输、浇筑、振捣、养护
010507006	化粪池、检查井	(1) 部位 (2) 混凝土强度等级 (3) 防水、抗渗要求	(1) m^3 (2) 座	(1) 按设计图示尺寸以体积计算 (2) 以座计算，按设计图示数量计算	
010507007	其他构件	(1) 构件的类型 (2) 构件规格 (3) 部位 (4) 混凝土类别 (5) 混凝土强度等级	m^3		

注：架空式混凝土台阶，按现浇楼梯计算。

8. 后浇带

后浇带项目适用于梁、墙、板的后浇带，其清单项目设置及工程量计算规则见表 4-59。

表 4-59 后浇带工程量清单项目设置及工程量计算规则

项目编码	项目名称	项目特征	计量单位	工程量计算规则	工程内容
010508001	后浇带	(1) 混凝土种类 (2) 混凝土强度等级	m^3	按设计图示尺寸以体积计算	(1) 模板及支架(撑)制作、安装、拆除、堆放、运输及清理模内杂物、刷隔离剂等 (2) 混凝土制作、运输、浇筑、振捣、养护及混凝土交接面、钢筋等的清理

9. 预制混凝土柱

预制混凝土柱的清单工程量可以按体积以“立方米”计算，也可按根计算；相同截面、长度的预制混凝土柱的工程量可按根数计算。预制混凝土柱清单项目设置及工程量计算规则见表 4-60。

表 4-60 预制混凝土柱工程量清单项目设置及工程量计算规则

项目编码	项目名称	项目特征	计量单位	工程量计算规则	工程内容
010509001	矩形柱	(1) 图代号 (2) 单件体积 (3) 安装高度 (4) 混凝土强度级 (5) 砂浆(细石混凝土)强度等级、配合比	(1) m^3 (2) 根	(1) 以立方米计量，按设计图示尺寸以体积计算 (2) 以根计量，按设计图示尺寸以数量计算	(1) 模板制作、安装、拆除、堆放、运输及清理模内杂物、刷隔离剂等 (2) 混凝土制作、运输、浇筑、振捣、养护 (3) 构件运输、安装 (4) 砂浆制作、运输 (5) 接头灌缝、养护
010509002	异形柱				

注：以根计量，必须描述单件体积。

10. 预制混凝土梁

预制混凝土梁的清单工程量可以按体积以“立方米”计算，也可按根计算；相同截面、长度的预制混凝土梁的工程量可按根数计算。预制混凝土梁清单项目设置及工程量计算规则见表 4-61。

表 4-61 预制混凝土梁工程量清单项目设置及工程量计算规则

项目编码	项目名称	项目特征	计量单位	工程量计算规则	工程内容
010510001	矩形梁	(1) 图代号 (2) 单件体积 (3) 安装高度 (4) 混凝土强度等级 (5) 砂浆(细石混凝土)强度等级、配合比	(1) m^3 (2) 根	(1) 以立方米计量，按设计图示尺寸以体积计算 (2) 以根计量，按设计图示尺寸以数量计算	(1) 模板制作、安装、拆除、堆放、运输及清理模内杂物、刷隔离剂等 (2) 混凝土制作、运输、浇筑、振捣、养护 (3) 构件运输、安装 (4) 砂浆制作、运输 (5) 接头灌缝、养护
010510002	异形梁				
010510003	过梁				
010510004	拱形梁				
010510005	鱼腹式				
010510006	其他梁				

注：以根计量，必须描述单件体积。

11. 预制混凝土屋架

预制混凝土屋架包括折线形屋架、组合屋架、薄腹屋架、门式刚架、天窗架等五个项目。预制混凝土屋架的清单工程量可以按体积以“立方米”计算，也可按榀计算，同类型相同跨度的预制混凝土屋架的工程量可按榀数计算。

预制混凝土屋架清单项目设置及工程量计算规则见表 4-62。

三角形屋架应按折线型屋架项目编码列项。

表 4-62　预制混凝土屋架工程量清单项目设置及工程量计算规则

项目编码	项目名称	项目特征	计量单位	工程量计算规则	工程内容
010511001	折线形屋架	(1) 图代号 (2) 单件体积 (3) 安装高度 (4) 混凝土强度等级 (5) 砂浆(细石混凝土)强度等级、配合比	(1) m^3 (2) 榀	(1) 以立方米计量，按设计图示尺寸以体积计算 (2) 以根计量，按设计图示尺寸以数量计算	(1) 模板制作、安装、拆除、堆放、运输及清理模内杂物、刷隔离剂等 (2) 混凝土制作、运输、浇筑、振捣、养护 (3) 构件运输、安装 (4) 砂浆制作、运输 (5) 接头灌缝、养护
010511002	组合屋架				
010511003	薄腹屋架				
010511004	门式刚架				
010511005	天窗架				

注：以榀计量，必须描述单件体积。

12. 预制混凝土板

预制混凝土板包括平板、空心板、槽形板、网架板、折线板、带肋板、大型板、沟盖板、井盖板、井圈等项目。预制混凝土板清单项目设置及工程量计算规则见表 4-63。

不带肋的预制遮阳板、雨篷板、挑檐板、栏板等，应按平板项目编码列项。

预制 F 形板、双 T 形板、单肋板和带反挑檐的雨篷板、挑檐板、遮阳板等，应按带肋板项目编码列项。预制大型墙板、大型楼板、大型屋面板等，应按大型板项目编码列项。

同类型相同构件尺寸的预制混凝土板工程量可按块数计算。

表 4-63　预制混凝土板工程量清单项目设置及工程量计算规则

项目编码	项目名称	项目特征	计量单位	工程量计算规则	工程内容
010512001	平板	(1) 图代号 (2) 单件体积 (3) 安装高度 (4) 混凝土强度等级 (5) 砂浆(细石混凝土)强度等级、配合比	(1) m^3 (2) 块	(1) 以立方米计量，按设计图示尺寸以体积计算。不扣除单个面积≤300mm×300mm 的孔洞所占体积，扣除空心板空洞体积 (2) 以块计量，按设计图示尺寸以数量计算	(1) 模板制作、安装、拆除、堆放、运输及清理模内杂物、刷隔离剂等 (2) 混凝土制作、运输、浇筑、振捣、养护 (3) 构件运输、安装 (4) 砂浆制作、运输 (5) 接头灌缝、养护
010512002	空心板				
010512003	槽形板				
010512004	网架板				
010512005	折线板				
010512006	带肋板				
010512007	大型板				
010512008	沟盖板、井盖板、井圈	(1) 单件体积 (2) 安装高度 (3) 混凝土强度等级 (4) 砂浆强度等级、配合比	(1) m^3 (2) 块(套)	(1) 以立方米计量，按设计图示尺寸以体积计算 (2) 以根计量，按设计图示尺寸以数量计算	

应用案例 4-15

某工程在标高 6.37m 处，采用河南省 02 系列结构标准设计图集 C30(15)预应力空心板 YKB3363 共计 10 块，每块板的混凝土体积为 0.143m^3，冷拔丝为 6.135kg，采用预应力空心板 YKB2761 共计 5 块，每块板的混凝土体积为 0.117m^3，冷拔丝 3.77kg，运距 7km，灌缝混凝土为 C20(16)，砂浆为 1∶2 水泥砂浆。试编制该预应力空心板混凝土的工程量清单。

解：(1) YKB3363 工程量 V=0.143×10=1.43(m^3)

(2) YKB2761 工程量 V=0.117×5=0.59 (m^3)

该预应力空心板工程的工程量清单表见表 4-64。

表 4-64　预应力空心板工程量清单

序号	项目编码	项目名称	项目特征	计量单位	工程量	综合单价	合价
1	010412002001	预应力空心板	(1) 河南省 02 系列结构标准设计图集 (2) 标高 6.37m 处 (3) C30(15)YKB3363 (4) 灌缝混凝土为 C20(16) (5) 1∶2 水泥砂浆	m^3	1.43		
2	010412002002	预应力空心板	(1) 河南省 02 系列结构标准设计图集 (2) 标高 6.37m 处 (3) C30(15)YKB2761 (4) 灌缝混凝土为 C20(16) (5) 1∶2 水泥砂浆	m^3	0.59		

13. 预制混凝土楼梯

预制混凝土楼梯的清单工程量可以立方米计量，按设计图示尺寸以体积计算，也可以段计量，按设计图示数量计算。

预制混凝土楼梯清单项目设置及工程量计算规则见表 4-65。

表 4-65　预制混凝土楼梯工程量清单项目设置及工程量计算规则

项目编码	项目名称	项目特征	计量单位	工程量计算规则	工程内容
010513001	楼梯	(1) 楼梯类型 (2) 单件体积 (3) 混凝土强度等级 (4) 砂浆(细石混凝土)强度等级	(1) m^3 (2) 段	(1) 以立方米计量，按设计图示尺寸以体积计算。扣除空心踏步板空洞体积 (2) 以段计量，按设计图示以数量计算	(1) 模板制作、安装、拆除、堆放、运输及清理模内杂物、刷隔离剂等 (2) 混凝土制作、运输、浇筑、振捣、养护 (3) 构件运输、安装 (4) 砂浆制作、运输 (5) 接头灌缝、养护

14. 其他预制构件

其他预制构件分为垃圾道、通风道、烟道和其他构件两个分项。其他预制构件清单项目设置及工程量计算规则见表 4-66。

预制混凝土小型池槽、压顶、扶手、垫块、隔热板、花格等，应按其他构件项目编码列项。

表 4-66　其他预制构件工程量清单项目设置及工程量计算规则

项目编码	项目名称	项目特征	计量单位	工程量计算规则	工程内容
010514001	垃圾道、通风道、烟道	(1) 单件体积 (2) 混凝土强度等级 (3) 砂浆强度等级	(1) m^3 (2) m^2 (3) 根(块、套)	(1) 以立方米计量，按设计图示尺寸以体积计算。不扣除单个面积≤300mm×300mm 的孔洞所占体积，扣除烟道、垃圾道、通风道的孔洞所占体积 (2) 以平方米计量，按设计图示尺寸以面积计算。不扣除单个面积≤300mm×300mm 的孔洞所占面积 (3) 以根计量，按设计图示尺寸以数量计算	(1) 模板制作、安装、拆除、堆放、运输及清理模内杂物、刷隔离剂等 (2) 混凝土制作、运输、浇筑、振捣、养护 (3) 构件运输、安装 (4) 砂浆制作、运输 (5) 接头灌缝、养护
010514002	其他构件	(1) 单件体积 (2) 构件的类型 (3) 混凝土强度等级 (4) 砂浆强度等级			

注：以块、根计量，必须描述单件体积。

15. 钢筋工程

钢筋工程应区分现浇构件钢筋、预制构件钢筋、钢筋网片、钢筋笼、预应力钢筋、预应力钢丝、钢绞线、支撑钢筋、声测管等项目，按钢筋的不同品种和规格分别计算。钢筋工程清单项目设置及工程量计算规则见表 4-67。

1) 钢筋的表示方法

钢筋混凝土结构中，常用的钢筋有以下几种。

① HPB300—强度为 300MPa 的热轧光圆钢筋(符号为Φ，直径为 6～22mm)。

② HRB335—强度为 335MPa 的普通热轧带肋钢筋(符号为Φ，直径为 6～50mm)。

③ HRBF335—强度为 335MPa 的细晶粒热轧带肋钢筋(符号为Φ^{F}，直径为 6～50mm)。

④ HRB400—强度为 400MPa 的普通热轧带肋钢筋(符号为Φ，直径为 6～50mm)。

⑤ HRBF400—强度为 400MPa 的细晶粒热轧带肋钢筋(符号为Φ^{F}，直径为 6～50mm)。

⑥ RRBF400—强度为 400MPa 的余热处理带肋钢筋(符号为Φ^{R}，直径为 6～50mm)。

⑦ HRB500—强度为 500MPa 的普通热轧带肋钢筋(符号为Φ，直径为 6～50mm)。

⑧ HRBF500—强度为 500MPa 的细晶粒热轧带肋钢筋(符号为Φ^{F}，直径为 6～50mm)。

表 4-67　钢筋工程工程量清单项目设置及工程量计算规则

项目编码	项目名称	项目特征	计量单位	工程量计算规则	工程内容
010515001	现浇构件钢筋	钢筋种类、规格	t	按设计图示钢筋(网)长度(面积)乘以单位理论质量计算	(1) 钢筋制作、运输 (2) 钢筋安装 (3) 焊接(绑扎)
010515002	预制构件钢筋				

续表

项目编码	项目名称	项目特征	计量单位	工程量计算规则	工程内容
010515003	钢筋网片	钢筋种类、规格	t	按设计图示钢筋(网)长度(面积)乘以单位理论质量计算	(1) 钢筋网制作、运输 (2) 钢筋网安装 (3) 焊接(绑扎)
010515004	钢筋笼				(1) 钢筋笼制作、运输 (2) 钢筋笼安装 (3) 焊接(绑扎)
010515005	先张法预应力钢筋	(1) 钢筋种类、规格 (2) 锚具种类		按设计图示钢筋长度乘以单位理论质量计算	(1) 钢筋制作、运输 (2) 钢筋张拉
010515006	后张法预应力钢筋	(1) 钢筋种类、规格 (2) 钢丝种类、规格 (3) 钢绞线种类、规格 (4) 锚具种类 (5) 砂浆强度等级	t	按设计图示钢筋(丝束、绞线)长度乘单位理论质量计算 (1) 低合金钢筋两端均采用螺杆锚具时，钢筋长度按孔道长度减 0.35m 计算，螺杆另行计算 (2) 低合金钢筋一端采用镦头插片、另一端采用螺杆锚具时，钢筋按长度按孔道长度计算，螺杆另行计算 (3) 低合金钢筋一端采用镦头插片、另一端采用帮条锚具时，钢筋按增加 0.15m 计算；两端均采用帮条锚具时，钢筋长度按孔道长度增加 0.3m 计算 (4) 低合金钢筋采用后张混凝土自锚时，钢筋长度按孔道长度增加 0.35m 计算 (5) 低合金钢筋(钢绞线)采用 JM、XM、QM 型锚具，孔道长度≤20m 时，钢筋长度按增加 1m 计算；孔道长度>20mm 时，钢筋长度按增加 1.8m 计算 (6) 碳素钢丝采用锥形锚具，孔道长度≤20m 时，钢丝束长度按孔道长度增加 1m 计算；孔道长>20m 时，钢丝束长度按孔道长度增加 1.8m 计算 (7) 碳素钢丝束采用镦头锚具时，钢丝束长度按孔道长度增加 0.35m 计算	(1) 钢筋、钢丝束、钢绞线制作、运输 (2) 钢筋、钢丝束、钢绞线安装 (3) 预埋管孔道铺设 (4) 锚具安装 (5) 砂浆制作、运输 (6) 孔道压浆、养护
010515007	预应力钢丝				
010515008	预应力钢绞线				

续表

项目编码	项目名称	项目特征	计量单位	工程量计算规则	工程内容
010515009	支撑钢筋(铁马)	(1) 钢筋种类 (2) 规格	t	按钢筋长度乘单位理论质量计算	钢筋制作、焊接、安装
010515010	声测管	(1) 材质 (2) 规格、型号		按设计图示尺寸以质量计算	(1) 检测管截断、封头 (2) 套管制作、焊接 (3) 定位、固定

特别提示

为了促进钢材升级换代以及减量应用，已于 2013 年年初，工业信息化部与住房和城乡建设部就发布了关于关停 HPB235 级和 HRB335 级钢筋的通知，此通知中明确指出，到 2013 年年底，在建筑工程中淘汰 HPB235 和 HRB335 级钢筋。2013 年 2 月，国家发改委又发布《国家发展改革委关于修改<产业结构调整指导目录(2011 年本)>有关条款的决定》，该决定强调，自 2013 年 5 月 1 日起，不得再生产、销售 HRB335 级和 HPB235 级钢筋。目前 HPB235 级钢筋已基本退出市场，淘汰 HRB335 级钢筋仍需 1～2 年的缓冲期。

2) 纵向钢筋计算

纵向钢筋是指沿构件长度(或高度)方向设置的钢筋，其计算公式为

$$\text{纵向钢筋长度}=\text{构件支座间净长度}+\text{应增加钢筋长度} \tag{4-13}$$

式中：应增加钢筋长度包括钢筋的锚固长度、钢筋的弯钩增加长度、弯起钢筋增加长度及钢筋接头的搭接长度。

(1) 钢筋锚固长度。

受力钢筋依靠其表面与混凝土的黏结作用或端部构造的挤压作用而达到设计承受应力所需的长度即锚固长度，用 L_a(L_{aE})表示。锚固长度应按实际设计及表 4-68、表 4-69 及表 4-70 的规定确定。

表 4-68　受拉钢筋基本锚固长度 l_{ab}、l_{abE}

钢筋种类	抗震等级	混凝土强度等级								
		C20	C25	C30	C35	C40	C45	C50	C55	≥C60
HPB300	一、二级(l_{abE})	45*d*	39*d*	35*d*	32*d*	29*d*	28*d*	26*d*	25*d*	24*d*
	三级(l_{abE})	41*d*	36*d*	32*d*	29*d*	26*d*	25*d*	24*d*	23*d*	22*d*
	四级(l_{abE}) 非抗震(l_{ab})	39*d*	34*d*	30*d*	28*d*	25*d*	24*d*	23*d*	22*d*	21*d*
HRB335 HRBF335	一、二级(l_{abE})	44*d*	38*d*	33*d*	31*d*	29*d*	26*d*	25*d*	24*d*	24*d*
	三级(l_{abE})	40*d*	35*d*	31*d*	28*d*	26*d*	24*d*	23*d*	22*d*	22*d*
HRB335 HRBF335	四级(l_{abE}) 非抗震(l_{ab})	38*d*	33*d*	29*d*	27*d*	25*d*	23*d*	22*d*	21*d*	21*d*

续表

钢筋种类	抗震等级	混凝土强度等级								
		C20	C25	C30	C35	C40	C45	C50	C55	≥C60
HRB400 HRBF400 RRB400	一、二级(l_{abE})	—	$46d$	$40d$	$37d$	$33d$	$32d$	$31d$	$30d$	$29d$
	三级(l_{abE})	—	$42d$	$37d$	$34d$	$30d$	$29d$	$28d$	$27d$	$26d$
	四级(l_{abE}) 非抗震(l_{ab})	—	$40d$	$35d$	$32d$	$29d$	$28d$	$27d$	$26d$	$25d$
HRB500 HRBF500	一、二级(l_{abE})	—	$55d$	$49d$	$45d$	$41d$	$39d$	$37d$	$36d$	$35d$
	三级(l_{abE})	—	$50d$	$45d$	$41d$	$38d$	$36d$	$34d$	$33d$	$32d$
	四级(l_{abE}) 非抗震(l_{ab})	—	$48d$	$43d$	$39d$	$36d$	$34d$	$32d$	$31d$	$30d$

表 4-69 受拉钢筋锚固长度 l_a、抗震锚固长度 l_{aE}

非抗震	抗震	备注:
$l_a=\zeta_a l_{ab}$	$l_{aE}=\zeta_{aE} l_a$	(1) l_a不应小于 200 (2) 锚固长度修正系数ζ_a 按表 4-69 取用，当多于一项时，可按连乘计算，但不应小于 0.6 (3) ζ_{aE} 为抗震锚固长度修正系数，对一、二级抗震等级取 1.15，对三级抗震等级取 1.05，对四级抗震等级取 1.00

注：1. HPB300 级钢筋末端应做 180° 弯钩，弯后平直段长度不应小于 $3d$，但做受压钢筋时可不做弯钩。

2. 当锚固钢筋的保护层厚度不大于 $5d$ 时，锚固钢筋长度范围内应设置横向构造钢筋，其直径不应小于 $d/4$(d 为锚固钢筋的最大直径)；对梁、柱等构件间距不应大于 $5d$，对板、墙等构件间距不应大于 $10d$，且均不应大于 100(d 为锚固钢筋的最小直径)。

表 4-70 受拉钢筋锚固长度修正系数ζ_a

锚固条件		ζ_a	
带肋钢筋的公称直径大于 25mm		1.10	—
环氧树脂涂层带肋钢筋		1.25	
施工过程中易受扰动的钢筋		1.10	
锚固区保护层厚度	$3d$	0.80	注：中间时按内插值，d 为锚固钢筋直径
	$5d$	0.70	

(2) 钢筋弯钩增加长度。

钢筋弯钩的增加长度与弯钩形状(弯弧直径、弯钩平直段长度)有关，常见的有半圆弯钩、直弯钩和斜弯钩三种形式。当 HPB300 级钢筋的末端做 180°、90°、135° 弯钩时，各弯钩增加长度如图 4.34 所示。

180° 弯钩增加长度 $=6.25d$

90° 直弯钩增加长度 $=3.5d$

135° 斜弯钩增加长度 $=4.9d$

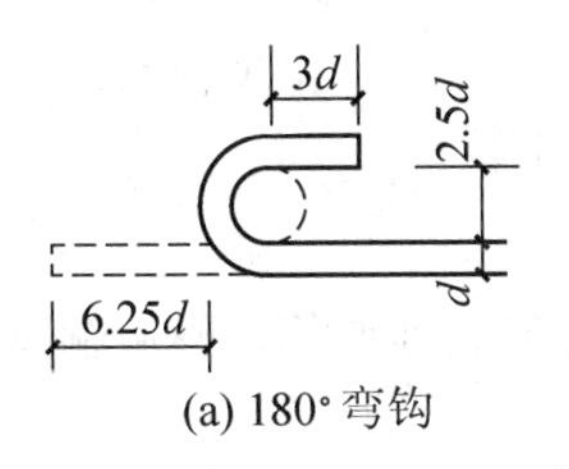

(a) 180°弯钩

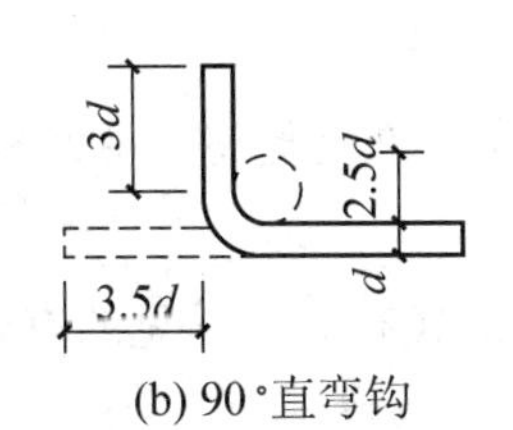

(b) 90°直弯钩

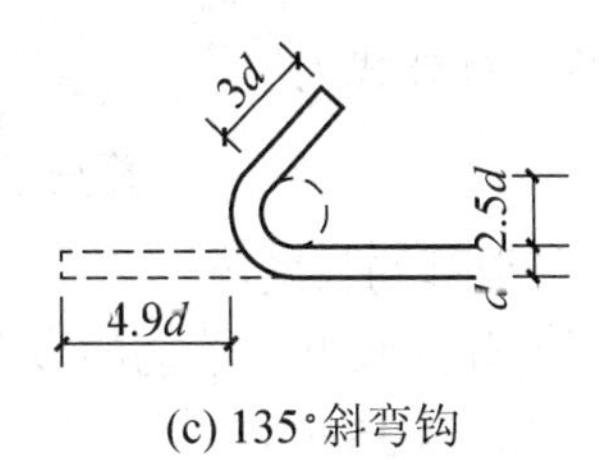

(c) 135°斜弯钩

图 4.34　钢筋弯钩示意图

(3) 弯起钢筋增加长度。

弯起钢筋主要在梁和板中，其弯起角由设计确定。当设计无明确规定时，弯起角按以下规定计算：板按 30°；梁高 800mm 以内者，按 45°，梁高大于 800mm 时，按 60°。

计算弯起钢筋设计长度时，需计算出弯起段长度与其水平投影长度的差额(即弯起增加量)ΔL。

当 $a=30°$ 时，$\Delta L=0.268h$；

当 $a=45°$ 时，$\Delta L=0.414h$；

当 $a=60°$ 时，$\Delta L=0.577h$；

(4) 钢筋搭接长度。

钢筋的接头宜设置在受力较小处。同一纵向受力钢筋不宜设置两个或两个以上接头。

同一连接区段内，纵向受力钢筋搭接接头面积百分率应符合设计要求；当设计无具体要求时，应符合下列规定：

① 梁类、板类及墙类构件，不宜大于 25%；

② 柱类构件，不宜大于 50%；

③ 当工程中确有必要增大接头面积百分率时，对梁类构件，不应大于 50%；对其他构件，可根据实际情况放宽。

计算钢筋工程量时，柱子主筋和剪力墙竖向钢筋按建筑物层数计算搭接，梁板非盘元钢筋按每 8m 计算一次搭接。设计规定搭接长度的按设计规定计算，设计未规定的可按表 4-71、表 4-72 取值。

表 4-71　纵向受拉钢筋绑扎搭接长度 l_{lE}、l_l

抗震	非抗震	
$l_{lE}=\zeta_l l_{aE}$	$l_l=\zeta_l l_a$	(1) 当不同直径的钢筋搭接时，其 l_{lE}、l_l 值按直径较小的钢筋计算 (2) 在任何情况下，不应小于 300mm (3) 式中 ζ_l 为搭接长度修正系数。当纵向钢筋搭接接头百分率为表的中间值时，可按内插法取值

表 4-72　纵向受拉钢筋搭接长度修正系数

纵向受拉钢筋搭接接头面积百分率(%)	≤25	50	100
ζ_l	1.2	1.4	1.6

3) 箍筋计算

箍筋是钢筋混凝土构件中形成骨架，并与混凝土一起承担剪力的钢筋，在梁柱构件中

设置，其计算公式为

$$箍筋长度=单根箍筋长度\times箍筋个数 \tag{4-14}$$

(1) 单根箍筋长度。

单根箍筋的长度与箍筋的设置形式有关，常见的有双肢箍、四肢箍、螺旋箍及S形单肢箍等，如图4.35所示。

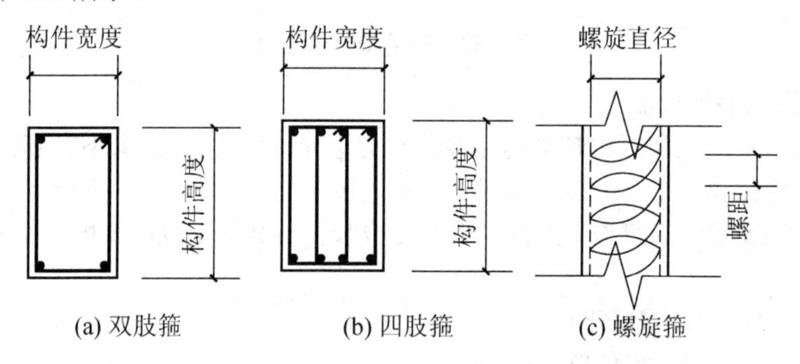

图4.35 箍筋形式示意图

① 双肢箍。

$$每箍长度=构件周长-8\times混凝土保护层厚度+2\times弯钩增加长度 \tag{4-15}$$

混凝土保护层，是指从钢筋外边缘至构件外表面之间的距离。最小保护层应符合设计图纸中要求。现行国家标准《混凝土结构设计规范》(GB 50010—2010)规定：构件中受力钢筋的混凝土保护层厚度，不应小于受力钢筋直径，并应符合表4-73的规定。环境类别划分见表4-74。

实际工作中，双肢箍长度可按构件周长计算，既不加弯钩长度，也不减混凝土保护层厚度。

计算时，弯钩增加长度可查表4-75。

表4-73 混凝土保护层的最小厚度(mm)

环境类别	板、墙	梁、柱
一	15	20
二a	20	25
二b	25	35
三a	30	40
三b	40	50

注：1. 表中混凝土保护层厚度指最外层钢筋外边缘至混凝土表面的距离，适用于设计使用年限为50年的混凝土结构。

2. 构件中受力钢筋的保护层厚度不应小于钢筋的公称直径。

3. 设计使用年限为100年的混凝土结构，一类环境中，最外层钢筋的保护层厚度不应小于表中数值的1.4倍；二、三类环境中，应采取专门的有效措施。

4. 混凝土强度等级不大于C25时，表中保护层厚度数值应增加5。

5. 基础底面钢筋的保护层厚度，有混凝土垫层时应从垫层顶面算起，且不应小于40mm。

表4-74 混凝土结构的环境类别

环境类别	条件
	室内干燥环境；无侵蚀性静水浸没环境
二a	室内潮湿环境；非严寒和非寒冷地区的露天环境； 非严寒和非寒冷地区与无侵蚀性的水或土壤直接接触的环境； 严寒和寒冷地区的冰冻线以下与无侵蚀性的水或土壤直接接触的环境
二b	干湿交替环境；水位频繁变动环境；严寒和寒冷地区的露天环境； 严寒和寒冷地区冰冻线以上与无侵蚀性的水或土壤直接接触的环境
三a	受除冰盐影响环境；严寒和寒冷地区冬季水位变动区环境；海风环境
三b	受除冰盐作用环境；盐渍土环境；海岸环境
四	海水环境
五	受人为或自然的侵蚀性物质影响的环境

② 四肢箍。

四肢箍即两个双肢箍，其长度与构件纵向钢筋根数及其排列有关。当为两个相同的双肢箍时，可按式(4-16)计算。

$$\begin{aligned}\text{四肢箍长度} &= \text{一个双肢箍长度}\times 2\\ &= [(\text{构件宽度}-\text{两端保护层厚度})\times\frac{2}{3}+\text{构件高度}-\text{两端保护层厚度}\\ &\quad \times 2+\text{两个弯钩增加长度}]\times 2 \end{aligned} \tag{4-16}$$

表4-75 箍筋弯钩增加长度计算表(mm)

弯钩 钢筋直径 d/mm	箍筋端部弯钩		
	90° 弯钩 $L=5d$，$D=5d$ $\Delta L=6.21d$	135° 弯钩 $L=10d$，$D=4d$ $\Delta L=12.89d$	180° 弯钩 $L=5d$，$D=2.5d$ $\Delta L=8.25d$
6	50	77	50
6.5	50	84	54
8	50	103	66
10	62	129	83
12	75	155	99
14	89	180	116
16	99	206	132
18	—	—	—
20	—	—	—
22	—	—	—

③ 螺旋箍筋。

$$\text{螺旋箍筋长度}=\sqrt{(\text{螺距})^2+(3.14\times\text{螺距直径})^2}\times\text{螺旋圈数} \tag{4-17}$$

④ S形单肢箍筋。

$$每箍长度=构件厚度-2\times混凝土保护层厚度+2\times弯钩增加长度+d \tag{4-18}$$

式中：构件厚度为S形单肢箍布箍方向的厚度，d为箍筋直径。

(2) 箍筋根数。

箍筋根数与构件长度和箍筋的间距有关。箍筋既可等间距设置，也可在局部范围内加密。无论采用何种方式设置，其计算方法是一样的，起计算式可表示为

$$箍筋概数=\frac{箍筋设置区域长度}{箍筋间距}+1 \tag{4-19}$$

钢筋每米长的重量可查表4-76，也可按下式计算

钢筋每米理论质量(kg)=$0.006165d^2$

式中：d——钢筋直径，mm。

表4-76　钢筋每米理论质量表

规格		理论质量/(kg/m)	规格		理论质量/(kg/m)	规格		理论质量/(kg/m)
直径/mm	截面面积/cm^2		直径/mm	截面面积/cm^2		直径/mm	截面面积/cm^2	
3	0.0707	0.056	14	1.539	1.21	28	6.158	4.83
4	0.1257	0.099	15	1.767	1.39	30	7.069	5.55
4.5	0.1590	0.125	16	2.011	1.58	32	8.042	6.31
5	0.1963	0.154	17	2.270	1.78	34	9.079	7.13
5.5	0.2375	0.186	18	2.545	2.00	36	10.18	7.99
6	0.2827	0.222	19	2.853	2.23	38	11.34	8.90
6.5	0.3318	0.260	20	3.142	2.47	40	12.57	9.86
7	0.3848	0.302	21	3.646	2.72	42	13.85	10.90
7.5	0.4418	0.347	22	3.801	2.98	45	15.90	12.50
8	0.5207	0.395	23	4.155	3.26	48	18.10	14.20
8.5	0.5675	0.445	24	4.524	3.55	50	19.64	15.40
9	0.6362	0.499	25	4.909	3.85	53	22.06	17.30
9.5	0.7080	0.556	26	5.309	4.17	60	28.27	22.20
10	0.7854	0.617						
10.5	0.8659	0.680						
11	0.9503	0.746						
11.5	1.039	0.815						
12	1.131	0.888						
13	1.327	1.040						

16. 螺栓、铁件

螺栓、铁件清单项目设置及工程量计算规则见表4-77。

表 4-77　螺栓、铁件工程量清单项目设置及工程量计算规则

项目编码	项目名称	项目特征	计量单位	工程量计算规则	工程内容
010516001	螺栓	(1) 螺栓种类 (2) 规格	t	按设计图示尺寸以质量计算	(1) 螺栓、铁件制作、运输 (2) 螺栓、铁件安装
010516002	预埋铁件	(1) 钢材种类 (2) 规格 (3) 铁件尺寸			
010516003	机械连接	(1) 连接方式 (2) 螺纹套筒种类 (3) 规格	个	按数量计算	(1) 钢筋套丝 (2) 套筒连接

注：编制工程量清单时，如设计未明确，其工程数量可为暂估量，实际工程量按现场签证数量计算。

应用案例 4-16

试计算图 4.25 所示独立基础的钢筋设计用量，并编制钢筋的工程量清单(表 4-78)。

解：

$$L_1=1.5-2\times0.04+2\times6.25\times0.01=1.545(\text{m})$$
$$n_1=[1.8-2\times(0.04+0.06)]/0.2+1=9(\text{根})$$
$$L_2=1.8-2\times0.04+2\times6.25\times0.01=1.845(\text{m})$$
$$n_2=[1.5-2\times(0.04+0.06)]/0.2+1=8(\text{根})$$
$$G=(L_1\times n_1+L_2\times n_2)\times0.617/1000=0.018(\text{t})$$

表 4-78　独立基础的钢筋工程量清单

项目编码	项目名称	项目特征	计量单位	工程量	综合单价	合价
010515001001	现浇构件钢筋	HPB300 级钢筋 Φ10 以内	t	0.018		

应用案例 4-17

有一钢筋混凝土简支梁，采用 C25(40)现浇碎石混凝土浇筑，结构如图 4.36 所示，试计算钢筋的设计用量，并编制钢筋的工程量清单(室内干燥环境)。

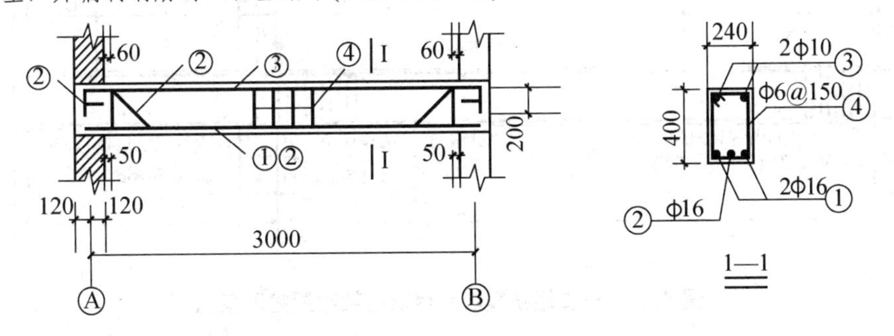

图 4.36　某简支梁配筋图

解：分析钢筋的设计用量

①号筋：2根Φ16

$$长度=(3+0.12\times2-0.025\times2)\times2=6.380(m)$$

②号筋：1根Φ16

$$长度=3+0.12\times2-2\times0.025+0.414\times0.35\times2+0.2\times2=3.879(m)$$

③号筋：2根Φ10

$$长度=(3+0.12\times2-2\times0.025+6.25\times0.01\times2)\times2=6.630(m)$$

④号筋：箍筋

目前市场供应钢筋为6.5mm，故本例按Φ6.5计算

$$单长=(0.24+0.4)\times2-8\times0.025+2\times12.89\times0.0065=1.248(m)$$

按构造要求简支梁箍筋应距墙内皮50mm处开始配箍

$$根数=\frac{3.0-0.24-0.10}{0.15}+1=19\,(根)$$

$$总长=1.248\times19=23.712(m)$$

(1) 现浇混凝土钢筋(HPB300级钢筋Φ10以内)。

$$工程量\ G_1=(6.630\times0.617+23.712\times0.260)/1000=0.010(t)$$

(2) 现浇混凝土钢筋(HRB400及钢筋，Φ10以上)。

$$工程量\ G_2=(6.380+3.879)\times1.58/1000=0.016(t)$$

简支课的钢筋工程量清单见表4-79。

表4-79 简支梁的钢筋工程量清单

序号	项目编码	项目名称	项目特征	计量单位	工程量	综合单价	合价
1	010515001001	现浇混凝土钢筋	HPB300级钢筋Φ10以内	t	0.010		
2	010515001002	现浇混凝土钢筋	HRB400级钢筋Φ10以上	t	0.016		

应用案例4-18

某框架结构房屋，抗震等级为二级，其框架梁的配筋图如图4.37所示。已知框架梁的混凝土强度等级为C30，柱的断面尺寸为450mm×450mm，板厚100mm，室内潮湿环境使用，试计算梁内钢筋的设计用量，并编制钢筋的工程量清单。

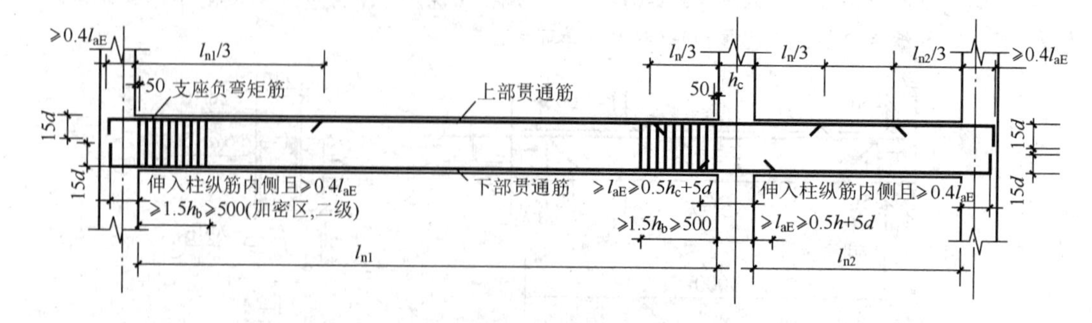

图4.37 一二级抗震等级楼层框架梁配筋示意图

注：l_n表示相邻两跨的较大值，h_b指梁的高度。

解：(1) 识图。

图 4.38 所示梁的平法施工图，根据 11G101 图集，它的含义如下。

① KL1(2)300×600 表示 KL2 共有两跨，截面宽 300mm，高 600mm，2Φ20 表示梁的上部贯通筋为 2 根Φ20；G4Φ16 表示按构造要求配置了 4 根Φ16 的腰筋；4Φ20 表示梁的下部部贯通筋为 4 根Φ20；Φ8@100/200(2)表示箍筋直径为8mm，加密区间距为 100mm，非加密区间距为 200mm，双肢箍。

② 支座处 4Φ20，表示支座处的负弯矩筋为 4Φ20，其中 2 根为上部贯通筋。

(2) 工程量计算。

① 上部贯通筋 2Φ20。

每根长度＝各跨净长度＋中间支座宽度＋两端支座锚固长度＋1 个搭接长度
＝7.2－0.225×2＋3.0－0.225×2＋0.45＋(0.45－0.025＋15×0.02)×2＋40×0.02×1.2
＝12.16(m)

上部贯通筋总长＝12.16×2＝24.32(m)

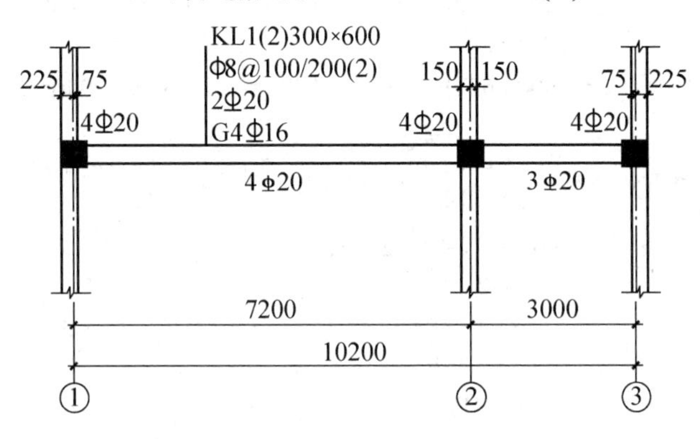

图 4.38 某框架梁平法施工图

② ①轴支座处负弯矩筋 2Φ20。

$$每根长度=\frac{l_{n1}}{3}+支座锚固长度$$
$$=\frac{1}{3}\times(7.2-0.225\times2)+0.45-0.025+15\times0.02$$
$$=2.98(m)$$

①轴支座处负弯矩筋总长＝2.98×2＝5.96(m)

③ ②轴支座处负弯矩筋 2Φ20。

$$每根长度=\frac{l_{n1}}{3}\times2+支座宽度$$
$$=\frac{1}{3}\times(7.2-0.225\times2)\times2+0.45$$
$$=2.25\times2+0.45$$
$$=4.95(m)$$

②轴支座处负弯矩筋总长＝4.95×2＝9.90(m)

④ ③轴支座处负弯矩筋 2Φ20。

因②、③轴支座间跨长为 3m，其中②轴支座处负弯矩筋伸入第二跨的长度为 2.25m，故②轴支座 2Φ20 直接伸入③轴支座处。

③轴支座处每根负弯矩筋计算长度＝3－0.45－2.25＋0.45－0.025＋15×0.02
＝1.03(m)

③轴支座处负弯矩筋总长度=1.03×2=2.06(m)

⑤ 第一跨下部贯通筋4Φ20。

每根长度=本跨净长+两端支座锚固长度

在②轴支座处的锚固长度应取l_{aE}和$0.5h_c+15d$中的较大值。

$$l_{aE}=\zeta_{aE}l_a=\zeta_{aE}\zeta_a l_{ab}=40\times0.02\times1.15=0.92(m),$$

$0.5h_c+15d=0.5\times0.45+15\times0.02=0.525(m)$，故②轴支座处的锚固长度应取0.92m，故

$$每根长度=7.2-0.225\times2+0.45-0.025+15\times0.02+0.92=8.40(m)$$

$$第一跨下部贯通筋总长=8.40\times4=33.60(m)$$

⑥ 第二跨下部贯通筋3Φ20。

$$每根长度=3-0.225\times2+0.45-0.025+15\times0.02+0.92=4.20(m)$$

$$第二跨下部贯通筋总长=4.20\times3=12.60(m)$$

⑦ 箍筋Φ8。

$$\begin{aligned}每箍长度&=梁周长-8\times保护层厚度+两个弯钩增加长度\\&=(0.3+0.6)\times2-8\times0.025+2\times12.89\times0.008\\&=1.81(m)\end{aligned}$$

箍筋加密长度应取$1.5h_b$和500mm中较大值，$1.5h_b=1.5\times600=900(mm)$，故加密区长度应取900mm。

$$\begin{aligned}第一跨箍筋个数&=\left(\frac{0.9-0.05}{0.1}+1\right)\times2+\frac{7.2-0.225\times2-0.9\times2}{0.2}-1\\&\approx(9+1)\times2+25-1\\&=44(根)\end{aligned}$$

$$\begin{aligned}第二跨箍筋个数&=\left(\frac{0.9-0.05}{0.1}+1\right)\times2+\frac{3-0.225\times2-0.9\times2}{0.2}-1\\&\approx(9+1)\times2+4-1\\&=23(根)\end{aligned}$$

$$箍筋总长=1.81\times(44+23)=121.27(m)$$

⑧ 腰筋4Φ16及其拉筋。

构造腰筋的搭接与锚固长度可取$15d$，当梁宽小于等于350mm时，腰筋上拉筋直径为6mm(按Φ6.5计算)，间距为箍筋非加密区间距的两倍，即间距为400mm。

$$\begin{aligned}腰筋长度&=[(10.2-0.225\times2)+15\times0.016\times2(两端锚固长度)+15\times0.016(搭接长度)]\times4\\&=41.88(m)\end{aligned}$$

$$\begin{aligned}每根拉筋长度&=构件厚度-2\times混凝土保护层厚度+2\times弯钩增加长度+d\\&=0.3-2\times0.025+2\times8.25\times0.0065+0.0065\\&=0.36(m)\end{aligned}$$

$$\begin{aligned}根数&=\left(\frac{7.2-0.45-0.05\times2}{0.4}+1+\frac{3-0.45-0.05\times2}{0.4}+1\right)\times2\\&\approx(17+1+6+1)\times2\\&=50(根)\end{aligned}$$

$$拉筋总长=0.36\times50=18.00(m)$$

Φ20钢筋工程量 $G_1=(24.32+5.96+9.90+2.06+33.60+12.60)\times2.47=218.45(kg)$

Φ16钢筋工程量 $G_2=41.88\times1.58=66.17(kg)$

Φ8钢筋工程量 $G_3=121.27\times0.395=47.90(kg)$

Φ6.5钢筋工程量 $G_4=18.00\times0.260=4.68(kg)$

KL1(2)的钢筋工程量清单见表4-80。

表 4-80　KL1(2)的钢筋工程量清单

序号	项目编码	项目名称	项目特征	计量单位	工程量		
1	010515001001	现浇混凝土钢筋	HPB300 级钢筋 Φ6.5	t	0.005		
2	010515001002	现浇混凝土钢筋	HPB300 级钢筋 Φ8	t	0.048		
3	010515001003	现浇混凝土钢筋	HRB400 级钢筋 Φ16	t	0.066		
4	010515001004	现浇混凝土钢筋	HRB400 级钢筋 Φ20	t	0.218		

应用案例 4-19

某钢筋混凝土板配筋如图 4.39 所示。已知板混凝土强度等级为 C25，板厚 100mm，室内干燥环境下使用。试计算板内钢筋工程量。

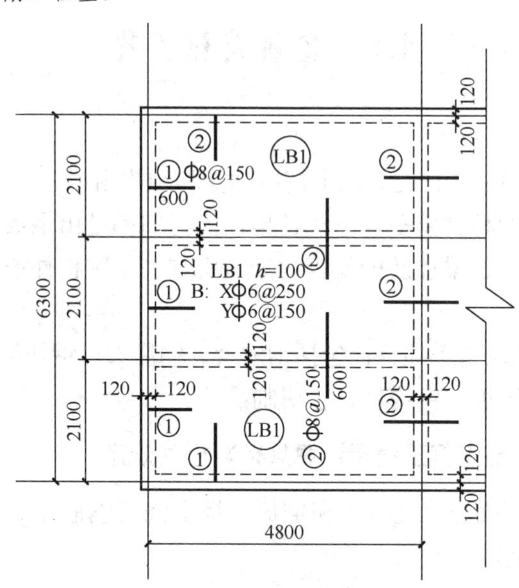

图 4.39　现浇混凝土板配筋图

解：分析钢筋的设计用量。

查表 4-39，该板的混凝土保护层厚度取 15mm。

(1) *X* 方向钢筋(Φ5 按Φ6.5 计)。

$$每根长度=梁(支座)中心线长度+两个弯钩增加长度$$

$$=4.8+2\times6.25\times0.0065=4.88(\text{m})$$

$$根数=\frac{钢筋布置区域长度}{间距}+1=\left(\frac{2.1-0.24-0.05\times2}{0.25}+1\right)\times3$$

$$\approx(7+1)\times3=24(根)$$

$$X方向钢筋总长度=4.88\times24=117.12(\text{m})$$

(2) Y方向钢筋(Φ8)。

$$每根长度=6.3+2\times6.25\times0.008=6.40(m)$$

$$根数=\frac{4.8-0.24-0.05\times2}{0.15}+1\approx30+1=31(根)$$

$$Y方向钢筋总长度=6.40\times31=198.40(m)$$

(3) ①号钢筋(Φ8)。

$$每根钢筋长度=直段长度+两个弯折长度=0.6+(0.1-0.015)\times2=0.77(m)$$

$$根数=\left(\frac{2.1-0.24-0.05\times2}{0.15}+1\right)\times3+\left(\frac{4.8-0.24-0.05\times2}{0.15}+1\right)\times2$$

$$\approx(12+1)\times3+(30+1)\times2=24(根)$$

$$①号钢筋总长度=0.77\times101=77.77(m)$$

(4) ②号钢筋(Φ8)。

$$每根钢筋长度=直段长度+两个弯折长度=0.6\times2+(0.1-0.015)\times2=1.37(m)$$

$$根数=①号钢筋根数=101根$$

$$②号钢筋总长度=1.37\times101=138.37(m)$$

$$工程量=117.12\times0.260+(198.40+77.77+138.37)\times0.395=194.19(kg)$$

4.6 金属结构工程

4.6.1 概述

钢结构在建筑工程中应用广泛，由于使用功能和结构组成方式不同，钢结构种类繁多，形式各异。尽管钢结构的种类繁多，形式各异，但它们都是由钢板和型钢经加工制成各种基本构件，如拉杆、压杆、梁柱及桁架等，然后将这些基本构件按一定方式通过焊接和螺栓连接组成结构。

金属结构工程共八节31个项目，包括钢网架、钢屋架、钢托架、钢桁架、钢架桥、钢柱、钢梁、钢板楼板、墙板、钢构件、金属制品等。

4.6.2 《房屋建筑与装饰工程工程量计算规范》相关规定

(1) 型钢混凝土柱、梁浇筑混凝土和钢板楼板上浇筑钢筋混凝土，其混凝土和钢筋应按4.5中相关项目编码列项。

(2) 加工铁件等小型构件，应按零星钢构件项目编码列项。

(3) 金属构件的切边，不规则及多边形钢板发生的损耗在综合单价中考虑。

(4) 防火要求指耐火极限。

4.6.3 工程量计算及应用案例

1. 钢网架

钢网架项目适用于一般钢网架和不锈钢网架。不论节点形式(球形节点、板式节点等)和节点连接方式(焊接、丝接)等均适用该项目。钢网架清单项目设置及工程量计算规则见表4-81。

表 4-81 钢网架工程量清单项目设置及工程量计算规则

项目编码	项目名称	项目特征	计量单位	工程量计算规则	工程内容
010601001	钢网架	(1) 钢材品种、规格 (2) 网架节点形式、连接方式 (3) 网架跨度、安装高度 (4) 探伤要求 (5) 防火要求	t	按设计图示尺寸以质量计算。不扣除孔眼的质量，焊条、铆钉等不另增加质量	(1) 拼装 (2) 安装 (3) 探伤 (4) 补刷油漆

2. 钢屋架、钢托架、钢桁架、钢架桥

钢屋架、钢托架、钢桁架、钢架桥清单项目设置及工程量计算规则见表 4-82。

表 4-82 钢屋架、钢托架、钢桁架、钢架桥工程量清单项目设置及工程量计算规则

项目编码	项目名称	项目特征	计量单位	工程量计算规则	工程内容
010602001	钢屋架	(1) 钢材品种、规格 (2) 单榀质量 (3) 屋架跨度、安装高度 (4) 螺栓种类 (5) 探伤要求 (6) 防火要求	(1) 榀 (2) t	(1) 以榀计量，按设计图示数量计算 (2) 以吨计量，按设计图示尺寸以质量计算。不扣除孔眼的质量，焊条、铆钉、螺栓等不另增加质量	(1) 拼装 (2) 安装 (3) 探伤 (4) 补刷油漆
010602002	钢托架	(1) 钢材品种、规格 (2) 单榀重量 (3) 安装高度 (4) 螺栓种类 (5) 探伤要求 (6) 防火要求	t	按设计图示尺寸以质量计算。不扣除孔眼的质量，焊条、铆钉、螺栓等不另增加质量	
010602003	钢桁架				
010602004	钢架桥	(1) 桥架类型 (2) 钢材品种、规格 (3) 单榀质量 (4) 安装高度 (5) 螺栓种类 (6) 探伤要求			

注：以榀计量，按标准图设计的应注明标准图代号，按非标准图设计的项目特征必须描述单榀屋架的质量。

3. 钢柱

钢柱包括实腹柱、空腹柱和钢管柱三个项目。实腹柱项目适用于实腹钢柱和实腹型钢筋混凝土柱；空腹柱项目适用于空腹钢柱和空腹型钢筋混凝土柱；钢管柱项目适用于钢管柱和钢管混凝土柱。钢柱清单项目设置及工程量计算规则见表 4-83。

表 4-83　钢柱工程量清单项目设置及工程量计算规则

项目编码	项目名称	项目特征	计量单位	工程量计算规则	工程内容
010603001	实腹柱	(1) 柱类型 (2) 钢材品种、规格 (3) 单根柱质量 (4) 螺栓种类 (5) 探伤要求 (6) 防火要求	t	按设计图示尺寸以质量计算。不扣除孔眼的质量，焊条、铆钉、螺栓等不另增加质量，依附在钢柱上的牛腿及悬臂梁等并入钢柱工程量内	(1) 拼装 (2) 安装 (3) 探伤 (4) 补刷油漆
010603002	空腹柱				
010603003	钢管柱	(1) 钢材品种、规格 (2) 单根柱质量 (3) 螺栓种类 (4) 探伤要求 (5) 防火要求		按设计图示尺寸以质量计算。不扣除孔眼的质量，焊条、铆钉、螺栓等不另增加质量，钢管柱上的节点板、加强环、内衬管、牛腿等并入钢管柱工程量内	

注：1. 实腹钢柱类型指十字、T、L、H 形等。
2. 空腹钢柱类型指箱形、格构等。

4. 钢梁

钢梁包括钢梁和钢吊车梁两个项目。钢梁项目适用于钢梁和实腹式型钢混凝土梁、空腹式型钢混凝土梁。钢吊车梁项目适用于钢吊车梁，吊车梁的制动梁、制动板、制动桁架、车档应包括在报价内。钢梁清单项目设置及工程量计算规则见表 4-84。

表 4-84　钢梁工程量清单项目设置及工程量计算规则

项目编码	项目名称	项目特征	计量单位	工程量计算规则	工程内容
010604001	钢梁	(1) 梁类型 (2) 钢材品种、规格 (3) 单根质量 (4) 螺栓种类 (5) 安装高度 (6) 探伤要求 (7) 防火要求	t	按设计图示尺寸以质量计算。不扣除孔眼的质量，焊条、铆钉、螺栓等不另增加质量，制动梁、制动板、制动桁架、车档并入钢吊车梁工程量内	(1) 拼装 (2) 安装 (3) 探伤 (4) 补刷油漆
010604002	钢吊车梁	(1) 钢材品种、规格 (2) 单根质量 (3) 螺栓种类 (4) 安装高度 (5) 探伤要求 (6) 防火要求			

注：梁类型指 H、L、T 形、箱形、格构式等。

5. 钢板楼板、墙板

钢板楼板、墙板工程量按设计图示尺寸以铺设水平投影面积计算。钢板楼板、墙板清单项目设置及工程量计算规则见表 4-85。

表 4-85 压型钢板楼板、墙板工程量清单项目设置及工程量计算规则

项目编码	项目名称	项目特征	计量单位	工程量计算规则	工程内容
010605001	钢板楼板	(1) 钢材品种、规格 (2) 钢板厚度 (3) 螺栓种类 (4) 防火要求	m^2	按设计图示尺寸以铺设水平投影面积计算。不扣除单个面积≤$0.3m^2$柱、垛及孔洞所占面积	(1) 拼装 (2) 安装 (3) 探伤 (4) 补刷油漆
010605002	钢板墙板	(1) 钢材品种、规格 (2) 钢板厚度、复合板厚度 (3) 螺栓种类 (4) 复合板夹芯材料种类、层数、型号、规格 (5) 防火要求		按设计图示尺寸以铺挂展开面积计算。不扣除单个≤$0.3m^2$的梁、孔洞所占面积，包角、包边、窗台泛水等不另增加面积	

注：压型钢楼板按钢楼板项目编码列项。

6. 钢构件

钢构件包括钢支撑、钢拉条、钢檩条、钢天窗架、钢挡风架、钢墙架、钢平台、钢走道、钢梯、钢护栏、钢漏斗、钢板天沟、钢支架、零星钢构件等项目，其清单项目设置及工程量计算规则见表 4-86。

表 4-86 钢构件工程量清单项目设置及工程量计算规则

项目编码	项目名称	项目特征	计量单位	工程量计算规则	工程内容
010606001	钢支撑、钢拉条	(1) 钢材品种、规格 (2) 构件类型 (3) 安装高度 (4) 螺栓种类 (5) 探伤要求 (6) 防火要求	t	按设计图示尺寸以质量计算。不扣除孔眼的质量，焊条、铆钉、螺栓等不另增加质量	(1) 拼装 (2) 安装 (3) 探伤 (4) 补刷油漆
010606002	钢檩条	(1) 钢材品种、规格 (2) 构件类型 (3) 单根质量 (4) 安装高度 (5) 螺栓种类 (6) 探伤要求 (7) 防火要求			
010606003	钢天窗架	(1) 钢材品种、规格 (2) 单榀质量 (3) 安装高度 (4) 螺栓种类 (5) 探伤要求 (6) 防火要求			

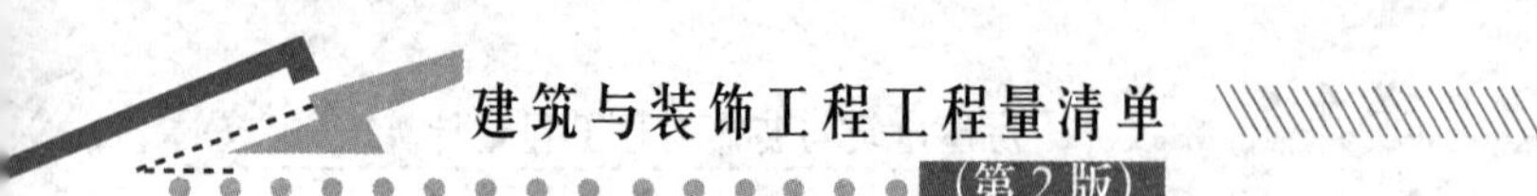

续表

项目编码	项目名称	项目特征	计量单位	工程量计算规则	工程内容
010606004	钢挡风架	(1) 钢材品种、规格 (2) 单榀质量 (3) 螺栓种类 (4) 探伤要求 (5) 防火要求	t	按设计图示尺寸以质量计算。不扣除孔眼的质量，焊条、铆钉、螺栓等不另增加质量	(1) 拼装 (2) 安装 (3) 探伤 (4) 补刷油漆
010606005	钢墙架				
010606006	钢平台	(1) 钢材品种、规格 (2) 螺栓种类 (3) 防火要求			
010606007	钢走道				
010606008	钢梯	(1) 钢材品种、规格 (2) 钢梯形式 (3) 螺栓种类 (4) 防火要求			
010606009	钢护杆	(1) 钢材品种、规格 (2) 防火要求			
010606010	钢漏斗	(1) 钢材品种、规格 (2) 漏斗、天沟形式 (3) 安装高度 (4) 探伤要求		按设计图示尺寸以质量计算。不扣除扎眼的质量，焊条、铆钉、螺栓等不另增加质量，依附漏斗或天沟的型钢并入漏斗工程量内	
010606012	钢板天沟				
010606012	钢支架	(1) 钢材品种、规格 (2) 单件重量 (3) 油漆品种、刷漆遍数		按设计图示尺寸以质量计算。不扣除孔眼的质量，焊条、铆钉、螺栓等不另增加质量	
010606013	零星钢构件	(1) 构件名称 (2) 钢材品种、规格			

注：1. 钢墙架项目包括墙架柱、墙架梁和连接杆件。

2. 钢支撑、钢拉条类型指单式、复式；钢檩条类型指型钢式、格构式；钢漏斗形式指方形、圆形；天沟形式指矩形沟或半圆形沟。

3. 加工铁件等小型构件，应按零星钢构件项目编码列项。

型钢混凝土柱、梁浇筑混凝土和压型钢板楼板上浇筑钢筋混凝土，混凝土和钢筋应按混凝土及钢筋混凝土工程中相关项目编码列项。

钢栏杆适用于工业厂房平台钢栏杆。

钢构件的除锈刷漆应包括在报价内。

钢构件需探伤应包括在报价内。

7. 金属制品

金属制品分为成品空调金属百叶护栏、成品栅栏、成品雨篷、金属网栏、砌块墙钢丝网加固、后浇带金属网等，其清单项目设置及工程量计算规则见表 4-87。

表 4-87　金属制品工程量清单项目设置及工程量计算规则

项目编码	项目名称	项目特征	计量单位	工程量计算规则	工程内容
010607001	成品空调金属百叶护栏	(1) 材料品种、规格 (2) 边框材质	m^2	按设计图示尺寸以框外围展开面积计算	(1) 安装 (2) 校正 (3) 预埋铁件及安螺栓
010607002	成品栅栏	(1) 材料品种、规格 (2) 边框及立柱型钢品种、规格			(1) 安装 (2) 校正 (3) 预埋铁件 (4) 安螺栓及金属立柱
010607003	成品雨篷	(1) 材料品种、规格 (2) 雨篷宽度 (3) 凉衣杆品种、规格	(1) m (2) m^2	(1) 以米计量，按设计图示接触边以米计算 (2) 以平方米计量，按设计图示尺寸以展开面积计算	(1) 安装 (2) 校正 (3) 预埋铁件及安螺栓
010607004	金属网栏	(1) 材料品种、规格 (2) 边框及立柱型钢品种、规格	m^2	按设计图示尺寸以框外围展开面积计算	(1) 安装 (2) 校正 (3) 安螺栓及金属立柱
010607005	砌块墙钢丝网加固	(1) 材料品种、规格 (2) 加固方式		按设计图示尺寸以面积计算	(1) 铺贴 (2) 铆固
010607006	后浇带金属网				

注：抹灰钢丝网加固按砌块墙钢丝网加固项目编码列项。

应用案例 4-20

已知钢屋架间水平支撑尺寸、型号如图 4.40 所示，焊接连接，刷防锈漆两道，调和漆三道，试计算钢支撑的工程量(已知 8mm 厚钢板重量为 62.80kg/m^2，L75×5 角钢重量为 5.82kg/m)。

解： 8mm 厚钢板重量＝①号钢板面积×每平方米钢板重量×块数＋②号钢板面积×每平方米钢板重量×块数

$$=(0.08+0.18)\times(0.075+0.18)\times62.80\times2+(0.22+0.105)\times(0.18+0.075)\times62.80\times2$$

$$=18.72(kg)$$

L75×5 角钢重量＝角钢长度×每米重量×根数

＝7.1×5.82×2＝82.64(kg)

水平支撑工程量＝钢板重量＋角钢重量＝18.72＋82.64＝101.36(kg)

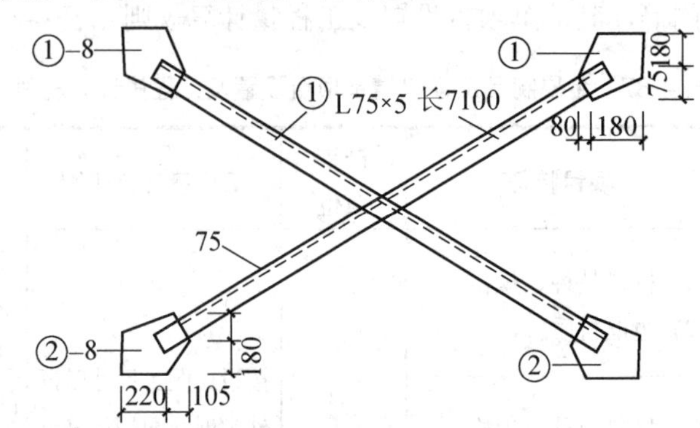

图 4.40　钢屋架水平支撑

4.7　木结构工程

4.7.1　概述

木结构包括木屋架、木构件和屋面木基层等，共三节 8 个项目。

木屋架项目适用于各种方木、圆木屋架。与屋架相连接的挑檐木应包括在木屋架报价内。钢夹板构件、连接螺栓应包括在报价内。

钢木屋架项目适用于各种方木、圆木的钢木组合屋架。应注意：钢拉杆(下弦拉杆)、受拉腹杆、钢夹板、连接螺栓应包括在报价内。

木柱、木梁项目适用于建筑物各部位的木柱、木梁。应注意：接地、嵌入墙内部分的防腐应包括在报价内。木楼梯项目适用于木楼梯和木爬梯。楼梯的防滑条应包括在报价内。

4.7.2　《房屋建筑与装饰工程工程量计算规范》相关规定

(1) 屋架的跨度应以上、下弦中心线两交点之间的距离计算。

(2) 带气楼的屋架和马尾、折角以及正交部分的半屋架，应按相关屋架项目编码列项。

(3) 木楼梯栏杆(栏板)、扶手应按其他装饰工程中相关项目列项。

4.7.3　工程量计算及应用案例

1. 木屋架

木屋架分为木屋架和钢木屋架两项，其清单项目设置及工程量计算规则见表 4-88。

表 4-88　木屋架工程量清单项目设置及工程量计算规则

项目编码	项目名称	项目特征	计量单位	工程量计算规则	工程内容
010701001	木屋架	(1) 跨度 (2) 材料品种、规格 (3) 刨光要求 (4) 拉杆及夹板种类 (5) 防护材料种类	(1) 榀 (2) m^3	(1) 以榀计量，按设计图示数量计算 (2) 以立方米计量，按设计图示的规格尺寸以体积计算	(1) 制作、运输 (2) 安装 (3) 刷防护材料

续表

项目编码	项目名称	项目特征	计量单位	工程量计算规则	工程内容
010701002	钢木屋架	(1) 跨度 (2) 木材品种、规格 (3) 刨光要求 (4) 钢材品种、规格 (5) 防护材料种类	榀	以榀计量，按设计图示数量计算	(1) 制作、运输 (2) 安装 (3) 刷防护材料

注：以榀计量，按标准图设计的，项目特征必须标注标准图代号；按非标准图设计的，必须按本表要求描述项目特征。

2. 木构件

木构件包括木柱、木梁、木檩、木楼梯及其他木构件等 5 项，其清单项目设置及工程量计算规则见表 4-89。

表 4-89　木构件工程量清单项目设置及工程量计算规则

<table>
<tr><th>项目编码</th><th>项目名称</th><th>项目特征</th><th>计量单位</th><th>工程量计算规则</th><th>工程内容</th></tr>
<tr><td>010702001</td><td>木柱</td><td rowspan="3">(1) 构件规格尺寸
(2) 木材种类
(3) 刨光要求
(4) 防护材料种类</td><td rowspan="2">m^3</td><td rowspan="2">按设计图示尺寸以体积计算</td><td rowspan="5">(1) 制作
(2) 运输
(3) 安装
(4) 刷防护材料</td></tr>
<tr><td>010702002</td><td>木梁</td></tr>
<tr><td>010702003</td><td>木檩</td><td>(1) m^3
(2) m</td><td>(1) 以立方米计量，按设计图示尺寸以体积计算
(2) 以米计量，按设计图示尺寸以长度计算</td></tr>
<tr><td>010702004</td><td>木楼梯</td><td>(1) 楼梯形式
(2) 木材种类
(3) 刨光要求
(4) 防护材料种类</td><td>m^2</td><td>按设计图示尺寸以水平投影面积计算。不扣除宽度≤300mm 的楼梯井，伸入墙内部分不计算</td></tr>
<tr><td>010702005</td><td>其他木构件</td><td>(1) 构件名称
(2) 构件规格尺寸
(3) 木材种类
(4) 刨光要求
(5) 防护材料种类</td><td>(1) m^3
(2) m</td><td>(1) 以立方米计量，按设计图示尺寸以体积计算
(2) 以米计量，按设计图示尺寸以长度计算</td></tr>
</table>

注：以 m 计量，项目特征必须描述构件规格尺寸。

设计规定使用干燥木材时，干燥损耗及干燥费应包括在报价内。

木结构有防虫要求时，防虫药剂应包括在报价内。

3. 屋面木基层

屋面木基层清单项目设置及工程量计算规则见表4-90。

表4-90 屋面木基层清单项目设置及工程量计算规则

项目编码	项目名称	项目特征	计量单位	工程量计算规则	工程内容
010703001	屋面木基层	(1) 椽子断面尺寸及椽距 (2) 望板材料种类、厚度 (3) 防护材料种类	m^2	按设计图示尺寸以斜面积计算。不扣除房上烟囱、风帽底座、风道、小气窗、斜沟等所占面积。小气窗的出檐部分不增加面积。	(1) 椽子制作、安装 (2) 望板制作、安装 (3) 顺水条和挂瓦条制作、安装 (4) 刷防护材料

应用案例4-21

某工程，方木屋架如图4.41所示，共5榀，现场制作，不刨光，拉杆为$\phi 10$的圆钢，铁件刷防锈漆一遍，轮胎式起重机安装，安装高度为6.3m。试列出该工程方木屋架以立方米计量的分部分项工程量清单(见表4-91)。

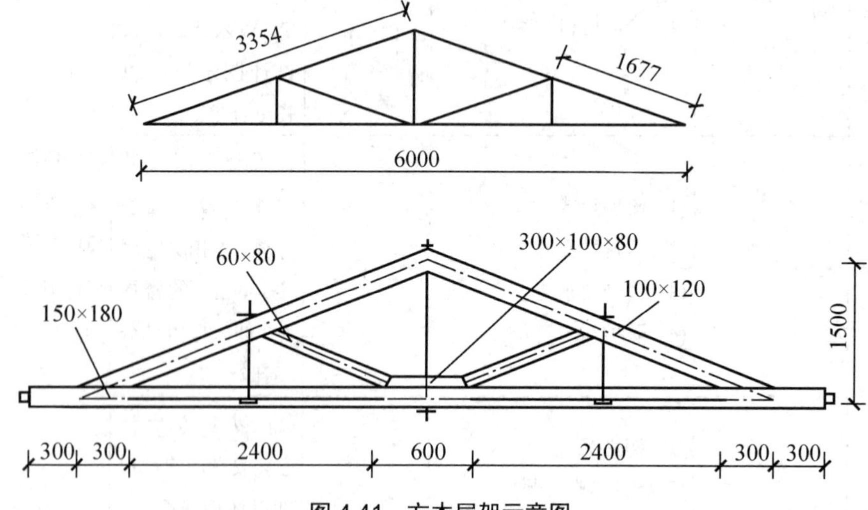

图4.41 方木屋架示意图

解：

$$①下弦杆体积=0.15\times0.18\times6.6\times5=0.891(m^3)$$

$$②上弦杆体积=0.10\times0.12\times3.354\times2\times5=0.402(m^3)$$

$$③斜撑体积=0.06\times0.08\times1.677\times2\times5=0.080(m^3)$$

$$④元宝垫木体积=0.30\times0.10\times0.08\times5=0.012(m^3)$$

$$体积=①+②+③+④=1.39(m^3)$$

表 4-91　该工程方木屋架工程量清单

项目编码	项目名称	项目特征描述	计量单位	工程量	综合单价	合价
010701001001	方木屋架	(1) 跨度：6.00m (2) 材料品种、规格：方木、规格见图 (3) 抛光要求：不抛光 (4) 拉杆种类：10mm 圆钢 (5) 防护材料种类：铁件刷防锈漆一遍	m^3	1.39		

4.8 门窗工程

4.8.1 概述

门和窗是房屋建筑中两个不可缺少的部件，现代门窗的制作生产已经走上标准化、规格化、商品化的道路。全国各地都有大量的标准图可供选用，绝大部分的门窗都由工厂制作和加工，之后送到施工现场进行安装，仅有少量特殊要求的门窗，才在施工单位直接制作和加工，以供现场安装。

门作为一个空间进入另一空间的界面构件，最大的功能是组织交通流线和控制流量。在现代建筑中，由于新材料、新技术的不断运用，使得门的概念得以扩展，门的功能也得以加大，门不再局限于交通方面的功能，它还具有标识、美化、防护、防盗、隔声、保温、隔热等功能，甚至具有防爆、防辐射、抗冲击波等特殊功能。门的构造组成一般由门框、门扇、亮子、门帘箱、门帘、门套、五金等部分所组成，如图 4.42 所示。

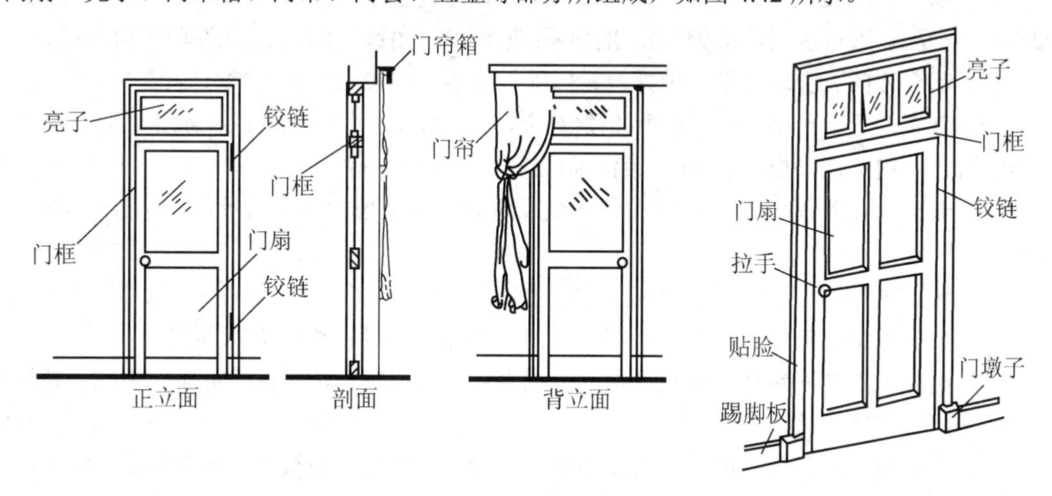

图 4.42　门的构造组成

门框又称门樘，以此连接门洞墙体或柱身及楼地面与顶底门过梁，用以安装门扇与亮子；门扇是开与闭的部件，从材料上看，可以是全木质的，也可以是木质镶玻璃的，还可以是金属的，甚至是全玻璃的，以及好几种材料复合的；亮子指门上部类似窗的部件，其功能主要为通风采光，亮子中一般都镶嵌玻璃，其玻璃的种类常与相应门扇中镶嵌的玻璃一致；门套是门框的延续装饰部件，设置在门洞的左右两侧及顶部位置；门的五金主要为铰链、拉手、锁等几种。

窗的主要功能为采光和通风，其构造组成与窗的形态、用料等有较大关系。一般的窗基本由窗框、窗扇、窗帘、窗帘箱、窗套、窗台、窗五金等部件所组成，如图4.43所示。

窗框是窗扇和墙体之间的连接构件，一般由上冒头、下冒头、中贯樘、边梃、中梃等杆件组成；窗扇常在其上安装玻璃，当窗扇上安装纱时称为纱窗，窗扇中的玻璃安装与窗扇的用料有关，例如木质窗使用木质压条，铝合金窗使用胶质嵌条等；窗帘箱又名窗帘盒，一般由箱体和悬吊装置两部分组成，用以安装窗帘织物；窗套是窗口两侧与上下的装饰部件，在室内叫内窗套，在室外叫外窗套；窗台与窗盘是窗的下部结构部件，内窗台叫窗台，外窗台叫窗盘。

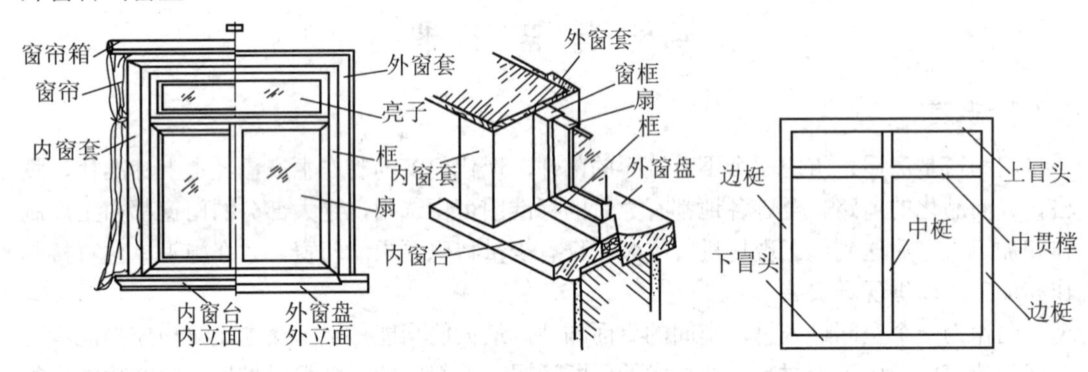

图4.43　窗的构造组成

4.8.2　《房屋建筑与装饰工程工程量计算规范》相关规定

(1) 木门五金应包括：折页、插销、门碰珠、弓背拉手、搭机、木螺钉、弹簧折页(自动门)、管子拉手(自由门、地弹门)、地弹簧(地弹门)、角铁、门轧头(地弹门、自由门)等。

(2) 铝合金门五金应包括：地弹簧、门锁、拉手、门插、门铰、螺钉等。

(3) 金属门五金包括：L形执手插锁(双舍)、执手锁(单舌)、门轨头、地锁、防盗门机、门眼(猫眼)、门碰珠、电子锁(磁卡锁)、闭门器、装饰拉手等。

(4) 玻璃、百叶面积占其门扇面积一半以内者应为半玻门或半百叶门，超过一半时为全玻门或全百叶门。

(5) 转门项目适用于电子感应和人力推动转门。

(6) 木窗五金应包括：折页、插销、风钩、木螺钉、滑轮滑轨(推拉窗)等。

(7) 金属窗五金应包括：折页、螺钉、执手、卡锁、铰拉、风撑、滑轮、滑轨、拉把、拉手、角码、牛角制等。

(8) 防护材料分防火、防腐、防虫防潮、耐老化等材料，应根据清单项目要求报价。

(9) 门窗框与洞口之间缝的填塞，应包括在报价内。

4.8.3　工程量计算及应用案例

门窗工程主要包括木门、金属门、金属卷帘(闸)门、厂库房大门、特种门、其他门、木窗、金属窗、门窗套、窗台板、窗帘、窗帘盒、窗帘轨等项目。

(1) 木门包括木质门、木质连窗门、木质防火门、木门框、门锁安装，其清单项目设置及工程量计算规则见表 4-92。

表 4-92 木门工程量清单项目设置及工程量计算规则

项目编码	项目名称	项目特征	计量单位	工程量计算规则	工作内容
010801001	木质门	(1) 门代号及洞口尺寸 (2) 镶嵌玻璃品种、厚度	(1) 樘 (2) m^2	(1) 以樘计量，按设计图示数量计算 (2) 以平方米计量，按设计图示洞口尺寸以面积计算	(1) 门安装 (2) 玻璃安装 (3) 五金安装
010801002	木质门带套				
010801003	木质连窗门				
010801004	木质防火门				
010801005	木门框	(1) 门代号及洞口尺寸 (2) 框截面尺寸 (3) 防护材料种类	(1) 樘 (2) m^2	(1) 以樘计量，按设计图示数量计算 (2) 以米计量，按设计图示框的中心线以延长米计算	(1) 木门框制作、安装 (2) 运输 (3) 刷防护材料
010801006	门锁安装	(1) 锁品种 (2) 锁规格	个(套)	按设计图示数量计算	安装

木门的制作应考虑木材的干燥损耗、刨光损耗、下料后备长度、门走头增加的体积等。

木质门应区分镶板木门、企口木板门、实木装饰门、胶合板门、夹板装饰门、木纱门、全玻门(带木质扇框)、木质半玻门(带木质扇框)等项目，分别编码列项。

木质门带套计量按洞口尺寸以面积计算，不包括门套的面积，但门套应计算在综合单价中。

以樘计量，项目特征必须描述洞口尺寸，以平方米计量，项目特征可不描述洞口尺寸。

单独制作安装木门框按木门框项目编码列项。

应用案例 4-22

某工程采用椴木单扇无亮门 50 樘(900mm×2100mm)，油漆做法为润油粉、刮腻子、聚氨酯漆两遍。试编制其工程量清单。

解： 椴木单扇无亮门工程量：$S=0.9\times2.1\times50=94.5(m^2)$或 $N=50$ 樘

木单扇无亮门的工程量清单见表 4-93。

表 4-93 某工程木单扇门的工程量清单

序号	项目编码	项目名称	项目特征	计量单位	工程量	综合单价	合价
1	010801001001	木质门	门代号：椴木单扇无亮门 洞口尺寸：900mm×2100mm	樘/m^2	50/94.5		

续表

序号	项目编码	项目名称	项目特征	计量单位	工程量	综合单价	合价
2	011401001	木门油漆	椴木单扇无亮门 洞口尺寸：900mm×2100mm 润油粉、刮腻子二遍 聚氨酯漆两遍	樘/m²	50/94.5		

(2) 金属门包括金属(塑钢)门、彩板门、钢质防火门、防盗门，其清单项目设置及工程量计算规则见表4-94。

表4-94　金属门工程量清单项目设置及工程量计算规则

项目编码	项目名称	项目特征	计量单位	工程量计算规则	工作内容
010802001	金属(塑钢)门	(1) 门代号及洞口尺寸 (2) 门框或扇外围尺寸 (3) 门框、扇材质 (4) 玻璃品种、厚度	(1) 樘 (2) m²	(1) 以樘计量，按设计图示数量计算 (2) 以平方米计量，按设计图示洞口尺寸以面积计算	(1) 门安装 (2) 五金安装 (3) 玻璃安装
010802002	彩板门	(1) 门代号及洞口尺寸 (2) 门框或扇外围尺寸			
010802003	钢质防火门	(1) 门代号及洞口尺寸 (2) 门框或扇外围尺寸 (3) 门框、扇材质			
010802004	防盗门				(1) 门安装 (2) 五金安装

特别提示

金属门应区分金属平开门、金属推拉门、金属地弹门、全玻门(带金属扇框)、金属半玻门(带扇框)等项目，分别编码列项。

以樘计量，项目特征必须描述洞口尺寸，没有洞口尺寸必须描述门框或扇外围尺寸，以平方米计量，项目特征可不描述洞口尺寸及框、扇的外围尺寸；以平方米计量，无设计图示洞口尺寸，按门框、扇外围以面积计算。

(3) 金属卷帘(闸)门包括金属卷帘(闸)门、防火卷帘(闸)门，其清单项目设置及工程量计算规则见表4-95。

表4-95　金属卷帘门工程量清单项目设置及工程量计算规则

项目编码	项目名称	项目特征	计量单位	工程量计算规则	工作内容
010803001	金属卷帘(闸)门	(1) 门代号及洞口尺寸 (2) 门材质 (3) 启动装置品种、规格	(1) 樘 (2) m²	(1) 以樘计量，按设计图示数量计算 (2) 以平方米计量，按设计图示洞口尺寸以面积计算	(1) 门运输、安装 (2) 启动装置、活动小门、五金安装
010803002	防火卷帘(闸)门				

特别提示

以樘计量，项目特征必须描述洞口尺寸；以平方米计量，项目特征可不描述洞口尺寸。

(4) 厂库房大门、特种门。包括木板大门、钢木大门、全钢板大门、防护铁丝门、金属格栅门、钢制花饰大门、特种门。其清单项目设置及工程量计算规则见表 4-96。

表 4-96　厂库房大门、特种门工程量清单项目设置及工程量计算规则

项目编码	项目名称	项目特征	计量单位	工程量计算规则	工作内容
010804001	木板大门	(1) 门代号及洞口尺寸 (2) 门框或扇外围尺寸 (3) 门框、扇材质 (4) 五金种类、规格 (5) 防护材料种类	(1) 樘 (2) m^2	(1) 以樘计量，按设计图示数量计算 (2) 以平方米计量，按设计图示洞口尺寸以面积计算	(1) 门(骨架)制作、运输 (2) 门、五金配件安装 (3) 刷防护材料
010804002	钢木大门				
010804003	全钢板大门				
010804004	防护铁丝门			(1) 以樘计量，按设计图示数量计算 (2) 以平方米计量，按设计图示门框或扇以面积计算	
010804005	金属格栅门	(1) 门代号及洞口尺寸 (2) 门框或扇外围尺寸 (3) 门框、扇材质 (4) 启动装置的品种、规格		(1) 以樘计量，按设计图示数量计算 (2) 以平方米计量，按设计图示洞口尺寸以面积计算	(1) 门安装 (2) 启动装置、五金配件安装
010804006	钢质花饰大门	(1) 门代号及洞口尺寸 (2) 门框或扇外围尺寸 (3) 门框、扇材质		(1) 以樘计量，按设计图示数量计算 (2) 以平方米计量，按设计图示门框或扇以面积计算	(1) 门安装 (2) 五金配件安装
010804007	特种门			(1) 以樘计量，按设计图示数量计算 (2) 以平方米计量，按设计图示洞口尺寸以面积计算	

特别提示

特种门应区分冷藏门、冷冻间门、保温门、变电室门、隔音门、防射线门、人防门、金库门等项目，分别编码列项。

以樘计量，项目特征必须描述洞口尺寸，没有洞口尺寸必须描述门框或扇外围尺寸，以平方米计量，项目特征可不描述洞口尺寸及框、扇的外围尺寸；以平方米计量，无设计图示洞口尺寸，按门框、扇外围以面积计算。

(5) 其他门包括电子感应门、旋转门、电子对讲门、电动伸缩门、全玻自由门、镜面不锈钢饰面门、复合材料门。其清单项目设置及工程量计算规则见表4-97。

表4-97 其他门工程量清单项目设置及工程量计算规则

项目编码	项目名称	项目特征	计量单位	工程量计算规则	工作内容
010805001	电子感应门	(1) 门代号及洞口尺寸 (2) 门框或扇外围尺寸 (3) 门框、扇材质 (4) 玻璃品种、厚度 (5) 启动装置的品种、规格 (6) 电子配件品种、规格	(1) 樘 (2) m^2	(1) 以樘计量，按设计图示数量计算 (2) 以平方米计量，按设计图示洞口尺寸以面积计算	(1) 门安装 (2) 启动装置、五金、电子配件安装
010805002	旋转门				
010805003	电子对讲门	(1) 门代号及洞口尺寸 (2) 门框或扇外围尺寸 (3) 门材质 (4) 玻璃品种、厚度 (5) 启动装置的品种、规格 (6) 电子配件品种、规格			
010805004	电动伸缩门				
010805005	全玻自由门	(1) 门代号及洞口尺寸 (2) 门框或扇外围尺寸 (3) 框材质 (4) 玻璃品种、厚度			(1) 门安装 (2) 五金安装
010805006	镜面不锈钢饰面门	(1) 门代号及洞口尺寸 (2) 门框或扇外围尺寸 (3) 框、扇材质 (4) 玻璃品种、厚度			
010805007	复合材料门				

以樘计量，项目特征必须描述洞口尺寸，没有洞口尺寸必须描述门框或扇外围尺寸，以平方米计量，项目特征可不描述洞口尺寸及框、扇的外围尺寸；以平方米计量，无设计图示洞口尺寸，按门框、扇外围以面积计算。

(6) 木窗包括木质窗、木飘(凸)窗、木橱窗、木纱窗。其清单项目设置及工程量计算规则见表4-98。

表4-98 木窗工程量清单项目设置及工程量计算规则

项目编码	项目名称	项目特征	计量单位	工程量计算规则	工作内容
010806001	木质窗	(1) 窗代号及洞口尺寸 (2) 玻璃品种、厚度	(1) 樘 (2) m^2	(1) 以樘计量，按设计图示数量计算 (2) 以平方米计量，按设计图示洞口尺寸以面积计算	(1) 窗安装 (2) 五金、玻璃安装

续表

项目编码	项目名称	项目特征	计量单位	工程量计算规则	工作内容
010806002	木飘(凸)窗	(1) 窗代号及洞口尺寸 (2) 玻璃品种、厚度	(1) 樘 (2) m^2	(1) 以樘计量，按设计图示数量计算 (2) 以平方米计量，按设计图示尺寸以框外围展开面积计算	(1) 窗安装 (2) 五金、玻璃安装
010806003	木橱窗	(1) 窗代号 (2) 框截面及外围展开面积 (3) 玻璃品种、厚度 (4) 防护材料种类			(1) 窗制作、运输、安装 (2) 五金、玻璃安装 (3) 刷防护材料
010806004	木纱窗	(1) 窗代号及框的外围尺寸 (2) 窗纱材料品种、规格		(1) 以樘计量，按设计图示数量计算 (2) 以平方米计量，按框外围尺寸以面积计算	(1) 窗安装 (2) 五金安装

木质窗应区分木百叶窗、木组合窗、木天窗、木固定窗、木装饰空花窗等项目，分别编码列项。

以樘计量，项目特征必须描述洞口尺寸，没有洞口尺寸必须描述窗框外围尺寸；以平方米计量，项目特征可不描述洞口尺寸及框的外围尺寸；以平方米计量，无设计图示洞口尺寸，按窗框外围以面积计算。

木橱窗、木飘(凸)窗以樘计量，项目特征必须描述框截面及外围展开面积。

防护材料分防火、防腐、防虫防潮、耐老化等材料，应根据清单项目要求报价。

应用案例 4-23

某工程采用单扇不带纱平开窗，窗框断面积为100mm×60mm，洞口面积为0.9m^2，共十樘，磨砂玻璃3mm厚，试编制其工程量清单。

解：单扇无亮门工程量：$S=0.9\times10=9(m^2)$或$N=10$樘

平开窗工程量清单如表4-99所示。

表 4-99 某工程平开窗工程量清单

项目编码	项目名称	项目特征	计量单位	工程量	综合单价	合价
010806001001	木质窗	窗代号：单扇平开窗 洞口面积：0.9m^2 框外围尺寸：100mm×60mm 玻璃品种：磨砂玻璃，厚3mm	樘/m^2	10/9		

(7) 金属窗包括金属(塑钢、断桥)窗、金属防火窗、金属百叶窗、金属纱窗、金属格栅窗、金属(塑钢、断桥)橱窗、金属(塑钢、断桥)飘(凸)窗、彩板窗、复合材料窗。其清单项目设置及工程量计算规则见表 4-100。

表 4-100 金属窗工程量清单项目设置及工程量计算规则

<table>
<tr><th>项目编码</th><th>项目名称</th><th>项目特征</th><th>计量单位</th><th>工程量计算规则</th><th>工作内容</th></tr>
<tr><td>010807001</td><td>金属(塑钢、断桥)窗</td><td rowspan="3">(1) 窗代号及洞口尺寸
(2) 框、扇材质
(3) 玻璃品种、厚度</td><td rowspan="9">(1) 樘
(2) m^2</td><td rowspan="3">(1) 以樘计量，按设计图示数量计算
(2) 以平方米计量，按设计图示洞口尺寸以面积计算</td><td rowspan="2">(1) 窗安装
(2) 五金、玻璃安装</td></tr>
<tr><td>010807002</td><td>金属防火窗</td></tr>
<tr><td>010807003</td><td>金属百叶窗</td><td rowspan="3">(1) 窗安装
(2) 五金安装</td></tr>
<tr><td>010807004</td><td>金属纱窗</td><td>(1) 窗代号及框的外围尺寸
(2) 框材质
(3) 窗纱材料品种、规格</td><td>(1) 以樘计量，按设计图示数量计算
(2) 以平方米计量，按框外围尺寸以面积计算</td></tr>
<tr><td>010807005</td><td>金属格栅窗</td><td>(1) 窗代号及洞口尺寸
(2) 框外围尺寸
(3) 框、扇材质</td><td>(1) 以樘计量，按设计图示数量计算
(2) 以平方米计量，按设计图示洞口尺寸以面积计算</td></tr>
<tr><td>010807006</td><td>金属(塑钢、断桥)橱窗</td><td>(1) 窗代号
(2) 框外围展开面积
(3) 框、扇材质
(4) 玻璃品种、厚度
(5) 防护材料种类</td><td rowspan="2">(1) 以樘计量，按设计图示数量计算
(2) 以平方米计量，按设计图示尺寸以框外围展开面积计算</td><td>(1) 窗制作、运输、安装
(2) 五金、玻璃安装
(3) 刷防护材料</td></tr>
<tr><td>010807007</td><td>金属(塑钢、断桥)飘(凸)窗</td><td>(1) 窗代号
(2) 框外围展开面积
(3) 框、扇材质
(4) 玻璃品种、厚度</td><td rowspan="3">(1) 窗安装
(2) 五金、玻璃安装</td></tr>
<tr><td>010807008</td><td>彩板窗</td><td rowspan="2">(1) 窗代号及洞口尺寸
(2) 框外围尺寸
(3) 框、扇材质
(4) 玻璃品种、厚度</td><td rowspan="2">(1) 以樘计量，按设计图示数量计算
(2) 以平方米计量，按设计图示洞口尺寸或框外围以面积计算</td></tr>
<tr><td>010807009</td><td>复合材料窗</td></tr>
</table>

特别提示

金属窗应区分金属组合窗、防盗窗等项目，分别编码列项。

以樘计量，项目特征必须描述洞口尺寸，没有洞口尺寸必须描述窗框外围尺寸，以平方米计量，项目特征可不描述洞口尺寸及框的外围尺寸；以平方米计量，无设计图示洞口尺寸，按窗框外围以面积计算。

金属橱窗、飘(凸)窗以樘计量，项目特征必须描述框外围展开面积。

(8) 门窗套包括木门窗套、木筒子板、饰面夹板筒子板、金属门窗套、石材门窗套、门窗木贴脸、成品木门窗套。其清单项目设置及工程量计算规则见表 4-101。

表 4-101 门窗套工程量清单项目设置及工程量计算规则

项目编码	项目名称	项目特征	计量单位	工程量计算规则	工作内容
010808001	木门窗套	(1) 窗代号及洞口尺寸 (2) 门窗套展开宽度 (3) 基层材料种类 (4) 面层材料品种、规格 (5) 线条品种、规格 (6) 防护材料种类	(1) 樘 (2) m^2 (3) m	(1) 以樘计量，按设计图示数量计算 (2) 以平方米计量，按设计图示尺寸以展开面积计算 (3) 以米计量，按设计图示中心以延长米计算	(1) 清理基层 (2) 立筋制作、安装 (3) 基层板安装 (4) 面层铺贴 (5) 线条安装 (6) 刷防护材料
010808002	木筒子板	(1) 筒子板宽度 (2) 基层材料种类 (3) 面层材料品种、规格 (4) 线条品种、规格 (5) 防护材料种类			
010808003	饰面夹板筒子板				
010808004	金属门窗套	(1) 窗代号及洞口尺寸 (2) 门窗套展开宽度 (3) 基层材料种类 (4) 面层材料品种、规格 (5) 防护材料种类			(1) 清理基层 (2) 立筋制作、安装 (3) 基层板安装 (4) 面层铺贴 (5) 刷防护材料
010808005	石材门窗套	(1) 窗代号及洞口尺寸 (2) 门窗套展开宽度 (3) 粘结层厚度、砂浆配合比 (4) 面层材料品种、规格 (5) 线条品种、规格			(1) 清理基层 (2) 立筋制作、安装 (3) 基层抹灰 (4) 面层铺贴 (5) 线条安装
010808006	门窗木贴脸	(1) 门窗代号及洞口尺寸 (2) 贴脸板宽度 (3) 防护材料种类	(1) 樘 (2) m^2	(1) 以樘计量，按设计图示数量计算 (2) 以米计量，按设计图示尺寸以延长米计算	安装
010808007	成品木门窗套	(1) 窗代号及洞口尺寸 (2) 门窗套展开宽度 (3) 门窗套材料品种、规格	(1) 樘 (2) m^2 (3) m	(1) 以樘计量，按设计图示数量计算 (2) 以平方米计量，按设计图示尺寸以展开面积计算 (3) 以米计量，按设计 图示中心以延长米计算	(1) 清理基层 (2) 立筋制作、安装 (3) 板安装

以樘计量，项目特征必须描述洞口尺寸、门窗套展开宽度。
以平方米计量，项目特征可不描述洞口尺寸、门窗套展开宽度。
以米计量，项目特征必须描述门窗套展开宽度、筒子板及贴脸宽度。
木门窗套适用于单独门窗套的制作、安装。

(9) 窗台板包括木窗台板、铝塑窗台板、金属窗台板、石材窗台板。其清单项目设置及工程量计算规则见表 4-102。

表 4-102　窗台板工程量清单项目设置及工程量计算规则

项目编码	项目名称	项目特征	计量单位	工程量计算规则	工作内容
010809001	木窗台板	(1) 基层材料种类 (2) 窗台面板材质、规格、颜色 (3) 防护材料种类	m^2	按设计图示尺寸以展开面积计算	(1) 基层清理 (2) 基层制作、安装 (3) 窗台板制作、安装 (4) 刷防护材料
010809002	铝塑窗台板				
010809003	金属窗台板				
010809004	石材窗台板	(1) 粘结层厚度、砂浆配合比 (2) 窗台板材质、规格、颜色			(1) 基层清理 (2) 抹找平层 (3) 窗台板制作、安装

(10) 窗帘、窗帘盒、轨包括窗帘、木窗帘盒、饰面夹板、塑料窗帘盒、铝合金窗帘盒、窗帘轨。其清单项目设置及工程量计算规则见表 4-103。

表 4-103　窗帘盒、窗帘轨工程量清单项目设置及工程量计算规则

项目编码	项目名称	项目特征	计量单位	工程量计算规则	工作内容
010810001	窗帘	(1) 窗帘材质 (2) 窗帘高度、宽度 (3) 窗帘层数 (4) 带幔要求	(1) m (2) m^2	(1) 以米计量，按设计图示尺寸以成活后长度计算 (2) 以平方米计量，按图示尺寸以成活后展开面积计算	(1) 制作、运输 (2) 安装
010810002	木窗帘盒	(1) 窗帘盒材质、规格 (2) 防护材料种类	m	按设计图示尺寸以长度计算	(1) 制作、运输、安装 (2) 刷防护材料
010810003	饰面夹板、塑料窗帘盒				
010810004	铝合金窗帘盒				
010810005	窗帘轨	(1) 窗帘轨材质、规格 (2) 轨的数量 (3) 防护材料种类			

特别提示

窗帘若是双层，项目特征必须描述每层材质。

窗帘以米计量，项目特征必须描述窗帘高度和宽。

4.9 屋面及防水工程

4.9.1 概述

屋面覆盖在房屋的最外层，直接与外界接触，其作用是抗雨、雪、风、雹等的侵袭，必须具有保温、隔热、防水等性能。屋面工程由屋面结构层、屋面保温隔热层和屋面防水层、屋面保护层等四部分组成。

1. 屋面的分类

屋面一般按其坡度的不同分为坡屋面和平屋面两大类；根据使用功能可分上人和不上人屋面。根据屋面防水材料可分为瓦屋面、型材屋面、阳光板屋面、玻璃钢屋面、膜结构屋面、卷材防水屋面、涂膜防水屋面和刚性防水屋面。

屋面及防水工程共四节21项，包括瓦、型材及其他屋面工程，屋面防水及其他工程，墙面防水、防潮工程和楼(地)面防水、防潮工程四大项。

2. 屋面坡度的表示方法

屋面坡度(即屋面的倾斜程度)有三种表示方法，如图4.44所示。

(1) 用屋面的高度与屋顶的跨度之比(简称高跨比)：即 H/L

(2) 用屋面的高度与屋顶的半跨度之比(简称坡度)：即 $i=2H/L$

(3) 用屋面的斜面与水平面的夹角(θ)表示。

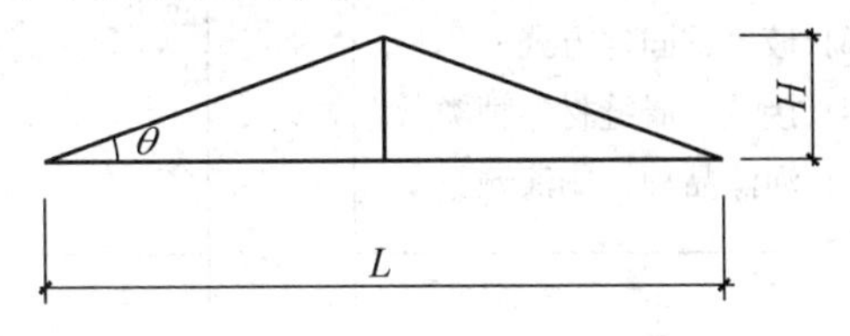

图4.44 屋面坡度的表示方法

4.9.2 《房屋建筑与装饰工程工程量计算规范》相关规定

(1) 型材屋面、阳光板屋面、玻璃钢屋面的柱、梁、屋架，按金属结构工程、木结构工程中相关项目编码列项。

(2) 屋面找平层按楼地面装饰工程中平面砂浆找平层项目编码列项 。

(3) 屋面防水搭接及附加层用量不另行计算，在综合单价中考虑。

(4) 屋面保温找坡层按保温、隔热、防腐工程中保温隔热屋面项目编码列项。

(5) 墙面防水搭接及附加层用量不另行计算，在综合单价中考虑。

(6) 墙面找平层按墙、柱面装饰与隔断工程中立面砂浆找平层项目编码列项。

(7) 楼(地)面防水找平层按楼地面装饰工程中平面砂浆找平层项目编码列项。

(8) 楼(地)面防水搭接及附加层用量不另行计算，在综合单价中考虑。

4.9.3 工程量计算及应用案例

1. 瓦、型材屋面

瓦、型材屋面及其他屋面包括瓦屋面、型材屋面、阳光板屋面、玻璃钢屋面、膜结构屋面等五项内容，其清单项目设置及工程量计算规则见表4-104。

表4-104 瓦、型材及其他屋面工程量清单项目设置及工程量计算规则

<table>
<tr><th>项目编码</th><th>项目名称</th><th>项目特征</th><th>计量单位</th><th>工程量计算规则</th><th>工程内容</th></tr>
<tr><td>010901001</td><td>瓦屋面</td><td>(1) 瓦品种、规格
(2) 粘结层砂浆的配合比</td><td rowspan="5">m^2</td><td rowspan="2">按设计图示尺寸以斜面积计算。不扣除房上烟囱、风帽底座、风道、小气窗、斜沟等所占面积，小气窗的出檐部分不增加面积</td><td>(1) 砂浆制作、运输、摊铺、养护
(2) 安瓦、作瓦脊</td></tr>
<tr><td>010901002</td><td>型材屋面</td><td>(1) 型材品种、规格
(2) 金属檩条材料品种、规格
(3) 接缝、嵌缝材料种类</td><td>(1) 檩条制作、运输、安装
(2) 屋面型材安装
(3) 接缝、嵌缝</td></tr>
<tr><td>010901003</td><td>阳光板屋面</td><td>(1) 阳光板品种、规格
(2) 骨架材料品种、规格
(3) 接缝、嵌缝材料种类
(4) 油漆品种、刷漆遍数</td><td rowspan="2">按设计图示尺寸以斜面积计算。
不扣除屋面面积 ≤ $0.3m^2$ 孔洞所占面积</td><td>(1) 骨架制作、运输、安装、刷防护材料、油漆
(2) 阳光板安装
(3) 接缝、嵌缝</td></tr>
<tr><td>010901004</td><td>玻璃钢屋面</td><td>(1) 玻璃钢品种、规格
(2) 骨架材料品种、规格
(3) 玻璃钢固定方式
(4) 接缝、嵌缝材料种类
(5) 油漆品种、刷漆遍数</td><td>(1) 骨架制作、运输、安装、刷防护材料、油漆
(2) 玻璃钢制作、安装
(3) 接缝、嵌缝</td></tr>
<tr><td>010901005</td><td>膜结构屋面</td><td>(1) 膜布品种、规格
(2) 支柱(网架)钢材品种、规格
(3) 钢丝绳品种、规格
(4) 锚固基座做法
(5) 油漆品种、刷漆遍数</td><td>按设计图示尺寸以需要覆盖的水平投影面积计算</td><td>(1) 膜布热压胶接
(2) 支柱(网架)制作、安装
(3) 膜布安装
(4) 穿钢丝绳、锚头锚固
(5) 锚固基座挖土、回填
(6) 刷防护材料，油漆</td></tr>
</table>

注：瓦屋面若是在木基层上铺瓦，项目特征不必描述粘结层砂浆的配合比，瓦屋面铺防水层按屋面防水及其他中相关项目编码列项。

当坡屋面斜面与水平面的夹角为θ时，斜面积=水平投影面积×$\frac{1}{\cos\theta}$。

2. 屋面防水及其他

屋面防水及其他包括屋面卷材防水、屋面涂膜防水、屋面刚性防水、屋面排水管、屋面排(透)气管、屋面(廊、阳台)泄(吐)水管、屋面天沟、檐沟、屋面变形缝等八项内容。其清单项目设置及工程量计算规则见表 4-105。

表 4-105　屋面防水及其他工程量清单项目设置及工程量计算规则

项目编码	项目名称	项目特征	计量单位	工程量计算规则	工程内容
010902001	屋面卷材防水	(1) 卷材品种、规格、厚度 (2) 防水层数 (3) 防水层做法	m^2	按设计图示尺寸以面积计算 (1) 斜屋顶(不包括平屋顶找坡)按斜面积计算，平屋顶按水平投影面积计算 (2) 不扣除房上烟囱、风帽底座、风道、屋面小气窗和斜沟所占面积 (3) 屋面的女儿墙、伸缩缝和天窗等处的弯起部分，并入屋面工程量内	(1) 基层处理 (2) 刷底油 (3) 铺油毡卷材、接缝
010902002	屋面涂膜防水	(1) 防水膜品种 (2) 涂膜厚度、遍数 (3) 增强材料种类			(1) 基层处理 (2) 刷基层处理剂 (3) 铺布、喷涂防水层
010902003	屋面刚性防水	(1) 刚性层厚度 (2) 混凝土种类 (3) 混凝土强度等级 (4) 嵌缝材料种类 (5) 钢筋规格、型号		按设计图示尺寸以面积计算。不扣除房上烟囱、风帽底座、风道等所占面积	(1) 基层处理 (2) 混凝土制作、运输、铺筑、养护 (3) 钢筋制安
010902004	屋面排水管	(1) 排水管品种、规格 (2) 雨水斗、山墙出水口品种、规格 (3) 接缝、嵌缝材料种类 (4) 油漆品种、刷漆遍数	m	按设计图示尺寸以长度计算。如设计未标注尺寸，以檐口至设计室外散水上表面垂直距离计算	(1) 排水管及配件安装、固定 (2) 雨水斗、山墙出水口、雨水箅子安装 (3) 接缝、嵌缝 (4) 刷漆

续表

项目编码	项目名称	项目特征	计量单位	工程量计算规则	工程内容
010902005	屋面排(透)气管	(1) 材料品种 (2) 砂浆配合比 (3) 宽度、坡度 (4) 接缝、嵌缝材料种类 (5) 防护材料种类	m	按设计图示尺寸以长度计算	(1) 排(透)气管及配件安装、固定 (2) 铁件制作、安装 (3) 接缝、嵌缝 (4) 刷漆
010902006	屋面(廊、阳台)泄(吐)水管	(1) 吐水管品种、规格 (2) 接缝、嵌缝材料种类 (3) 吐水管长度 (4) 油漆品种、刷漆遍数	根(个)	按设计图示数量计算	(1) 水管及配件安装、固定 (2) 接缝、嵌缝 (3) 刷漆
010902007	屋面天沟、檐沟	(1) 材料品种、规格 (2) 接缝、嵌缝材料种类	m^2	按设计图示尺寸以展开面积计算	(1) 天沟材料铺设 (2) 天沟配件安装 (3) 接缝、嵌缝 (4) 刷防护材料
010902008	屋面变形缝	(1) 嵌缝材料种类 (2) 止水带材料种类 (3) 盖缝材料 (4) 防护材料种类	m	按设计图示以长度计算	(1) 清缝 (2) 填塞防水材料 (3) 止水带安装 (4) 盖缝制作、安装 (5) 刷防护材料

注：屋面刚性层无钢筋，其钢筋项目特征不必描述。

3. 墙面防水、防潮

墙面防水、防潮包括墙面卷材防水、墙面涂膜防水、墙面砂浆防水(防潮)、墙面变形缝四项内容。其清单项目设置及工程量计算规则见表4-106。

表4-106　墙面防水、防潮工程量清单项目设置及工程量计算规则

项目编码	项目名称	项目特征	计量单位	工程量计算规则	工程内容
010903001	墙面卷材防水	(1) 卷材品种、规格、厚度 (2) 防水层数 (3) 防水层做法	m^2	按设计图示尺寸以面积计算	(1) 基层处理 (2) 刷粘结剂 (3) 铺防水卷材 (4) 接缝、嵌缝
010903002	墙面涂膜防水	(1) 防水膜品种 (2) 涂膜厚度、遍数 (3) 增强材料种类			(1) 基层处理 (2) 刷基层处理剂 (3) 铺布、喷涂防水层

续表

项目编码	项目名称	项目特征	计量单位	工程量计算规则	工程内容
010903003	墙面砂浆防水(潮)	(1) 防水层做法 (2) 砂浆厚度、配合比 (3) 钢丝网规格	m^2		(1) 基层处理 (2) 挂钢丝网片 (3) 设置分格缝 (4) 砂浆制作、运输、摊铺、养护
010903004	墙面变形缝	(1) 嵌缝材料种类 (2) 止水带材料种类 (3) 盖缝材料 (4) 防护材料种类	m	按设计图示以长度计算	(1) 清缝 (2) 填塞防水材料 (3) 止水带安装 (4) 盖板制作 (5) 刷防护材料

注：墙面变形缝，若做双面，工程量乘系数 2。

4. 楼(地)面防水、防潮

楼(地)面防水、防潮包括楼(地)面卷材防水、楼(地)面涂膜防水、楼(地)面砂浆防水(防潮)、楼(地)面变形缝四项内容。其清单项目设置及工程量计算规则见表 4-107。

表 4-107　楼(地)面防水、防潮工程量清单项目设置及工程量计算规则

项目编码	项目名称	项目特征	计量单位	工程量计算规则	工程内容
010904001	楼(地)面卷材防水	(1) 卷材品种、规格、厚度 (2) 防水层数 (3) 防水层做法 (4) 反边高度	m^2	按设计图示尺寸以面积计算 (1) 楼(地)面防水：按主墙间净空面积计算，扣除凸出地面的构筑物、设备基础等所占面积，不扣除间壁墙及单个面积≤$0.3m^2$柱、垛、烟囱和孔洞所占面积 (2) 楼(地)面防水反边高度≤300mm 算作地面防水，反边高度>300mm 算作墙面防水	(1) 基层处理 (2) 刷粘结剂 (3) 铺防水卷材 (4) 接缝、嵌缝
010904002	楼(地)面涂膜防水	(1) 防水膜品种 (2) 涂膜厚度、遍数 (3) 增强材料种类 (4) 反边高度			(1) 基层处理 (2) 刷基层处理剂 (3) 铺布、喷涂防水层
010904003	楼(地)面砂浆防水(潮)	(1) 防水层做法 (2) 砂浆厚度、配合比 (3) 反边高度			(1) 基层处理 (2) 砂浆制作、运输、摊铺、养护
010904004	楼(地)面变形缝	(1) 嵌缝材料种类 (2) 止水带材料种类 (3) 盖缝材料 (4) 防护材料种类	m	按设计图示以长度计算	(1) 清缝 (2) 填塞防水材料 (3) 止水带安装 (4) 盖板制作 (5) 刷防护材料

4.10 保温、隔热、防腐工程

4.10.1 概述

保温、隔热、防腐工程包括保温、隔热、防腐面层、其他防腐，共三节16个项目。保温层是指为使室内温度不至散失过快，而在各基层上(楼板、墙体等)设置的起保温作用的构造层；隔热层是指减少地面、墙体导热性的构造层。防腐工程适用于对房屋有特殊要求的工程，多用于特殊的工业项目，民用用建筑应用较少。

4.10.2 《建设工程工程量清单计价规范》相关规定

(1) 保温隔热装饰面层，按装饰工程中相关项目编码列项；仅做找平层按楼地面工程中平面砂浆找平层或墙、柱面装饰与隔断、幕墙工程中立面砂浆找平层项目编码列项。

(2) 柱帽保温隔热应并入天棚保温隔热工程量内。

(3) 池槽保温隔热应按其他保温隔热项目编码列项。

(4) 保温隔热方式：指内保温、外保温、夹心保温。

(5) 保温柱、梁适用于不与墙、天棚相连的独立柱、梁。

4.10.3 工程量计算及应用案例

1. 保温、隔热

保温隔热包括保温隔热屋面、保温隔热天棚、保温隔热墙面、保温柱、梁、保温隔热楼地面及其他保温隔热六个项目。保温、隔热工程清单项目设置及工程量计算规则见表4-108。

保温隔热屋面项目适用于各种材料的屋面保温隔热。应注意：(1)屋面保温隔热层上的防水层应按屋面的防水项目单独列项。(2)预制隔热板屋面的隔热板与砖墩分别按混凝土及钢筋混凝土工程和砌筑工程相关项目编码列项。(3)屋面保温隔热的找坡、隔气层应包含在报价内，如果屋面防水层项目包括找坡，屋面保温隔热不再计算，以免重复。

保温隔热天棚项目适用于各种材料的下贴式或吊顶上搁置式的保温隔热天棚。

保温隔热墙项目适用与工业与民用建筑物外墙、内墙保温隔热工程。应注意：(1)外墙内保温和外保温的面层应包括在报价内，装饰层应按装饰装修工程相关项目编码列项。(2)外墙内保温的内墙保温踢脚线应包括在报价内。(3)外墙外保温、内保温、内墙保温的基层抹灰或刮腻子应包括在报价内。

表4-108 保温、隔热工程工程量清单项目设置及工程量计算规则

项目编码	项目名称	项目特征	计量单位	工程量计算规则	工程内容
011001001	保温隔热屋面	(1) 保温隔热材料品种、规格、厚度 (2) 隔气层材料品种、厚度 (3) 粘结材料种类、做法 (4) 防护材料种类、做法	m^2	按设计图示尺寸以面积计算。扣除面积＞$0.3m^2$孔洞及占位面积	(1) 基层清理 (2) 刷粘结材料 (3) 铺粘保温层 (4) 铺、刷(喷)防护材料

续表

项目编码	项目名称	项目特征	计量单位	工程量计算规则	工程内容
011001002	保温隔热天棚	(1) 保温隔热由层材料品种、规格、性能 (2) 保温隔热材料品种、规格及厚度 (3) 粘结材料种类及做法 (4) 防护材料种类及做法	m^2	按设计图示尺寸以面积计算。扣除面积 > $0.3m^2$ 柱、垛、孔洞所占面积，与天棚相连的梁按展开面积计算，并入天棚工程量内	
011001003	保温隔热墙	(1) 保温隔热部位 (2) 保温隔热方式 (3) 踢脚线、勒脚线保温做法 (4) 龙骨材料品种、规格 (5) 保温隔热面层材料品种、规格、性能 (6) 保温隔热材料品种、规格及厚度 (7) 增强网及抗裂防水砂浆种类 (8) 粘结材料种类及做法 (9) 防护材料种类及做法		按设计图示尺寸以面积计算。扣除门窗洞口以及面积 > $0.3m^2$ 梁、孔洞所占面积；门窗洞口侧壁以及与墙相连的柱，并入保温墙体工程量内	(1) 基层清理 (2) 刷界面剂 (3) 安装龙骨 (4) 填贴保温材料 (5) 保温板安装 (6) 粘贴面层 (7) 铺设增强格网、抹抗裂、防水砂浆面层 (8) 嵌缝 (9) 铺、刷(喷)防护材料
011001004	保温柱、梁			按设计图示尺寸以面积计算 (1) 柱按设计图示柱断面保温层中心线展开长度乘保温层高度以面积计算，扣除面积 > $0.3m^2$ 梁所占面积 (2) 梁按设计图示梁断面保温层中心线展开长度乘保温层长度以面积计算	
011001005	保温隔热楼地面	(1) 保温隔热部位 (2) 保温隔热材料品种、规格、厚度 (3) 隔气层材料品种、厚度 (4) 粘结材料种类、做法 (5) 防护材料种类、做法		按设计图示尺寸以面积计算。扣除面积 > $0.3m^2$ 柱、垛、孔洞所占面积。门洞、空圈、暖气包槽、壁龛的开口部分不增加面积	(1) 基层清理 (2) 刷粘结材料 (3) 铺粘保温层 (4) 铺、刷(喷)防护材料
011001006	其他保温隔热	(1) 保温隔热部位 (2) 保温隔热方式 (3) 隔气层材料品种、厚度 (4) 保温隔热面层材料品种、规格、性能 (5) 保温隔热材料品种、规格及厚度 (6) 粘结材料种类及法 (7) 增强网及抗裂防水砂浆种类 (8) 防护材料种类及做法		按设计图示尺寸以展开面积计算。扣除面积 > $0.3m^2$ 孔洞及占位面积。	(1) 基层清理 (2) 刷界面剂 (3) 安装龙骨 (4) 填贴保温材料 (5) 保温板安装 (6) 粘贴面层 (7) 铺设增强格网、抹抗裂防水砂浆面层 (8) 嵌缝 (9) 铺、刷(喷)防护材料

2. 防腐面层

防腐面层包括防腐混凝土面层、防腐砂浆面层、防腐胶泥面层、玻璃钢防腐面层、聚氯乙烯板面层、块料防腐面层和池、槽块料防腐面层七个项目。防腐面层工程清单项目设置及工程量计算规则见表4-109。

防腐混凝土面层、防腐砂浆面层、防腐胶泥面层项目适用于平面或立面的水玻璃混凝土、水玻璃砂浆、水玻璃胶泥、沥青混凝土、沥青砂浆、沥青胶泥、树脂砂浆、树脂胶泥、以及聚合物水泥砂浆等防腐工程。应注意：因不同防腐材料价格上存在差异，清单项目中必须列出混凝土、砂浆、胶泥的材料种类，如水玻璃混凝土、沥青混凝土等。

玻璃钢防腐面层项目适用于树脂胶料与增强材料复合塑制而成的玻璃钢防腐。应注意：(1)项目名称应描述构成玻璃钢、树脂和增强材料名称。(2)应描述防腐部位和立面、平面。

聚氯乙烯板面层项目适用于地面、墙面的软、硬聚氯乙烯板防腐工程。

块料防腐面层项目适用于楼地面的各类块料防腐工程。应在清单项目中描述防腐蚀材料的粘贴部位、防腐蚀材料的规格、品种。池、槽块料防腐，池底和池壁可合并列项，也可池底和池壁分别列项。

表4-109　防腐面层工程量清单项目设置及工程量计算规则

项目编码	项目名称	项目特征	计量单位	工程量计算规则	工程内容
011002001	防腐混凝土面层	(1) 防腐部位 (2) 面层厚度 (3) 混凝土种类 (4) 胶泥种类、配合比	m^2	按设计图示尺寸以面积计算。 (1) 平面防腐：扣除凸出地面的构筑物、设备基础等以及面积＞$0.3m^2$孔洞、柱、垛等所占面积，门洞、空圈、暖气包槽、壁龛的开口部分不增加面积 (2) 立面防腐：扣除门、窗、洞口以及面积＞$0.3m^2$孔洞、梁所占面积，门、窗、洞口侧壁、垛突出部分按展开面积并入墙面积内。	(1) 基层清理 (2) 基层刷稀胶泥 (3) 混凝土制作、运输、摊铺、养护
011002002	防腐砂浆面层	(1) 防腐部位 (2) 面层厚度 (3) 砂浆、胶泥种类、配合比			(1) 基层清理 (2) 基层刷稀胶泥 (3) 砂浆制作、运输、摊铺、养护
011002003	防腐胶泥面层	(1) 防腐部位 (2) 面层厚度 (3) 胶泥种类、配合比			(1) 基层清理 (2) 胶泥调制、摊铺
011002004	玻璃钢防腐面层	(1) 防腐部位 (2) 玻璃钢种类 (3) 贴布材料的种类、层数 (4) 面层材料品种			(1) 基层清理 (2) 刷底漆、刮腻子 (3) 胶浆配制、涂刷 (4) 粘布、涂刷面层
011002005	聚氯乙烯板面层	(1) 防腐部位 (2) 面层材料品种、厚度 (3) 粘结材料种类			(1) 基层清理 (2) 配料、涂胶 (3) 聚氯乙烯板铺设

续表

项目编码	项目名称	项目特征	计量单位	工程量计算规则	工程内容
011002006	块料防腐面层	(1) 防腐部位 (2) 块料品种、规格 (3) 粘结材料种类 (4) 勾缝材料种类	m^2		(1) 基层清理 (2) 铺贴块料 (3) 胶泥调制、勾缝
011002007	池、槽块料防腐面层	(1) 防腐池、槽名称、代号 (2) 块料品种、规格 (3) 粘结材料种类 (4) 勾缝材料种类		按设计图示尺寸以展开面积计算。	(1) 基层清理 (2) 铺贴块料 (3) 胶泥调制、勾缝

注：防腐踢脚线，应按楼地面装饰工程中踢脚线项目编码列项

3. 其他防腐

其他防腐包括隔离层、砌筑沥青浸渍砖、防腐涂料三个项目。其他防腐工程清单项目设置及工程量计算规则见表4-110。

表4-110 其他防腐工程工程量清单项目设置及工程量计算规则

项目编码	项目名称	项目特征	计量单位	工程量计算规则	工程内容
011003001	隔离层	(1) 隔离层部位 (2) 隔离层材料品种 (3) 隔离层做法 (4) 粘贴材料种类	m^2	按设计图示尺寸以面积计算。 (1) 平面防腐：扣除凸出地面的构筑物、设备基础等以及面积>$0.3m^2$孔洞、柱、垛所占面积，门洞、空圈、暖气包槽、壁龛的开口部分不增加面积 (2) 立面防腐：扣除门、窗、洞口以及面积>$0.3m^2$孔洞、梁所占面积，门、窗、洞口侧壁、垛突出部分按展开面积并入墙面积内	(1) 基层清理、刷油 (2) 煮沥青 (3) 胶泥调制 (4) 隔离层铺设
011003002	砌筑沥青浸渍砖	(1) 砌筑部位 (2) 浸渍砖规格 (3) 胶泥种类 (4) 浸渍砖砌法	m^3	按设计图示尺寸以体积计算	(1) 基层清理 (2) 胶泥调制 (3) 浸渍砖铺砌
011003003	防腐涂料	(1) 涂刷部位 (2) 基层材料类型 (3) 刮腻子的种类、遍数 (4) 涂料品种、刷涂遍数	m^2	按设计图示尺寸以面积计算。 (1) 平面防腐：扣除凸出地面的构筑物、设备基础等以及面积>$0.3m^2$孔洞、柱、垛所占面积 (2) 立面防腐：扣除门、窗、洞口以及面积>$0.3m^2$孔洞、梁所占面积，门、窗、洞口侧壁、垛突出部分按展开面积并入墙面积内	(1) 基层清理 (2) 刮腻子 (3) 刷涂料

应用案例 4-24

试编制图4.45所示屋面工程的工程量清单。

屋面做法:

(1) 15mm厚1∶2.5水泥砂浆找平层;

(2) 冷底子油二道，一毡二油隔汽层;

(3) 干铺炉渣，最薄处厚度为30mm;

(4) 60mm厚聚苯乙烯泡沫塑料板;

(5) 20mm厚1∶3水泥砂浆找平层;

(6) SBS改性沥青防水卷材。

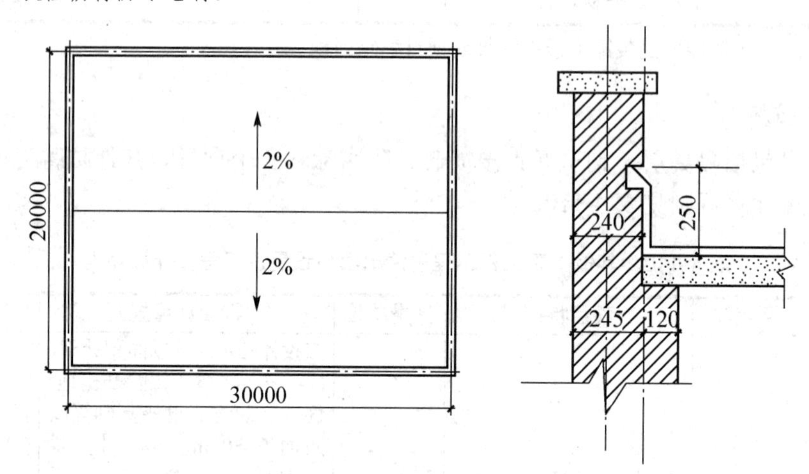

图4.45　屋顶平面及剖面图

解: (1) 找平层

$$S=\text{屋顶水平投影面积}$$
$$=(30+0.005\times2)\times(20+0.005\times2)=600.50(\text{m}^2)$$

(2) 保温隔热屋面

$$S=\text{屋顶水平投影面积}$$
$$=30.01\times20.01=600.50(\text{m}^2)$$

(3) 找平层

$$S=\text{屋顶水平投影面积}+\text{女儿墙弯起部分面积}$$
$$=(30+0.005\times2)\times(20+0.005\times2)+(30+0.005\times2+20+0.005\times2)\times2\times0.25$$
$$=30.01\times20.01+100.04\times0.25=625.51(\text{m}^2)$$

(4) 屋面卷材防水

$$S=\text{屋顶水平投影面积}+\text{女儿墙弯起部分面积}$$
$$=(30+0.005\times2)\times(20+0.005\times2)+(30+0.005\times2+20+0.005\times2)\times2\times0.25$$
$$=30.01\times20.01+100.04\times0.25=625.51(\text{m}^2)$$

该屋面工程工程量清单见表4-111。

表 4-111 屋面工程工程量清单

序号	项目编码	项目名称	项目特征	计量单位	工程量	综合单价	合价
1	0111010060001	平面砂浆找平层	15mm 厚 1∶2.5 水泥砂浆找平层	m^2	600.50		
2	011001006002	平面砂浆找平层	20mm 厚 1∶3 水泥砂浆找平层;	m^2	625.51		
2	011001001001	保温隔热屋面	冷底子油二道，一毡二油隔汽层；干铺炉渣，最薄处厚度为 30mm；60mm 厚聚苯乙烯泡沫塑料板	m^2	600.50		
3	010702001001	屋面卷材防水	SBS 改性沥青防水卷材	m^2	625.51		

4.11 楼地面装饰工程

4.11.1 概述

地面工程是建筑物中使用最频繁的部位，包括建筑物底层地面和楼层楼面，对于地面的承载能力、抗渗漏能力、耐磨性、耐腐蚀性、光洁度、平整度等指标以及色泽、图案等艺术效果有较高的要求。建筑地面由面层与基层两大部分组成，面层是地面的最上层，也是直接承受各种物理和化学作用的表面层。整体面层主要有水泥砂浆面层、水磨石面层、细石混凝土面层等。面层以下至基土或基体的各构造层通称为基层。每一工程地面的基层由哪些构造层组成，应由设计和地面施工工艺所决定。常见的有垫层、找平层等。有时，为满足地面不同功能的要求，还会增加填充层、隔离层或防潮层等构造层，如图 4.46 所示。水泥砂浆楼地面如图 4.47。

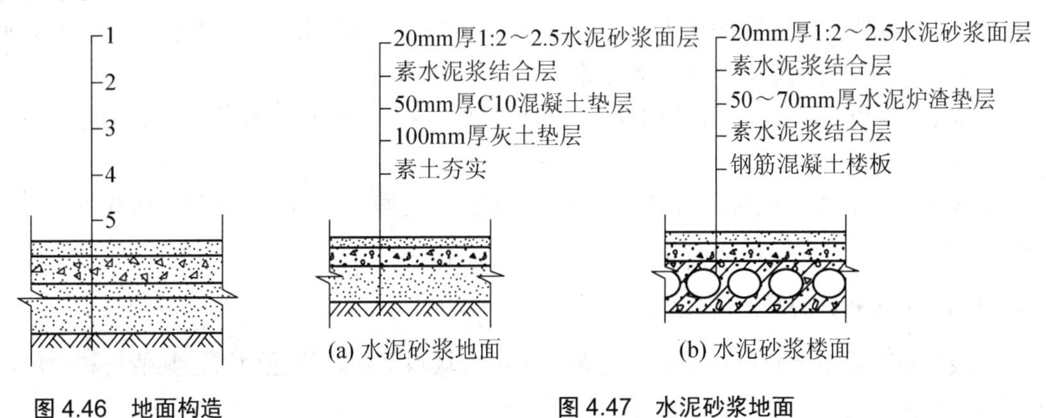

图 4.46 地面构造

1—面层；2—找平层；3—构造层；
4—垫层；5—素土夯实

图 4.47 水泥砂浆地面

找平层一般用砂浆或细石混凝土，厚度在20mm左右时，一般用水泥砂浆。如果超过30mm，宜用细石混凝土。找平层实际上是面层与基层之间的过渡层。通常，基层平整度不够好、标高控制得不好或地面有一定的坡度要求，找平层实际上是为了按设计找坡，这些情况才必须做找平层。

面层是装饰层，要有一定的厚度，作为直接承受磨损的部位，也应具有一定的强度。如水泥砂浆面层厚度不应小于20mm，太薄容易开裂。

石材、陶瓷类面层地面，是指以大理石和花岗石板、陶瓷地砖、陶瓷锦砖、缸砖、水泥砖以及预制水磨石板等块体材料铺砌的地面，这些面层称之为块料面层。其特点是面层材料的花色品种多、规格全，能满足不同部位的地面装饰，并且经久耐用，易于保持清洁。但同时，它也具有造价偏高，工作效率不高的缺点。这类地面属于刚性地面，不具备弹性、保温、消声等性能。其构造做法以石材地面为例，如图4.48所示。

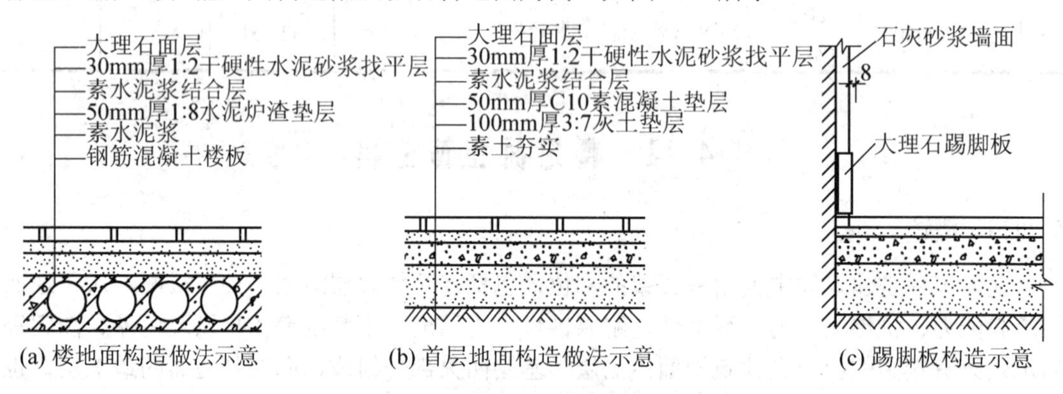

(a) 楼地面构造做法示意　(b) 首层地面构造做法示意　(c) 踢脚板构造示意

图4.48　石材地面构造

4.11.2　《房屋建筑与装饰工程工程量计算规范》相关规定

(1) 现浇水磨石楼地面的特征描述中，石子种类、颜色指面层可用水泥白石子浆或白水泥彩色石子浆等构成。

(2) 块料楼地面的特征描述中，嵌缝材料种类指，为防止因温度变化而产生不规则裂纹，水磨石地面可用玻璃条或铜条分格。

(3) 块料楼地面的特征描述中，防护材料是指耐酸、耐碱、耐臭氧、耐老化、防火、防油渗等材料。

(4)“零星装饰”项目，适用于小便池、蹲位、池槽、楼梯和台阶的牵边和侧面装饰、0.5m^2以内少量分散的楼地面装修等。

4.11.3　工程量计算及应用案例

楼地面工程主要包括：整体面层及找平层、块料面层、橡塑面层、其他材料面层、踢脚线、楼梯面层、台阶装饰、零星装饰等项目。

(1) 整体面层楼地面包括水泥砂浆楼地面、现浇水磨石楼地面、细石混凝土楼地面和菱苦土楼地面、自流坪楼地面。其清单项目设置及工程量计算规则见表4-112。

表4-112 整体面层及找平层工程量清单项目设置及工程量计算规则

<table>
<tr><th>项目编码</th><th>项目名称</th><th>项目特征</th><th>计量单位</th><th>工程量计算规则</th><th>工作内容</th></tr>
<tr><td>011101001</td><td>水泥砂浆楼地面</td><td>(1) 找平层厚度、砂浆配合比
(2) 素水泥浆遍数
(3) 面层厚度、砂浆配合比
(4) 面层做法要求</td><td rowspan="6">m^2</td><td rowspan="4">按设计图示尺寸以面积计算。扣除凸出地面构筑物、设备基础、室内铁道、地沟等所占面积，不扣除间壁墙和 $0.3m^2$ 以内的柱、垛、附墙烟囱及孔洞所占面积。门洞、空圈、暖气包槽、壁龛的开口部分不增加面积</td><td>(1) 基层清理
(2) 抹找平层
(3) 抹面层
(4) 材料运输</td></tr>
<tr><td>011101002</td><td>现浇水磨石楼地面</td><td>(1) 找平层厚度、砂浆配合比
(2) 面层厚度、水泥石子浆配合比
(3) 嵌条材料种类、规格
(4) 石子种类、规格、颜色
(5) 颜料种类、颜色
(6) 图案要求
(7) 磨光、酸洗、打蜡要求</td><td>(1) 基层清理
(2) 抹找平层
(3) 面层铺设
(4) 嵌缝条安装
(5) 磨光、酸洗打蜡
(6) 材料运输</td></tr>
<tr><td>011101003</td><td>细石混凝土楼地面</td><td>(1) 找平层厚度、砂浆配合比
(2) 面层厚度、混凝土强度等级</td><td>(1) 基层清理
(2) 抹找平层
(3) 面层铺设
(4) 材料运输</td></tr>
<tr><td>011101004</td><td>菱苦土楼地面</td><td>(1) 找平层厚度、砂浆配合比
(2) 面层厚度
(3) 打蜡要求</td><td>(1) 基层清理
(2) 抹找平层
(3) 面层铺设
(4) 打蜡
(5) 材料运输</td></tr>
<tr><td>011101005</td><td>自流坪楼地面</td><td>(1) 找平层厚度、砂浆配合比
(2) 界面剂材料种类
(3) 中层漆材料种类、厚度
(4) 面漆材料种类、厚度
(5) 面层材料种类</td><td rowspan="2">按设计图示尺寸以面积计算。扣除凸出地面构筑物、设备基础、室内铁道、地沟等所占面积，不扣除间壁墙和 $0.3m^2$ 以内的柱、垛、附墙烟囱及孔洞所占面积。门洞、空圈、暖气包槽、壁龛的开口部分不增加面积</td><td>(1) 基层清理
(2) 抹找平层
(3) 涂界面剂
(4) 涂刷中层漆
(5) 打磨、吸尘
(6) 镘自流平面漆(浆)
(7) 拌合自流平浆料
(8) 铺面层</td></tr>
<tr><td>011101006</td><td>平面砂浆找平层</td><td>找平层厚度、砂浆配合比</td><td>(1) 基层清理
(2) 抹找平层
(3) 材料运输</td></tr>
</table>

特别提示

水泥砂浆面层处理是拉毛还是提浆压光应在面层做法要求中描述。

平面砂浆找平层只适用于仅做找平层的平面抹灰。

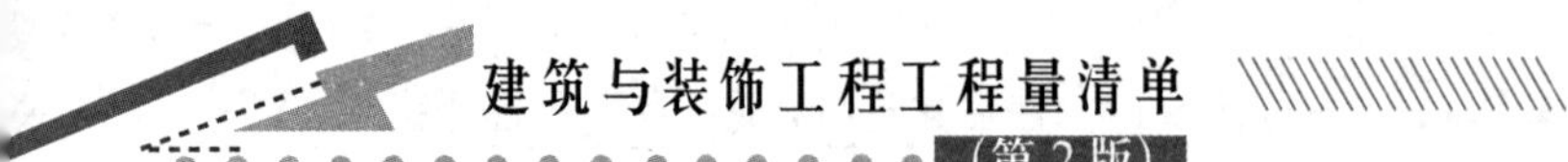

间壁墙指墙厚≤120mm 的墙。

楼地面混凝土垫层另列项目编码。

应用案例 4-25

如图 4.49 所示，嵌铜条的彩色镜面现浇水磨石地面，地面做法为：混凝土结构基层；素水泥浆结合层一道；30 厚 1∶2.5 水泥砂浆找平层；素水泥浆结合层一道；25mm 厚 1∶2 白水泥彩色石子浆磨光，嵌 12×2 铜条；面层酸洗打蜡。试编制水磨石地面装饰工程量清单。

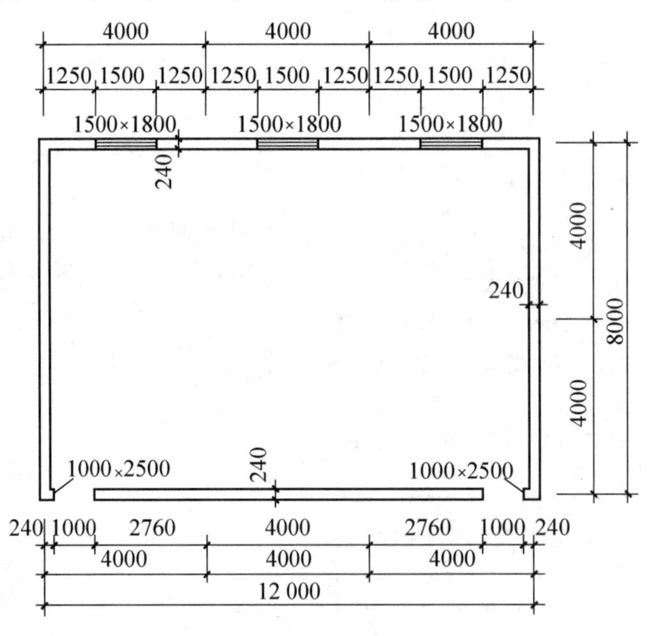

图 4.49　现浇水磨石地面示意

解：彩色镜面水磨石地面工程量：$S=(12-0.24)\times(8-0.24)=91.26(m^2)$

水磨石地面装饰工程量清单如表 4-113 所示。

表 4-113　水磨石地面装饰工程量清单

项目编码	项目名称	项目特征	计量单位	工程量	综合单价	合价
011101002001	现浇水磨石楼地面	找平层：30mm 厚 1∶2.5 水泥砂浆 结合层：素水泥浆一道 面层：25mm 厚 1∶2 白水泥彩色石子浆，磨光，酸洗打蜡 嵌条：12×2 铜条	m^2	91.26		

(2) 块料面层楼地面包括石材楼地面、碎石材楼地面和块料楼地面。其清单项目设置及工程量计算规则见表 4-114。

表 4-114 块料面层工程量清单项目设置及工程量计算规则

项目编码	项目名称	项目特征	计量单位	工程量计算规则	工作内容
011102001	石材楼地面	(1) 找平层厚度、砂浆配合比 (2) 结合层厚度、砂浆配合比 (3) 面层材料品种、规格、颜色 (4) 嵌缝材料种类 (5) 防护层材料种类 (6) 酸洗、打蜡要求	m^2	按设计图示尺寸以面积计算。门洞、空圈、暖气包槽、壁龛的开口部分并入相应的工程量内。	(1) 基层清理 (2) 抹找平层 (3) 面层铺设、磨边 (4) 嵌缝 (5) 刷防护材料 (6) 酸洗、打蜡 (7) 材料运输
011102002	碎石材楼地面				
011102003	块料楼地面				

特别提示

整体面层与块料面层工程量可按主墙间净空面积计算。

在描述碎石材项目的面层材料特征时可不要描述规格、颜色。

石材、块料与粘结材料的结合面刷防渗材料的种类在防护层材料种类中描述。

磨边指施工现场磨边。

(3) 踢脚线包括水泥砂浆踢脚线，石材踢脚线，块料踢脚线，塑料板踢脚线、木质踢脚线、金属踢脚线和防静电踢脚线。其清单项目设置及工程量计算规则见表 4-115。

表 4-115 踢脚线工程量清单项目设置及工程量计算规则

项目编码	项目名称	项目特征	计量单位	工程量计算规则	工作内容
011105001	水泥砂浆踢脚线	(1) 踢脚线高度 (2) 底层厚度、砂浆配合比 (3) 面层厚度、砂浆配合比	(1) m^2 (2) m	(1) 以平方米计量，按设计图示长度乘以高度以面积计算 (2) 以米计量，按延长米计算	(1) 基层清理 (2) 底层抹灰 (3) 面层铺贴、磨边 (4) 擦缝 (5) 磨光、酸洗、打蜡 (6) 刷防护材料 (7) 材料运输
011105002	石材踢脚线	(1) 踢脚线高度 (2) 粘贴层厚度、材料种类 (3) 面层材料品种、规格、颜色 (4) 防护材料种类			
011105003	块料踢脚线				
011105004	塑料板踢脚线	(1) 踢脚线高度 (2) 粘贴层厚度、材料种类 (3) 面层材料种类、规格、颜色			(1) 基层清理 (2) 基层铺贴 (3) 面层铺贴 (4) 材料运输
011105005	木质踢脚线	(1) 踢脚线高度 (2) 基层材料种类、规格 (3) 粘结层厚度、材料种类 (4) 面层材料品种、规格、颜色			
011105006	金属踢脚线				
011105007	防静电踢脚线				

特别提示

石材、块料与粘接材料的结合面刷防渗材料的种类在防护层材料种类中描述。

应用案例 4-26

某工程底层平面图 4.50 所示，有关装饰做法如下，地面垫层厚 80mm，C10 混凝土垫层，素水泥浆一道，20mm 厚 1∶2.5 水泥砂浆粉面层；水泥砂浆粉踢脚线，15mm 厚 1∶3 水泥砂浆打底，5mm 厚 1∶2 水泥砂浆抹面，踢脚线高 120mm，墙垛 120mm×240mm。试编制地面装饰工程工程量清单。

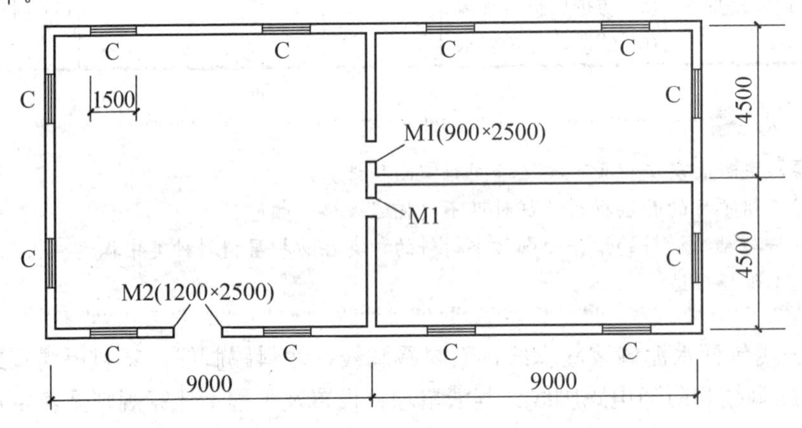

图 4.50　某工程底层平面示意

解：计算过程如下：

水泥砂浆楼地面工程量：$S=(9-0.24)\times(9-0.24)+(9-0.24)\times(4.5-0.24)\times2=151.4(m^2)$

水泥砂浆踢脚线工程量：$S=[(8.76+8.76)\times2-1.5+0.24\times2+0.12\times4+(8.76+4.26)\times2\times2]\times0.12=10.40(m^2)$

地面装饰工程工程量清单如表 4-116 所示。

表 4-116　地面装饰工程工程量清单

序号	项目编码	项目名称	项目特征	计量单位	工程量	综合单价	合价
1	011101001001	水泥砂浆楼地面	20mm 厚 1∶2.5 水泥砂浆面层	m^2	151.4		
2	011105001001	水泥砂浆踢脚线	120mm 高踢脚线，15mm 厚 1∶3 水泥砂浆打底，5mm 厚 1∶2 水泥砂浆抹面	m^2	10.40		

(4) 楼梯面层包括石材楼梯面层、块料楼梯面层、拼碎块料面层、水泥砂浆楼梯面层、现浇水磨石楼梯面层等。其清单项目设置及工程量计算规则见表 4-117。

表 4-117 楼梯工程量清单项目设置及工程量计算规则

项目编码	项目名称	项目特征	计量单位	工程量计算规则	工作内容
011106001	石材楼梯面层	(1) 找平层厚度、砂浆配合比 (2) 贴结层厚度、材料种类 (3) 面层材料品种、规格、颜色 (4) 防滑条材料种类、规格 (5) 勾缝材料种类 (6) 防护材料种类 (7) 酸洗、打蜡要求	m^2	按设计图示尺寸以楼梯(包括踏步、休息平台及 500mm 以内的楼梯井)水平投影面积计算。楼梯与楼地面相连时，算至梯口梁内侧边沿；无梯口梁者，算至最上一层踏步边沿加 300mm	(1) 基层清理 (2) 抹找平层 (3) 面层铺贴、磨边 (4) 贴嵌防滑条 (5) 勾缝 (6) 刷防护材料 (7) 酸洗、打蜡 (8) 材料运输
011106002	块料楼梯面层				
011106003	拼碎块料面层				
011106004	水泥砂浆楼梯面层	(1) 找平层厚度、砂浆配合比 (2) 面层厚度、砂浆配合比 (3) 防滑条材料种类、规格			(1) 基层清理 (2) 抹找平层 (3) 抹面层 (4) 抹防滑条 (5) 材料运输
011106005	现浇水磨石楼梯面层	(1) 找平层厚度、砂浆配合比 (2) 面层厚度、水泥石子浆配合比 (3) 防滑条材料种类、规格 (4) 石子种类、规格、颜色 (5) 颜料种类、颜色 (6) 磨光、酸洗打蜡要求			(1) 基层清理 (2) 抹找平层 (3) 抹面层 (4) 贴嵌防滑条 (5) 磨光、酸洗、打蜡 (6) 材料运输
011106006	地毯楼梯面层	(1) 基层种类 (2) 面层材料品种、规格、颜色 (3) 防护材料种类 (4) 粘结材料种类 (5) 固定配件材料种类、规格			(1) 基层清理 (2) 铺贴面层 (3) 固定配件安装 (4) 刷防护材料 (5) 材料运输

续表

项目编码	项目名称	项目特征	计量单位	工程量计算规则	工作内容
011106007	木板楼梯面层	(1) 基层材料种类、规格 (2) 面层材料品种、规格、颜色 (3) 粘结材料种类 (4) 防护材料种类	m^2	按设计图示尺寸以楼梯(包括踏步、休息平台及500mm以内的楼梯井)水平投影面积计算。楼梯与楼地面相连时，算至梯口梁内侧边沿；无梯口梁者，算至最上一层踏步边沿加300mm	(1) 基层清理 (2) 基层铺贴 (3) 面层铺贴 (4) 刷防护材料 (5) 材料运输
011106008	橡胶板楼梯面层	(1) 粘结层厚度、材料种类 (2) 面层材料品种、规格、颜色 (3) 压线条种类			(1) 基层清理 (2) 面层铺贴 (3) 压缝条装钉 (4) 材料运输
011106009	塑料板楼梯面层				

楼梯侧面装饰，可按零星装饰项目编码列项。

在描述碎石材项目的面层材料特征时可不用描述规格、颜色。

石材、块料与粘接材料的结合面刷防渗材料的种类在防护材料种类中描述。

应用案例 4-27

一栋五层商场，有一螺旋楼梯内半径0.5m，外半径2.5m，共112个踏步，20mm厚水泥砂浆粘贴300mm×300mm浅色地板砖，每个踏步嵌两根1.5m×2铜防滑条，试编制该楼梯装饰的工程量清单。

解：螺旋楼梯粘贴地板砖工程量：$S=3.14\times2.5^2\times4=78.5(m^2)$

铜防滑条工程量：$1.5m\times2\times112=336(m)$

楼梯装饰的工程量清单，如表4-118所示。

表4-118　楼梯装饰的工程量清单

项目编码	项目名称	项目特征	计量单位	工程量	综合单价	合价
011106002001	块料楼梯面层	贴结层：水泥砂浆20mm厚 面层：300mm×300mm浅色地板砖 防滑条：1.5m×2铜防滑条	m^2	78.5		

(5) 台阶装饰包括石材台阶面、块料台阶面、拼碎块料台阶面、水泥砂浆台阶面、现浇水磨石台阶面、剁假石台阶面。其清单项目设置及工程量计算规则见表4-119。

表 4-119　台阶工程量清单项目设置及工程量计算规则

项目编码	项目名称	项目特征	计量单位	工程量计算规则	工作内容
011107001	石材台阶面	(1) 找平层厚度、砂浆配合比 (2) 粘结层材料种类 (3) 面层材料品种、规格、颜色 (4) 勾缝材料种类 (5) 防滑条材料种类、规格 (6) 防护材料种类	m^2	按设计图示尺寸以台阶(包括最上层踏步边沿加300mm)水平投影面积计算	(1) 基层清理 (2) 抹找平层 (3) 面层铺贴 (4) 贴嵌防滑条 (5) 勾缝 (6) 刷防护材料 (7) 材料运输
011107002	块料台阶面				
011107003	拼碎块料台阶面				
011107004	水泥砂浆台阶面	(1) 找平层厚度、砂浆配合比 (2) 面层厚度、砂浆配合比 (3) 防滑条材料种类			(1) 清理基层 (2) 抹找平层 (3) 抹面层 (4) 抹防滑条 (5) 材料运输
011107005	现浇水磨石台阶面	(1) 找平层厚度、砂浆配合比 (2) 面层厚度、水泥石子浆配合比 (3) 防滑条材料种类、规格 (4) 石子种类、规格、颜色 (5) 颜料种类、颜色 (6) 磨光、酸洗、打蜡要求			(1) 清理基层 (2) 抹找平层 (3) 抹面层 (4) 贴嵌防滑条 (5) 打磨、酸洗、打蜡 (6) 材料运输
011107006	剁假石台阶面	(1) 找平层厚度、砂浆配合比 (2) 面层厚度、砂浆配合比 (3) 剁假石要求			(1) 清理基层 (2) 抹找平层 (3) 抹面层 (4) 剁假石 (5) 材料运输

台阶侧面装饰，可按零星装饰项目编码列项。

在描述碎石材项目的面层材料特征时可不用描述规格、颜色。

石材、块料与粘接材料的结合面刷防渗材料的种类在防护层材料种类中描述。

应用案例 4-28

某办公楼门前平台及台阶，如图 4.51 所示，采用水泥砂浆粘贴 300mm×300mm 五莲花火烧板花岗岩，试编制花岗岩台阶、平台的工程量清单。

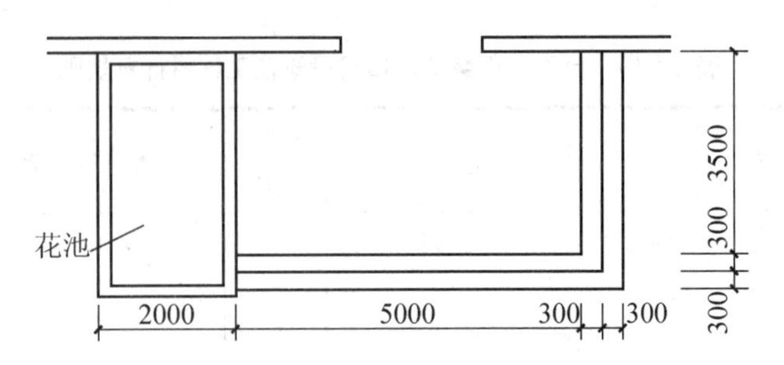

图 4.51　平台及台阶示意图

解：花岗岩台阶工程量：$S=(5+0.3\times2)\times(3.5+0.3\times2)-(5-0.3)\times(3.5-0.3)=7.92(m^2)$

花岗岩平台工程量：$S=(5-0.3)\times(3.5-0.3)=15.04(m^2)$

花岗岩台阶、平台的工程量清单如表 4-120 所示。

表 4-120　花岗岩台阶、平台的工程量清单

序号	项目编码	项目名称	项目特征	计量单位	工程量	综合单价	合价
1	011107001001	石材台阶面	粘结层：水泥砂浆 面层：五莲花火烧板花岗岩，规格为 300mm×300mm	m^2	7.92		
2	011102001001	石材楼地面	粘结层：水泥砂浆 面层：五莲花火烧板花岗岩，规格为 300mm×300mm	m^2	15.04		

(6) 零星装饰项目包括石材零星项目，碎拼石材零星项目，块料零星项目，水泥砂浆零星项目。其清单项目设置及工程量计算规则见表 4-121。

表 4-121　零星装饰工程量清单项目设置及工程量计算规则

项目编码	项目名称	项目特征	计量单位	工程量计算规则	工作内容
011108001	石材零星项目	(1) 工程部位 (2) 找平层厚度、砂浆配合比 (3) 贴结合层厚度、材料种类 (4) 面层材料品种、规格、颜色 (5) 勾缝材料种类 (6) 防护材料种类 (7) 酸洗、打蜡要求	m^2	按设计图示尺寸以面积计算	(1) 清理基层 (2) 抹找平层 (3) 面层铺贴、磨边 (4) 勾缝 (5) 刷防护材料 (6) 酸洗、打蜡 (7) 材料运输
011108002	碎拼石材零星项目				
011108003	块料零星项目				
011108004	水泥砂浆零星项目	(1) 工程部位 (2) 找平层厚度、砂浆配合比 (3) 面层厚度、砂浆厚度			(1) 清理基层 (2) 抹找平层 (3) 抹面层 (4) 材料运输

楼梯、台阶牵边和侧面镶贴块料面层，不大于 $0.5m^2$ 的少量分散的楼地面镶贴块料面层，应按本表零星装饰项目执行。

石材、块料与粘接材料的结合面刷防渗材料的种类在防护材料种类中描述。

4.12 墙、柱面装饰与隔断、幕墙工程

4.12.1 概述

墙、柱面工程主要包括墙面抹灰、柱(梁)面抹灰、墙面镶贴块料、柱(梁)面镶贴块料等装饰内容。

抹灰工程按使用材料和操作方法分为石灰砂浆、水泥砂浆、水泥混合砂浆、麻刀灰、纸筋灰等。装饰抹灰有水刷石、干粘石、喷砂、弹涂、喷涂、滚涂、拉毛灰、洒毛灰、斩假面砖、仿石和彩色抹灰等。

为了使抹灰层与基层粘接牢固，防止起鼓开裂，并使抹灰层的表面平整，保证工程质量，抹灰层应分层涂抹。抹灰层一般由底层、中层和面层(又称“罩面”、“饰面”)组成，如图 4.52 所示。底层主要起与基层(基体)粘接作用，中层主要起找平作用，面层主要起装饰美化作用。

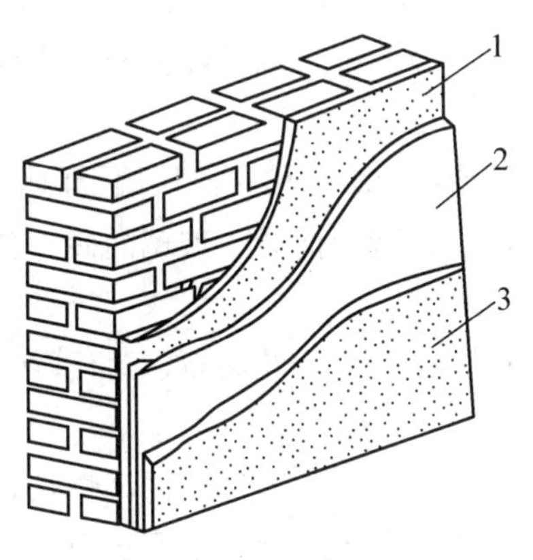

图 4.52 抹灰层的分层

1—底层；2—中层；3—面层

抹灰层应采取分层分遍涂抹的施工方法，以便抹灰层与基层粘接牢固、控制抹灰厚度、保证工程质量。如果一次抹得太厚，由于内外收水快慢不一，不仅面层容易出现开裂、起鼓和脱落，同时还会造成材料的浪费。抹灰层的平均总厚度，应根据基体材料、工程部位和抹灰等级等情况来确定，内墙抹灰为 18～25mm，外墙为 20mm，勒脚及突出墙面部分为 25mm。各层抹灰的厚度(每遍厚度)，也应根据基层材料、砂浆品种、工程部位、质量标准以及各地区气候情况来确定。水泥砂浆每遍厚度为 5～7mm，石灰砂浆或混合砂浆每遍厚度为 7～9mm，抹面层灰用麻刀灰、纸筋灰、石膏灰等罩面时，经

赶平、压实后，其厚度麻刀灰不大于 3mm，纸筋灰、石膏灰不大于 2mm。聚合物水泥砂浆、水泥混合砂浆喷毛打底，纸筋灰罩面，以及用膨胀珍珠岩水泥砂浆抹面，总厚度为 3～5mm。

用木质板装饰墙面、柱面，基本上以板材为主，饰面板主要有木胶合板、装饰防火胶板、微薄木贴面、纤维板、刨花板、胶合板、细木工板等材料。施工时需要准备龙骨料，一般采用木料或厚的夹板，还有钉子、盖条、防火涂料等。因为是木装修，所以木结构墙身需进行防火处理，应在木龙骨或现场加工的木筋上涂刷防火涂料。

由板材与金属构件组成的，悬挂在建筑物主体结构上的、非承重连续外围护结构称为建筑幕墙。它的自重和所受外来荷载将通过铆接点，并以点传递方式传至建筑物主框架。幕墙是由各种不同材质和不同性能的材料组合而成的，有钢材、铝合金、玻璃、紧固件、密封胶等等。

4.12.2 《房屋建筑与装饰工程工程量计算规范》相关规定

(1) 石灰砂浆、水泥砂浆、混合砂浆、聚合物水泥砂浆、麻刀石灰浆、纸筋石灰、石膏灰浆等的抹灰应按一般抹灰项目编码列项；水刷石、斩假石(剁斧石、剁假石)、干粘石、假面砖等的抹灰应按装饰抹灰项目编码列项。

(2) 墙面抹灰不扣除与构件交接处的面积，是指墙与梁的交接处所占面积，不包括墙与楼板的交接。

(3) 柱的一般抹灰和装饰抹灰及勾缝，以柱断面周长乘以高度计算，柱断面周长是指结构断面周长。

(4) 墙体类型是指砖墙、石墙、混凝土墙、砌块墙及内墙、外墙等。

(5) 块料墙面是指石材饰面板、陶瓷面砖、玻璃面砖、金属饰面板、塑料饰面板、木质饰面板等。

(6) 挂贴是指对大规格的石材(大理石、花岗石、青石等)使用铁件先挂在墙面后灌浆的方法固定。

(7) 干挂有两种，一种是直接干挂法，通过不锈钢膨胀螺栓、不锈钢挂件、不锈钢连接件、不锈钢钢针等将外墙饰面板连接在外墙面。另一种是间接干挂法，是通过固定在墙上的钢龙骨，再用各种挂件固定外墙饰面板。

4.12.3 工程量计算及应用案例

墙、柱面工程主要包括：墙面抹灰、柱面抹灰、零星抹灰、墙面镶贴块料、柱面镶贴块料、零星镶贴块料、墙饰面、柱(梁)饰面、幕墙等项目。

(1) 墙面抹灰包括墙面一般抹灰、墙面装饰抹灰、墙面勾缝、立面砂浆找平层。其清单项目设置及工程量计算规则见表 4-122。

表 4-122 墙面抹灰工程量清单项目设置及工程量计算规则

项目编码	项目名称	项目特征	计量单位	工程量计算规则	工作内容
011201001	墙面一般抹灰	(1) 墙体类型 (2) 底层厚度、砂浆配合比 (3) 面层厚度、砂浆配合比 (4) 装饰面材料种类 (5) 分格缝宽度、材料种类	m^2	按设计图示尺寸以面积计算。扣除墙裙、门窗洞口及单个 $0.3m^2$ 以外的孔洞面积，不扣除踢脚线、挂镜线和墙与构件交接处的面积，门窗洞口和孔洞的侧壁及顶面不增加面积。附墙柱、梁、垛、烟囱侧壁并入相应的墙面面积内 (1) 外墙抹灰面积按外墙垂直投影面积计算 (2) 外墙裙抹灰面积按其长度乘以高度计算 (3) 内墙抹灰面积按主墙间的净长乘以高度计算 ① 无墙裙的，高度按室内楼地面至天棚底面计算 ② 有墙裙的，高度按墙裙顶至天棚底面计算 ③ 有吊顶天棚抹灰，高度算至天棚底 (4) 内墙裙抹灰面按内墙净长乘以高度计算	(1) 基层清理 (2) 砂浆制作、运输 (3) 底层抹灰 (4) 抹面层 (5) 抹装饰面 (6) 勾分格缝
011201002	墙面装饰抹灰				
011201003	墙面勾缝	(1) 勾缝类型 (2) 勾缝材料种类			(1) 基层清理 (2) 砂浆制作、运输 (3) 勾缝
011201004	立面砂浆找平层	(1) 基层类型 (2) 找平层砂浆厚度、配合比			(1) 基层清理 (2) 砂浆制作、运输 (3) 抹灰找平

外墙裙抹灰面积，按其长度乘以高度计算，是指外墙裙的长度。
外墙长度应按外墙中心线计算，内墙长度应按内墙净长线计算。
立面砂浆找平项目适用于仅做找平层的立面抹灰。

飘窗凸出外墙面增加的抹灰并入外墙工程量内。

有吊顶天棚的内墙面抹灰，抹至吊顶以上部分在综合单价中考虑。

(2) 柱(梁)面抹灰包括柱、梁面一般抹灰、柱、梁面装饰抹灰、柱、梁面砂浆找平、柱面勾缝。其清单项目设置及工程量计算规则见表 4-123。

表 4-123　柱(梁)面抹灰工程量清单项目设置及工程量计算规则

项目编码	项目名称	项目特征	计量单位	工程量计算规则	工作内容
011202001	柱、梁面一般抹灰	(1) 柱(梁)体类型 (2) 底层厚度、砂浆配合比 (3) 面层厚度、砂浆配合比 (4) 装饰面材料种类 (5) 分格缝宽度、材料种类	m^2	(1) 柱面抹灰：按设计图示柱断面周长乘高度以面积计算 (2) 梁面抹灰：按设计图示梁断面周长乘长度以面积计算	(1) 基层清理 (2) 砂浆制作、运输 (3) 底层抹灰 (4) 抹面层 (5) 勾分格缝
011202002	柱、梁面装饰抹灰				
011202003	柱、梁面砂浆找平	(1) 柱(梁)体类型 (2) 找平的砂浆厚度、配合比			(1) 基层清理 (2) 砂浆制作、运输 (3) 抹灰找平
011202004	柱面勾缝	(1) 勾缝类型 (2) 勾缝材料种类		按设计图示柱断面周长乘高度以面积计算	(1) 基层清理 (2) 砂浆制作、运输 (3) 勾缝

柱断面周长是指结构断面周长。

砂浆找平项目适用于仅做找平层的柱(梁)面抹灰。

(3) 零星抹灰包括零星项目一般抹灰和零星项目装饰抹灰、零星项目砂浆找平。其清单项目设置及工程量计算规则见表 4-124。

表 4-124　零星抹灰工程量清单项目设置及工程量计算规则

项目编码	项目名称	项目特征	计量单位	工程量计算规则	工作内容
011203001	零星项目一般抹灰	(1) 基层类型、部位 (2) 底层厚度、砂浆配合比 (3) 面层厚度、砂浆配合比 (4) 装饰面材料种类 (5) 分格缝宽度、材料种类	m^2	按设计图示尺寸以面积计算	(1) 基层清理 (2) 砂浆制作、运输 (3) 底层抹灰 (4) 抹面层 (5) 抹装饰面 (6) 勾分格缝
011203002	零星项目装饰抹灰				

续表

项目编码	项目名称	项目特征	计量单位	工程量计算规则	工作内容
011203003	零星项目砂浆找平	(1) 基层类型、部位 (2) 找平的砂浆厚度、配合比	m^2	按设计图示尺寸以面积计算	(1) 基层清理 (2) 砂浆制作、运输 (3) 抹灰找平

特别提示

墙、柱(梁)面≤0.5m 的少量分散的抹灰按本表中零星抹灰项目编码列项。

(4) 墙面镶贴块料包括石材墙面、碎拼石材墙面、块料墙面、干挂石材钢骨架。其清单项目设置及工程量计算规则见表 4-125。

表 4-125 墙面镶贴块料工程量清单项目设置及工程量计算规则

项目编码	项目名称	项目特征	计量单位	工程量计算规则	工作内容
011204001	石材墙面	(1) 墙体类型 (2) 安装方式 (3) 面层材料品种、规格、颜色 (4) 缝宽、嵌缝材料种类 (5) 防护材料种类 (6) 磨光、酸洗、打蜡要求	m^2	按镶贴表面积计算	(1) 基层清理 (2) 砂浆制作、运输 (3) 粘接层铺贴 (4) 面层铺贴 (5) 嵌缝 (6) 刷防护材料 (7) 磨光、酸洗、打蜡
011204002	碎拼石材墙面				
011204003	块料墙面				
011204004	干挂石材钢骨架	(1) 骨架种类、规格 (2) 防锈漆品种、遍数	t	按设计图示以质量计算	(1) 骨架制作、运输、安装 (2) 刷漆

特别提示

嵌缝材料是指砂浆、油膏、密封胶等材料。

在描述碎块项目的面层材料特征时可不用描述规格、颜色。

石材、块料与粘接材料的结合面刷防渗材料的种类在防护层材料种类中描述。防护材料是指石材正面的防酸涂剂和石材背面的防碱涂剂等。

安装方式可描述为砂浆或粘接剂粘贴、挂贴、干挂等，不论哪种安装方式，都要详细描述与组价相关的内容。

(5) 柱(梁)面镶贴块料包括石材柱(梁)面，拼碎块柱面，块料柱(梁)面。其清单项目设置及工程量计算规则见表 4-126。

表 4-126　柱面镶贴块料工程量清单项目设置及工程量计算规则

项目编码	项目名称	项目特征	计量单位	工程量计算规则	工作内容
011205001	石材柱面	(1) 柱截面类型、尺寸 (2) 安装方式 (3) 面层材料品种、规格、颜色 (4) 缝宽、嵌缝材料种类 (5) 防护材料种类 (6) 磨光、酸洗、打蜡要求	m^2	按镶贴表面积计算	(1) 基层清理 (2) 砂浆制作、运输 (3) 粘结层铺贴 (4) 面层安装 (4) 嵌缝 (6) 刷防护材料 (7) 磨光、酸洗、打蜡
011205002	块料柱面				
011205003	拼碎块柱面				
011205004	石材梁面	(1) 安装方式 (2) 面层材料品种、规格、颜色 (3) 缝宽、嵌缝材料种类 (4) 防护材料种类 (5) 磨光、酸洗、打蜡要求			
011205005	块料梁面				

在描述碎块项目的面层材料特征时可不用描述规格、颜色。

石材、块料与粘接材料的结合面刷防渗材料的种类在防护层材料种类中描述。

(6) 零星镶贴块料包括石材零星项目、块料零星项目和拼碎块零星项目。其清单项目设置及工程量计算规则见表 4-127。

表 4-127　零星镶贴块料工程量清单项目设置及工程量计算规则

项目编码	项目名称	项目特征	计量单位	工程量计算规则	工作内容
011206001	石材零星项目	(1) 基层类型、部位 (2) 安装方式 (3) 面层材料品种、规格、颜色 (4) 缝宽、嵌缝材料种类 (5) 防护材料种类 (6) 磨光、酸洗、打蜡要求	m^2	按镶贴表面积计算	(1) 基层清理 (2) 砂浆制作、运输 (3) 面层安装 (4) 嵌缝 (5) 刷防护材料 (6) 磨光、酸洗、打蜡
011206002	块料零星项目				
011206003	拼碎块零星项目				

在描述碎块项目的面层材料特征时可不用描述规格、颜色。

石材、块料与粘接材料的结合面刷防渗材料的种类在防护层材料种类中描述。

墙柱面 $\leqslant 0.5m^2$ 的少量分散的镶贴块料面层按零星项目执行。

(7) 墙饰面包括墙面装饰板和墙面装饰浮雕。其清单项目设置及工程量计算规则见表 4-128。

表 4-128 墙饰面工程量清单项目设置及工程量计算规则

项目编码	项目名称	项目特征	计量单位	工程量计算规则	工作内容
011207001	墙面装饰板	(1) 龙骨材料种类、规格、中距 (2) 隔离层材料种类、规格 (3) 基层材料种类、规格 (4) 面层材料品种、规格、颜色 (5) 压条材料种类、规格	m^2	按设计图示墙净长乘净高以面积计算。扣除门窗洞口及单个 $0.3m^2$ 以上的孔洞所占面积	(1) 基层清理 (2) 龙骨制作、运输、安装 (3) 钉隔离层 (4) 基层铺钉 (5) 面层铺贴
011207002	墙面装饰浮雕	(1) 基层类型 (2) 浮雕材料种类 (3) 浮雕样式		按设计图示尺寸以面积计算	(1) 基层清理 (2) 材料制作、运输 (3) 安装成型

应用案例 4-29

如图 4.53 所示，砖混结构：①号房间内墙面做假面砖装饰，120mm 踢脚板；②号房间内墙面做法：120mm 高踢脚板，墙面 30mm×40mm 木龙骨双向 450mm×450mm，五合板基层，10mm 厚白色防火板面层，木龙骨和五合板刷防火漆二遍，防火板与顶棚交接处有 38mm×38mm 木装饰压角线，压角线刷酚醛清漆二遍，门窗洞口侧面宽 100mm. 试编制装饰工程工程量清单。

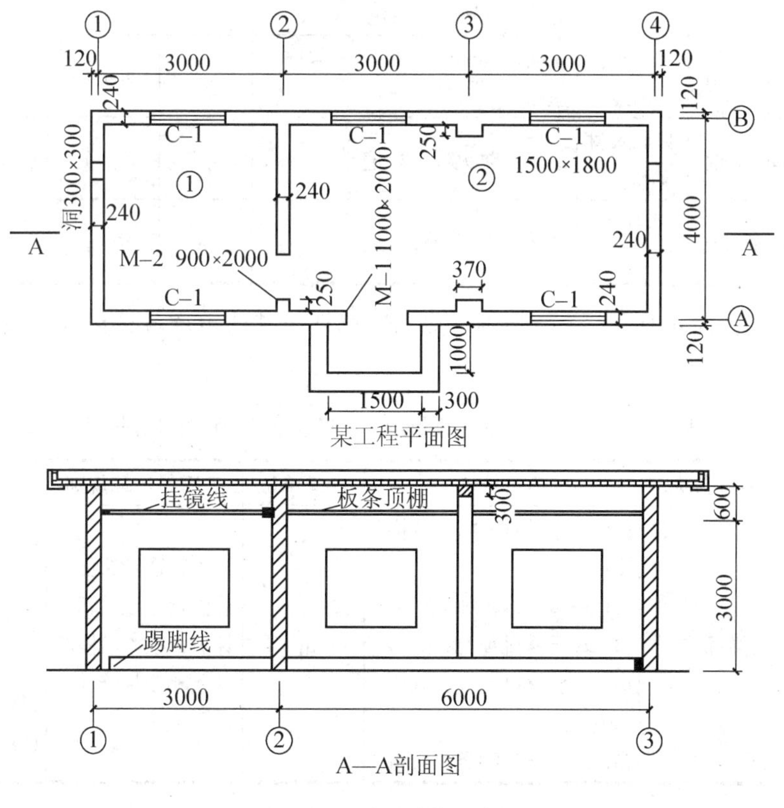

图 4.53 砖混结构示意图

解：①号房间假面砖墙面(即混合砂浆墙面)工程量：

$$S=(3-0.24+4-0.24)\times2\times(3-0.12)-0.9\times2-1.5\times1.8\times2=30.36(\text{m}^2)$$

②号房间防火板墙面工程量：

$$S=(6-0.24+4-0.24+0.25\times2)\times2\times(3-0.12)-1\times2-0.9\times2-1.5\times1.8\times3+(2\times2+1)\times0.1+(2\times2+0.9)\times0.1+(1.5+1.8)\times2\times0.1\times3=48.79(\text{m}^2)$$

38mm×38mm 木装饰压角线工程量：

$$L=(6-0.24+4-0.24+0.25\times2)\times2=20.04(\text{m})$$

木龙骨、五合板刷防火漆工程量：48.79m²

木装饰压角线刷酚醛清漆工程量：20.04m

装饰工程工程量清单如下表 4-129 所示。

表 4-129　装饰工程工程量清单

序号	项目编码	项目名称	项目特征	计量单位	工程量	综合单价	合价
1	011204003001	块料墙面	墙体类型：砌筑墙面 面层：假面砖	m²	30.36		
2	011207001001	墙面装饰板	墙体类型：砌筑墙面 木龙骨规格：30mm×40mm 中距双向 450mm×450mm 基层：五合板 面层：10mm 厚白色防火板	m²	48.79		
3	011502002001	木质装饰线	压条：38mm×38mm 木装饰压角	m	20.04		
4	011404007001	其他木材面油漆	油漆：防火漆，二遍	m²	48.79		
5	011403001001	木扶手油漆	油漆：酚醛清漆二遍	m	20.04		

(8) 柱(梁)饰面包括柱(梁)面装饰、成品装饰柱。其清单项目设置及工程量计算规则见表 4-130。

表 4-130　柱(梁)饰面工程量清单项目设置及工程量计算规则

项目编码	项目名称	项目特征	计量单位	工程量计算规则	工作内容
011208001	柱(梁)面装饰	(1) 龙骨材料种类、规格、中距 (2) 隔离层材料种类 (3) 基层材料种类、规格 (4) 面层材料品种、规格、颜色 (5) 压条材料种类、规格	m²	按设计图示饰面外围尺寸以面积计算。柱帽、柱墩并入相应柱饰面工程量内	(1) 清理基层 (2) 龙骨制作、运输、安装 (3) 钉隔离层 (4) 基层铺钉 (5) 面层铺贴

续表

项目编码	项目名称	项目特征	计量单位	工程量计算规则	工作内容
011208002	成品装饰柱	(1) 柱截面、高度尺寸 (2) 柱材质	(1) 根 (2) m	(1) 以根计量，按设计数量计算 (2) 以米计量，按设计长度计算	柱运输、固定、安装

特别提示

装饰柱(梁)面按设计图示外围饰面尺寸乘以高度(长度)以面积计算。外围饰面尺寸是饰面的表面尺寸。

应用案例 4-30

某现有工程二次装修中，将 4 个方柱包装成圆柱，柱高 4.8m，直径 1.0m，做法为膨胀螺栓固定木龙骨，三合板基层，1mm 厚镜面不锈钢面层，柱顶、底用 120mm 宽不锈钢装饰压条封口，木龙骨刷防火漆二遍，试编制柱面装饰工程工程量清单。

解：计算过程如下：

柱面装饰工程量：$S=1.0\times3.14\times4.8\times4=60.29$

柱面装饰工程工程量清单如下表 4-131 所示。

表 4-131　柱面装饰工程工程量清单

项目编码	项目名称	项目特征	计量单位	工程量	综合单价	合价
011208001001	柱(梁)面装饰	方柱，柱高 4.8m，直径 1.0m，膨胀螺栓固定木龙骨，木龙骨刷防火漆二遍，三合板基层，1mm 厚镜面不锈钢面层，120mm 宽不锈钢装饰压条封口	m^2	60.29		

(9) 幕墙工程包括带骨架幕墙和全玻(无框玻璃)幕墙。其清单项目设置及工程量计算规则见表 4-132。

表 4-132　幕墙工程量清单项目设置及工程量计算规则

项目编码	项目名称	项目特征	计量单位	工程量计算规则	工作内容
011209001	带骨架幕墙	(1) 骨架材料种类、规格、中距 (2) 面层材料品种、规格、颜色 (3) 面层固定方式 (4) 隔离带、框边封闭材料品种、规格 (5) 嵌缝、塞口材料种类	m^2	按设计图示框外围尺寸以面积计算。与幕墙同种材质的窗所占面积不扣除	(1) 骨架制作、运输、安装 (2) 面层安装 (3) 隔离带、框边封闭 (4) 嵌缝、塞口 (5) 清洗

续表

项目编码	项目名称	项目特征	计量单位	工程量计算规则	工作内容
011209002	全玻(无框玻璃)幕墙	(1) 玻璃品种、规格、颜色 (2) 粘结塞口材料种类 (3) 固定方式	m^2	按设计图示尺寸以面积计算，带肋全玻幕墙按展开面积计算	(1) 幕墙安装 (2) 嵌缝、塞口 (3) 清洗

特别提示

带肋全玻璃幕墙是指玻璃幕墙带玻璃肋，玻璃肋的工程量应合并在玻璃幕墙工程量计算。

幕墙钢骨架按干挂石材钢骨架编码列项。

(10) 隔断包括木隔断、金属隔断、玻璃隔断、塑料隔断、成品隔断和其他隔断。其清单项目设置及工程量计算规则见表4-133。

表4-133　隔断工程量清单项目设置及工程量计算规则

项目编码	项目名称	项目特征	计量单位	工程量计算规则	工作内容
011210001	木隔断	(1) 骨架、边框材料种类、规格 (2) 隔板材料品种、规格、颜色 (3) 嵌缝、塞口材料品种 (4) 压条材料种类	m^2	按设计图示框外围尺寸以面积计算。不扣除单个 $0.3m^2$ 以内的孔洞所占面积；浴厕门的材质与隔断相同时，门的面积并入隔断面积内	(1) 骨架及边框制作、运输、安装 (2) 隔板制作、运输、安装 (3) 嵌缝、塞口 (4) 装钉压条
011210002	金属隔断	(1) 骨架、边框材料种类、规格 (2) 隔板材料品种、规格、颜色 (3) 嵌缝、塞口材料品种	m^2	按设计图示框外围尺寸以面积计算。不扣除单个 $0.3m^2$ 以内的孔洞所占面积；浴厕门的材质与隔断相同时，门的面积并入隔断面积内	(1) 骨架及边框制作、运输、安装 (2) 隔板制作、运输、安装 (3) 嵌缝、塞口
011210003	玻璃隔断	(1) 边框材料种类、规格 (2) 玻璃品种、规格、颜色 (3) 嵌缝、塞口材料品种		按设计图示框外围尺寸以面积计算。不扣除单个 $0.3m^2$ 以内的孔洞所占面积	(1) 边框制作、运输、安装 (2) 玻璃制作、运输、安装 (3) 嵌缝、塞口
011210004	塑料隔断	(1) 边框材料种类、规格 (2) 隔板材料品种、规格、颜色 (3) 嵌缝、塞口材料品种			(1) 骨架及边框制作、运输、安装 (2) 隔板制作、运输、安装 (3) 嵌缝、塞口

续表

项目编码	项目名称	项目特征	计量单位	工程量计算规则	工作内容
011210005	成品隔断	(1) 隔断材料品种、规格、颜色 (2) 配件品种、规格	(1) m^2 (2) 间	(1) 以平方米计量，按设计图示框外围尺寸以面积计算 (2) 以间计量，按设计间的数量计算	(1) 隔断运输、安装 (2) 嵌缝、塞口
011210006	其他隔断	(1) 骨架、边框材料种类、规格 (2) 隔板材料品种、规格、颜色 (3) 嵌缝、塞口材料品种	m^2	按设计图示框外围尺寸以面积计算。不扣除单个 $0.3m^2$ 以内的孔洞所占面积	(1) 骨架及边框制作、运输、安装 (2) 隔板安装 (3) 嵌缝、塞口

4.13 天 棚 工 程

4.13.1 概述

顶棚，又称为天棚、天花板、平顶等，它是室内空间的上顶界面，在围合成室内环境中起着十分重要的作用，是建筑组成中的一个重要部件。在单层建筑物或多、高层建筑物的顶层中，顶棚一般位于屋面结构层下部；在楼层中，顶棚一般位于楼板层的下部位置。

顶棚的装饰设计，往往体现了建筑室内的使用功能、设备安装、管线埋设、防火安全、维护检修等多方面的因素，从而采用一定的艺术形式和相应的构造类型。

顶棚的构造类型，按房间中垂直位置及与楼层结构关系可划分为直接式顶棚和悬吊式顶棚两大类。直接式顶棚是指把楼层板底直接作为顶棚，在其表面进行抹灰、涂刷、裱糊等装饰处理，形成设计所要求的室内空间界面。这种方法简便、经济，且不影响室内原有的净高。但是，对于设备管线的敷设、艺术造型的建立等要求，存在着无法解决的难题。

悬吊式顶棚简称为吊顶，是指在楼屋面结构层之下一定垂直距离的位置，通过设置吊杆而形成的顶棚结构层，以满足室内顶面的装饰要求。这种方法为满足室内的使用要求创造了较为宽松的前提条件。但是，这种顶棚施工工期长、造价高，且要求房间有较大的层高。

吊顶由四个基本部分所组成，即吊筋、结构骨架层、装饰面层和附加层所组成，如图 4.54 所示。

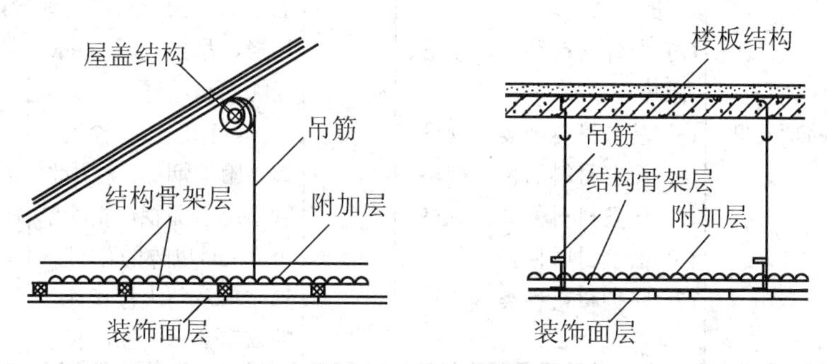

图 4.54　吊顶的结构组成

4.13.2 《房屋建筑与装饰工程工程量计算规范》相关规定

(1) 天棚吊顶的平面、跌级、锯齿形、阶梯形、吊挂式、藻井式以及矩形、弧形、拱形等应在清单项目中进行描述。

(2) 采光天棚和天棚设置保温、隔热、吸声层时，按工程量清单相关项目编码列项。

(3) 天棚抹灰与天棚吊顶工程量计算规则有所不同：天棚抹灰不扣除柱垛包括独立柱所占面积；天棚吊顶不扣除柱垛所占面积，但应扣除独立柱所占面积。

(4) 柱垛是指与墙体相连的柱而突出墙体部分。

4.13.3 工程量计算及应用案例

天棚工程主要包括：天棚抹灰、天棚吊顶、采光天棚、天棚其他装饰等项目。

(1) 天棚抹灰。其清单项目设置及工程量计算规则见表 4-134。

表 4-134 天棚抹灰工程量清单项目设置及工程量计算规则

项目编码	项目名称	项目特征	计量单位	工程量计算规则	工作内容
011301001	天棚抹灰	(1) 基层类型 (2) 抹灰厚度、材料种类 (3) 砂浆配合比	m^2	按设计图示尺寸以水平投影面积计算。不扣除间壁墙、垛、柱、附墙烟囱、检查口和管道所占的面积，带梁天棚的梁两侧抹灰面积并入天棚面积内，板式楼梯底面抹灰按斜面积计算，锯齿形楼梯底板抹灰按展开面积计算	(1) 基层清理 (2) 底层抹灰 (3) 抹面层

(2) 天棚吊顶包括吊顶天棚、格栅吊顶、吊筒吊顶、藤条造型悬挂吊顶、织物软雕吊顶、装饰网架吊顶。清单项目设置如表 4-135。

表 4-135 天棚吊顶工程量清单项目设置及工程量计算规则

项目编码	项目名称	项目特征	计量单位	工程量计算规则	工作内容
011302001	吊顶天棚	(1) 吊顶形式、吊杆规格、高度 (2) 龙骨材料种类、规格、中距 (3) 基层材料种类、规格 (4) 面层材料品种、规格 (5) 压条材料种类、规格 (6) 嵌缝材料种类 (7) 防护材料种类	m^2	按设计图示尺寸以水平投影面积计算。天棚面中的灯槽及跌级、锯齿形、吊挂式、藻井式天棚面积不展开计算。不扣除间壁墙、检查口、附墙烟囱、柱垛和管道所占面积，扣除单个 $0.3m^2$ 以外的孔洞、独立柱及与天棚相连的窗帘盒所占的面积	(1) 基层清理、吊杆安装 (2) 龙骨安装 (3) 基层板铺贴 (4) 面层铺贴 (5) 嵌缝 (6) 刷防护材料

续表

项目编码	项目名称	项目特征	计量单位	工程量计算规则	工作内容
011302002	格栅吊顶	(1) 龙骨材料种类、规格、中距 (2) 基层材料种类、规格 (3) 面层材料品种、规格 (4) 防护材料种类			(1) 基层清理 (2) 安装龙骨 (3) 基层板铺贴 (4) 面层铺贴 (5) 刷防护材料
011302003	吊筒吊顶	(1) 吊筒形状、规格 (2) 吊筒材料种类 (3) 防护材料种类	m^2	按设计图示尺寸以水平投影面积计算	(1) 基层清理 (2) 吊筒制作安装 (3) 刷防护材料
011302004	藤条造型悬挂吊顶	(1) 骨架材料种类、规格 (2) 面层材料品种、规格			(1) 基层清理 (2) 龙骨安装 (3) 铺贴面层
011302005	组物软雕吊顶				
011302006	装饰网架吊顶	网架材料品种、规格			(1) 基层清理 (2) 网架制作安装

格栅吊顶、吊筒吊顶、藤条造型悬挂吊顶、织物软雕吊顶、装饰网架吊顶均按设计图示的吊顶尺寸投影面积计算。

天棚吊顶应扣除与天棚吊顶相连的窗帘盒所占的面积。

(3) 采光天棚。其清单项目设置及工程量计算规则见表 4-136。

表 4-136 采光天棚工程量清单项目设置及工程量计算规则

项目编码	项目名称	项目特征	计量单位	工程量计算规则	工作内容
011303001	采光天棚	(1) 骨架类型 (2) 固定类型、固定材料品种、规格 (3) 面层材料品种、规格 (4) 嵌缝、塞口材料种类	m^2	按框外围展开面积计算	(1) 清理基层 (2) 面层制安 (3) 嵌缝、塞口 (4) 清洗

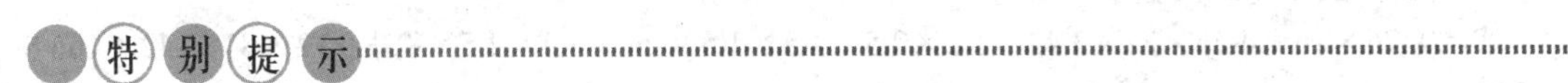

采光天棚骨架不包括在本节中，应单独按金属结构工程相关项目编码列项。

(4) 天棚其他装饰。包括灯带(槽)和送风口、回风口。其清单项目设置及工程量计算规则见表 4-137。

表 4-137　天棚其他装饰工程量清单项目设置及工程量计算规则

项目编码	项目名称	项目特征	计量单位	工程量计算规则	工作内容
011304001	灯带(槽)	(1) 灯带型式、尺寸 (2) 格栅片材料品种、规格 (3) 安装固定方式	m^2	按设计图示尺寸以框外围面积计算	安装、固定
011304002	送风口、回风口	(1) 风口材料品种、规格 (2) 安装固定方式 (3) 防护材料种类	个	按设计图示数量计算	(1) 安装、固定 (2) 刷防护材料

应用案例 4-31

某二层砖混结构平面及剖面如图 4.55 所示，轴线居中。L-1 梁高 500mm，净长 8.76m，墙厚 240mm，屋面板厚 180mm。室内楼梯水平投影面积为 $9m^2$(图中未画出)。天棚、内墙面均用混合砂浆粉刷，面层批 888。内墙裙高 1m，水泥砂浆粉刷，面层刷乳胶漆三遍。外墙面密贴白色面砖，面砖规格为 240mm×60mm×8mm。楼梯底面作法同天棚。试编制装饰工程工程量清单。

代号	宽×高	数量
M1	1.2×2.5	1
M2	0.9×2.5	4
C1	1.5×1.5	24

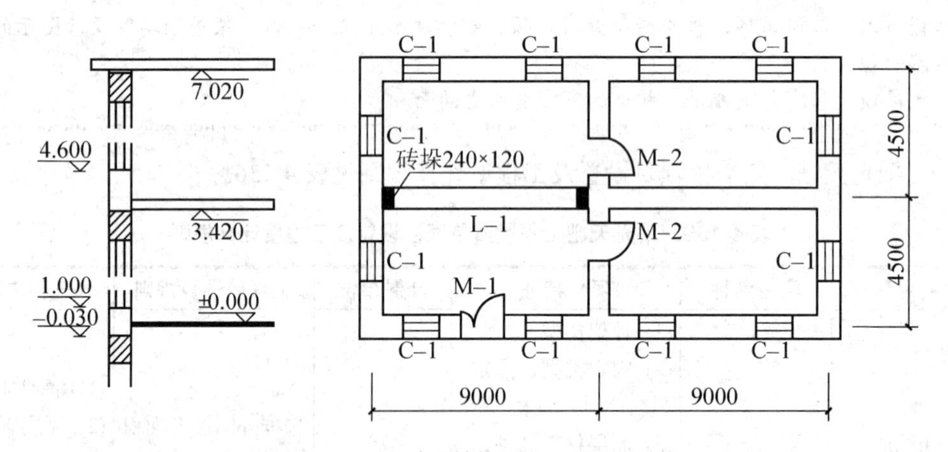

图 4.55　二层砖混结构平面及剖面示意图

解： 计算过程如下：

内墙裙抹灰工程量　$S=(8.76\times16+4.26\times8)\times1.0-(1.2+0.9\times8)\times1.0+0.12\times8\times1.0=166.8$

内墙面一般抹灰工程量

$S=(8.76\times16+4.26\times8)\times3.42-1.2\times2.5+1.5\times1.5\times24+0.9\times2.5\times8)+0.12\times8\times3.42-166.8=357.4$

天棚抹灰工程量　$S=8.76\times8.76\times2+8.76\times4.26\times4+8.76\times0.5\times4-9=311.3$

外墙块料墙面工程量　$S=(18.24+9.24)\times2\times(7.02+0.3+0.18)-1.5\times1.5\times24-1.2\times2.5=355.2$

内墙群刷喷涂工程量　$S=166.8$

内墙面刷喷涂料工程量 $S=357.4$

楼梯底面及天棚面刷喷涂料工程量 $S=311.3+9.0=320.3$

装饰工程工程量清单如表 4-138 所示。

表 4-138 装饰工程工程量清单

序号	项目编码	项目名称	项目特征	计量单位	工程量	综合单价	合计
1	011201001001	内墙裙抹灰	240 砖内墙裙，15 厚 1∶3 水泥砂浆打底，5 厚 1∶2 水泥砂浆抹面	m^2	166.8		
2	011201001002	内墙面一般抹灰	240 砖内墙面，15 厚 1∶1∶6 混合砂浆打底，5 厚 1∶0.5∶3 混合砂浆面层	m^2	357.4		
3	011301001001	天棚抹灰	180 厚混凝土预应力空心板，7 厚 1∶1∶4 混合砂浆打底，5 厚 1∶0.5∶3 混合砂浆面层	m^2	311.3		
4	011204003001	外墙块料墙面	240 砖外墙面，20 厚 1∶3 水泥砂浆打底，素水泥浆结合层一道，白色面砖，240mm×60mm×8mm，密贴，1∶1 水泥砂浆勾缝	m^2	355.2		
5	011407001001	内墙群刷喷涂料	水泥砂浆墙裙面，满刮腻子，刷乳胶漆三遍	m^2	166.8		
6	011407001002	内墙面刷喷涂料	混合砂浆内墙面，满刮腻子，批 888 仿瓷涂料	m^2	357.4		
7	011407002001	楼梯底面及天棚面刷喷涂料	混合砂浆楼梯地面和混合砂浆天棚面，满刮腻子，批 888 仿瓷涂料	m^2	320.3		

4.14 油漆、涂料、裱糊工程

4.14.1 概述

涂饰工程是指将涂料涂敷于物体表面的工程。涂料是指涂敷于物体表面，并能与物体表面材料很好粘接并形成完整保护膜的物料总称。由于早期涂料工业主要原料是天然植物油脂和天然树脂，因而人们将涂料称为油漆，现在油漆只是涂料中的一种。

涂料的种类繁多，如常用的多彩涂料、彩砂涂料、浮雕涂料、888 仿瓷涂料、106 涂料、107 涂料等等。涂料按建筑物的使用部位分类，可分为外墙涂料、内墙涂料、地面涂料、顶棚涂料、门窗涂料等；按主要成膜物质的性质分类，可分为有机涂料、无机涂料、有机无机复合涂料等；按涂料的状态分类，可分为溶剂型涂料、水溶性涂料、乳液型涂料、粉沫型涂料等；按涂料的特殊性能分类，可分为防水涂料、防火涂料、防霉涂料、杀虫涂料、吸声或隔音涂料、隔热保温涂料、防辐射涂料、防结露涂料、防锈涂料等；按清单规范，可分为门油漆、窗油漆、木材面油漆、金属面油漆、抹灰面油漆、涂料等。

涂饰工程的施工包括基层处理(包括打底子、抹腻子)、涂刷涂料等工序。涂刷施工的方法有刷涂、滚涂、喷涂、弹涂、刮涂及联合施工等。刷涂是使用漆刷或排笔将涂料均匀地涂刷在基层上的施工方法。滚涂是使用不同类型的辊具将涂料滚涂在基层上的施工方法。刮涂是使用刮板将涂料原浆均匀地批刮到基层上的施工方法。刮涂形成厚涂层。弹涂是使用弹力器将各种颜色的厚质涂料弹射到基层上的施工方法。弹涂形成立体感较强的彩色点状涂层。一般弹涂层干后还要刷涂罩面涂料。喷涂是使用喷枪将涂料喷涂到基层上的施工方法，有空气喷涂和高压无空气喷涂两种。

联合施工是采用多种施工方法形成复合涂层。常用的联合方式有：刷涂—喷涂—滚涂联合施工工艺，刷涂—弹涂—滚涂联合施工工艺。

木材面主要指各种木门窗、木屋架、屋面板、各种木间壁墙、木隔断墙、封檐板、清水板条天棚以及木栏杆、木扶手、窗帘盒等木装修的表面。

金属面主要指各种钢门窗、钢屋架、钢檩条、钢支撑及铁栏杆、铁爬梯、镀锌铁皮等金属制品的表面。

裱糊工程是指将壁纸或墙布粘贴在室内的墙面、柱面、天棚面的装饰工程。它具有装饰性好，图案花纹丰富多彩，材料质感自然，功能多样的特点。除了装饰功能外，有的还具有吸声、隔热、防潮、防霉、防水、防火等功能。壁纸品种繁多，有纸面纸基壁纸、塑料壁纸、纺织物壁纸等。

4.14.2 《房屋建筑与装饰工程工程量计算规范》相关规定

(1) 门油漆应区分木大门、单层木门、双层(一玻一纱)木门、双层(单裁口)木门、全玻自由门、半玻自由门、装饰门及有框门或无框门等，分别编码列项。

(2) 窗油漆应区分单层木窗、双层(一玻一纱)木窗、双层框扇(单裁口)木窗、双层框三层(二玻一纱)木窗、单层组合窗、双层组合窗、木百叶窗、木推拉窗等，分别编码列项。

(3) 连窗门可按门油漆项目编码列项。

4.14.3 工程量计算及应用案例

油漆、涂料、裱糊工程主要包括：门油漆、窗油漆、木扶手及其他板条、线条油漆、木材面油漆、金属面油漆、抹灰面油漆、喷刷涂料、裱糊项目。

(1) 门油漆。其清单项目设置及工程量计算规则见表4-139。

表4-139 门油漆工程量清单项目设置及工程量计算规则

项目编码	项目名称	项目特征	计量单位	工程量计算规则	工作内容
011401001	木门油漆	(1) 门类型 (2) 门代号及洞口尺寸 (3) 腻子种类 (4) 刮腻子遍数 (5) 防护材料种类 (6) 油漆品种、刷漆遍数	(1) 樘 (2) m^2	(1) 以樘计量，按设计图示数量计量 (2) 以平方米计量，按设计图示洞口尺寸以面积计算	(1) 基层清理 (2) 刮腻子 (3) 刷防护材料、油漆

续表

项目编码	项目名称	项目特征	计量单位	工程量计算规则	工作内容
011401002	金属门油漆	(1) 门类型 (2) 门代号及洞口尺寸 (3) 腻子种类 (4) 刮腻子遍数 (5) 防护材料种类 (6) 油漆品种、刷漆遍数	(1) 樘 (2) m^2	(1) 以樘计量，按设计图示数量计量 (2) 以平方米计量，按设计图示洞口尺寸以面积计算	(1) 除锈、基层清理 (2) 刮腻子 (3) 刷防护材料、油漆

金属门油漆应区分平开门、推拉门、钢制防火门等项目，分别编码列项。

以平方米计量，项目特征可不必描述洞口尺寸。

(2) 窗油漆。其清单项目设置及工程量计算规则见表 4-140。

表 4-140　窗油漆工程量清单项目设置及工程量计算规则

项目编码	项目名称	项目特征	计量单位	工程量计算规则	工作内容
011402001	木窗油漆	(1) 窗类型 (2) 窗代号及洞口尺寸 (3) 腻子种类 (4) 刮腻子遍数 (4) 防护材料种类 (5) 油漆品种、刷漆遍数	(1) 樘 (2) m^2	(1) 以樘计量，按设计图示数量计量 (2) 以平方米计量，按设计图示洞口尺寸以面积计算	(1) 基层清理 (2) 刮腻子 (3) 刷防护材料、油漆
011402002	金属窗油漆				(1) 除锈、基层清理 (2) 刮腻子 (3) 刷防护材料、油漆

金属窗油漆应区分平开窗、推拉窗、固定窗、组合窗、金属隔栅窗等项目，分别编码列项。

以平方米计量，项目特征可不必描述洞口尺寸。

(3) 木扶手及其他板条、线条油漆。其包括木扶手油漆、窗帘盒油漆、封檐板、顺水板油漆、挂衣板、黑板框油漆、挂镜线、窗帘棍、单独木线油漆。其清单项目设置及工程量计算规则见表 4-141。

表 4-141　木扶手及其他板条、线条油漆工程量清单项目设置及工程量计算规则

项目编码	项目名称	项目特征	计量单位	工程量计算规则	工作内容
011403001	木扶手油漆	(1) 断面尺寸 (2) 腻子种类 (3) 刮腻子遍数 (4) 防护材料种类 (5) 油漆品种、刷漆遍数	m	按设计图示尺寸以长度计算	(1) 基层清理 (2) 刮腻子 (3) 刷防护材料、油漆
011403002	窗帘盒油漆				
011403003	封檐板、顺水板油漆				
011403004	挂衣板、黑板框油漆				
011403005	挂镜线、窗帘棍、单独木线油漆				

特别提示

木扶手应区分带托板与不带托板，分别编码列项，若是木栏杆带扶手，木扶手不应单独列项，应包含在木栏杆油漆中。

楼梯木扶手工程量按中心线斜长计算，弯头长度应计算在扶手长度内。

(4) 木材面油漆包括木护墙、木墙裙油漆、窗台板、筒子板、盖板、门窗套、踢脚线油漆、木地板油漆等项目。其清单项目设置及工程量计算规则见表 4-142。

表 4-142　木材面油漆工程量清单项目设置及工程量计算规则

项目编码	项目名称	项目特征	计量单位	工程量计算规则	工作内容
011404001	木护墙、木墙裙油漆	(1) 腻子种类 (2) 刮腻子遍数 (3) 防护材料种类 (4) 油漆品种、刷漆遍数	m^2	按设计图示尺寸以面积计算	(1) 基层清理 (2) 刮腻子 (3) 刷防护材料、油漆
011404002	窗台板、筒子板、盖板、门窗套、踢脚线油漆				
011404003	清水板条天棚、檐口油漆				
011404004	木方格吊顶天棚油漆				
011404005	吸声板墙面、天棚面油漆				
011404006	暖气罩油漆				
011404007	其他木材面				
011404008	木间壁、木隔断油漆			按设计图示尺寸以单面外围面积计算	
011404009	玻璃间壁露明墙筋油漆				
011404010	木栅栏、木栏杆(带扶手)油漆				
011404011	衣柜、壁柜油漆			按设计图示尺寸以油漆部分展开面积计算	
011404012	梁柱饰面油漆				
011404013	零星木装修油漆				
011404014	木地板油漆			按设计图示尺寸以面积计算。空洞、空圈、暖气包槽、壁龛的开口部分并入相应的工程量内	
011404015	木地板烫硬蜡面	(1) 硬蜡品种 (2) 面层处理要求			(1) 基层清理 (2) 烫蜡

(5) 金属面油漆。其清单项目设置及工程量计算规则见表4-143。

表4-143 金属面油漆工程量清单项目设置及工程量计算规则

项目编码	项目名称	项目特征	计量单位	工程量计算规则	工作内容
011405001	金属面油漆	(1) 构件名称 (2) 腻子种类 (3) 刮腻子要求 (4) 防护材料种类 (5) 油漆品种、刷漆遍数	(1) t (2) m^2	(1) 以吨计量，按设计图示尺寸以质量计算 (2) 以平方米计量，按设计展开面积计算	(1) 基层清理 (2) 刮腻子 (3) 刷防护材料、油漆

(6) 抹灰面油漆。包括抹灰面油漆、抹灰线条油漆和满刮腻子。其清单项目设置及工程量计算规则见表4-144。

表4-144 抹灰面油漆工程量清单项目设置及工程量计算规则

项目编码	项目名称	项目特征	计量单位	工程量计算规则	工作内容
011406001	抹灰面油漆	(1) 基层类型 (2) 腻子种类 (3) 刮腻子遍数 (4) 防护材料种类 (5) 油漆品种、刷漆遍数 (6) 部位	m^2	按设计图示尺寸以面积计算	(1) 基层清理 (2) 刮腻子 (3) 刷防护材料、油漆
011406002	抹灰线条油漆	(1) 线条宽度、道数 (2) 腻子种类 (3) 刮腻子遍数 (4) 防护材料种类 (5) 油漆品种、刷漆遍数	m	按设计图示尺寸以长度计算	
011406003	满刮腻子	(1) 基层类型 (2) 腻子种类 (3) 刮腻子遍数	m^2	按设计图示尺寸以面积计算	(1) 基层清理 (2) 刮腻子

(7) 喷刷涂料。其清单项目设置及工程量计算规则见表4-145。

表4-145 喷涂涂料工程量清单项目设置及工程量计算规则

项目编码	项目名称	项目特征	计量单位	工程量计算规则	工作内容
011407001	墙面喷刷涂料	(1) 基层类型 (2) 喷刷涂料部位 (3) 腻子种类 (4) 刮腻子要求 (5) 涂料品种、喷刷遍数	m^2	按设计图示尺寸以面积计算	(1) 基层清理 (2) 刮腻子 (3) 刷、喷涂料
011407002	天棚喷刷涂料				

续表

项目编码	项目名称	项目特征	计量单位	工程量计算规则	工作内容
011407003	空花格、栏杆刷涂料	(1) 腻子种类 (2) 刮腻子遍数 (3) 涂料品种、喷刷遍数	m^2	按设计图示尺寸以单面外围面积计算	(1) 基层清理 (2) 刮腻子 (3) 刷、喷涂料
011407004	线条刷涂料	(1) 基层清理 (2) 线条宽度 (3) 刮腻子遍数 (4) 刷防护材料、油漆	m	按设计图示尺寸以长度计算	
011407005	金属构件刷防火涂料	(1) 喷刷防火涂料构件名称 (2) 防火等级要求 (3) 涂料品种、喷刷遍数	(1) m^2 (2) t	(1) 以吨计量，按设计图示尺寸以质量计算 (2) 以平方米计量，按设计展开面积计算	(1) 基层清理 (2) 刷防护材料、油漆
011407006	木材构件喷刷防火涂料		m^2	以平方米计量，按设计图示尺寸以面积计算	(1) 基层清理 (2) 刷防火材料

特别提示

喷刷墙面涂料部位要注明内墙或外墙。

(8) 裱糊。其包括墙纸裱糊和织锦缎裱糊。其清单项目设置及工程量计算规则见表4-146。

表4-146 裱糊工程量清单项目设置及工程量计算规则

项目编码	项目名称	项目特征	计量单位	工程量计算规则	工作内容
011408001	墙纸裱糊	(1) 基层类型 (2) 裱糊部位 (3) 腻子种类 (4) 刮腻子遍数 (5) 粘接材料种类 (6) 防护材料种类 (7) 面层材料品种、规格、颜色	m^2	按设计图示尺寸以面积计算	(1) 基层清理 (2) 刮腻子 (3) 面层铺粘 (4) 刷防护材料
011408002	织锦缎裱糊				

应用案例 4-32

如图4.56所示，墙面粘贴对花壁纸，门窗洞口侧面贴壁纸100mm，房间净高3.0m，踢脚板高150mm，墙面与天棚交接处粘钉41mm×85mm木装饰压角线，木线条润油粉、刮腻子、漆片三遍、刷硝基清漆四遍、磨退出亮。试编制墙面装饰工程量清单。

解： 墙面粘贴壁纸工程量：

$$S=[(6-0.24)+(4.5-0.24)]\times2\times(3-0.15)\times2-1\times(2.1-0.15)\times2-1.5\times1.8\times2+[(2.1-0.15)\times2+1]\times0.1\times2+(1.5+1.8)\times2\times0.1\times2=107.23(m^2)$$

41×85木装饰压角线工程量：$L=(6-0.24+4.5-0.24)\times2\times2=40.08(m)$

41×85 木装饰压角线油漆工程量：40.08m

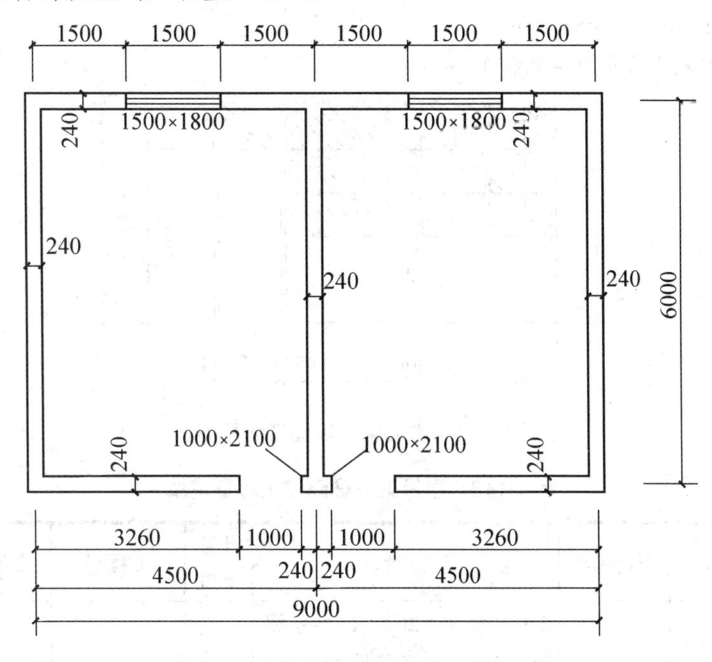

图 4.56 房屋平面示意图

墙面装饰工程量清单如表 4-147 所示。

表 4-147 墙面装饰工程量清单

序号	项目编码	项目名称	项目特征	计量单位	工程量	综合单价	合价
1	011408001001	墙纸裱糊	裱糊构件：墙面 面层：对花壁纸	m^2	107.23		
2	011502002001	木质装饰线	线条材料：41×85 木装饰压角线	m	40.08		
3	011403005001	单独木线油漆	木线条：润油粉、刮腻子、漆片三遍、刷硝基清漆四遍、磨退出亮	m	40.08		

应用案例 4-33

木骨架半玻隔墙如图 4.57 所示，木骨架间距 500mm×800mm，断面尺寸 45×60，玻璃采用 4mm 厚磨砂玻璃，门扇为胶合板无玻门扇，面板采用装饰三合板，木骨架及门扇刷硝基清漆八遍，磨退出光。下部砖墙为 M5 混合砂浆砌筑 240mm 墙，双面贴 300mm×200mm 瓷片，这种隔断共 10 道，试编制装饰工程工程量清单。

解：块料墙面工程量：$S=(1.0\times3.2\times2+0.24\times1.0+0.24\times3.2)\times10=74.08(\mathrm{m}^2)$

半玻隔断工程量：$S=[(3.2+0.045+0.755+0.045)\times2.545-3.2\times1.0-0.755\times2.0]\times10=55.85(\mathrm{m}^2)$

胶合板门工程量：10 樘

门油漆工程量：10樘

木骨架油漆工程量：$S=55.85(\text{m}^2)$

木骨架半玻隔墙工程量清单见表4-148。

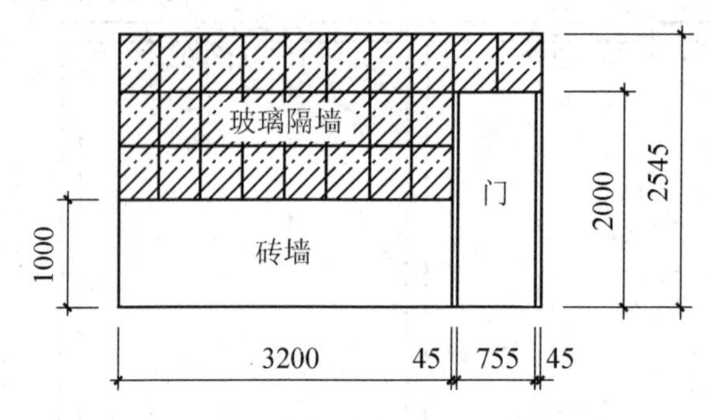

图4.57 木骨架半玻隔墙示意图

表4-148 木骨架半玻隔墙工程量清单

序号	项目编码	项目名称	项目特征	计量单位	工程量	综合单价	合价
1	011204003001	块料墙面	240砖墙面，20厚1∶3水泥砂浆打底，素水泥浆结合层一道，双面贴300mm×200mm瓷片，白水泥勾缝	m^2	74.08		
2	011210003001	半玻隔断	木骨架间距500mm×800mm，断面尺寸45mm×60mm，玻璃采用4mm厚磨砂玻璃，木骨架刷硝基清漆八遍，磨退出光	m^2	55.85		
3	010801001001	木质门	胶合板无玻门，洞口尺寸755mm×2000mm，面板采用装饰三合板	樘	10		
4	011401001001	木门油漆	胶合板无玻门，洞口尺寸755mm×2000mm，刷硝基清漆八遍，磨退出光	樘	10		
5	011404009001	玻璃间壁露明墙筋油漆	木骨架刷硝基清漆八遍，磨退出光	m^2	55.85		

4.15 其他装饰工程

4.15.1 概述

其他装饰工程，包括柜类、货架、压条、装饰线、扶手、栏杆、栏板装饰、暖气罩、浴厕配件、雨篷、旗杆、招牌、灯箱、美术字。本节进行个别讲述。

暖气罩按照暖气散热片与墙的相对位置不同，分为靠墙式和明式、挂板式三种。靠墙式暖气罩，为暖气散热片暗装在凹进墙面的洞口内，暖气罩外面与墙面相平。明式暖气罩，为暖气散热片明装在墙外，暖气罩按设计要求还需两侧加罩和顶面另设面板。挂板式暖气罩，为活动式暖气罩，通过挂钩挂在暖气片上。

招牌可分为平面招牌、箱式招牌和竖式标箱。平面招牌，是指安装在门前的墙上；箱式招牌、竖式标箱是指六面体固定在墙上，生根于雨篷、檐口、阳台的立式招牌。

4.15.2 《房屋建筑与装饰工程工程量计算规范》相关规定

(1) 暖气罩做法如与墙面、墙裙做法相同时，可执行墙、柱面装饰部分。

(2) 突出箱外的灯饰、店徽及其他艺术字装潢等，应另行计算。

4.15.3 工程量计算及应用案例

其他装饰工程主要包括：柜类、货架，压条、装饰线，扶手、栏杆、栏板装饰，暖气罩，浴厕配件，雨篷、旗杆，招牌、灯箱，美术字等。

(1) 柜类、货架。其清单项目设置及工程量计算规则见表 4-149。

表 4-149 柜类、货架工程量清单项目设置及工程量计算规则

项目编码	项目名称	项目特征	计量单位	工程量计算规则	工作内容
011501001	柜台	(1) 台柜规格 (2) 材料种类、规格 (3) 五金种类、规格 (4) 防护材料种类 (5) 油漆品种、刷漆遍数	(1) 个 (2) m (3) m^3	(1) 以个计量，按设计图示数量计算 (2) 以米计量，按设计图示尺寸以延长米计算 (3) 以立方米计量，按设计图示尺寸以体积计算	(1) 台柜制作、运输、安装(安放) (2) 刷防护材料、油漆 (3) 五金件安装
011501002	酒柜				
011501003	衣柜				
011501004	存包柜				
011501005	鞋柜				
011501006	书柜				
011501007	厨房壁柜				
011501008	木壁柜				
011501009	厨房低柜				
011501010	厨房吊柜				
011501011	矮柜				
011501012	吧台背柜				
011501013	酒吧吊柜				
011501014	酒吧台				
011501015	展台				
011501016	收银台				
011501017	试衣间				
011501018	货架				
011501019	书架				
011501020	服务台				

特别提示

柜类的规格以能分离的成品单体长、宽、高表示，尺寸不同应分别计算。计算时，应按设计图示或说明，将台柜的台面材料(石材、皮革、金属、实木等)、内隔板材料、配件等，均应包括在报价内。

(2) 压条、装饰线。其清单项目设置及工程量计算规则见表4-150。

表4-150 压条、装饰线工程量清单项目设置及工程量计算规则

项目编码	项目名称	项目特征	计量单位	工程量计算规则	工作内容
011502001	金属装饰线	(1) 基层类型 (2) 线条材料品种、规格颜色 (3) 防护材料种类	m	按设计图示尺寸以长度计算	(1) 线条制作、安装 (2) 刷防护材料
011502002	木质装饰线				
011502003	石材装饰线				
011502004	石膏装饰线				
011502005	镜面玻璃线				
011502006	铝塑装饰线				
011502007	塑料装饰线				
011502008	GRC装饰线条	(1) 基层类型 (2) 线条规格 (3) 线条安装部位 (4) 填充材料种类			线条制作安装

(3) 扶手、栏杆、栏板装饰。其包括金属扶手、栏杆、栏板，硬木扶手、栏杆、栏板，塑料扶手、栏杆、栏板，GRC栏杆、扶手，金属靠墙扶手，硬木靠墙扶手，塑料靠墙扶手和玻璃栏板。其清单项目设置及工程量计算规则见表4-151。

表4-151 扶手、栏杆、栏板工程量清单项目设置及工程量计算规则

项目编码	项目名称	项目特征	计量单位	工程量计算规则	工作内容
011503001	金属扶手、栏杆、栏板	(1) 扶手材料种类、规格 (2) 栏杆材料种类、规格 (3) 栏板材料种类、规格、颜色 (4) 固定配件种类 (5) 防护材料种类	m	按设计图示以扶手中心线长度(包括弯头长度)计算	(1) 制作 (2) 运输 (3) 安装 (4) 刷防护材料
011503002	硬木扶手、栏杆、栏板				
011503003	塑料扶手、栏杆、栏板				
011503004	GRC栏杆、扶手	(1) 栏杆的规格 (2) 安装间距 (3) 扶手类型规格 (4) 填充材料种类			
011503005	金属靠墙扶手	(1) 扶手材料种类、规格 (2) 固定配件种类 (3) 防护材料种类			
011503006	硬木靠墙扶手				
011503007	塑料靠墙扶手				
011503008	玻璃栏板	(1) 栏杆玻璃的种类、规格、颜色 (2) 固定方式 (3) 固定配件种类			

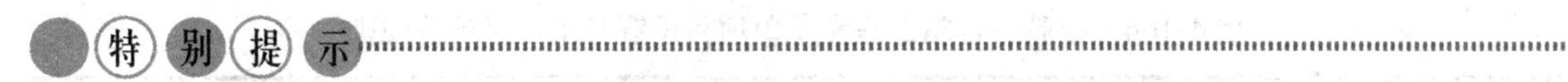

特别提示

扶手、栏杆、栏板项目适用于楼梯、阳台、走廊、回廊及其他装饰性扶手、栏杆、栏板。

(4) 暖气罩。其包括饰面板暖气罩、塑料板暖气罩、金属暖气罩。其清单项目设置及工程量计算规则见表4-152。

表4-152 暖气罩工程量清单项目设置及工程量计算规则

项目编码	项目名称	项目特征	计量单位	工程量计算规则	工作内容
011504001	饰面板暖气罩	(1) 暖气罩材质 (2) 防护材料种类	m^2	按设计图示尺寸以垂直投影面积(不展开)计算	(1) 暖气罩制作、运输、安装 (2) 刷防护材料
011504002	塑料板暖气罩				
011504003	金属暖气罩				

(5) 雨篷、旗杆。其清单项目设置及工程量计算规则见表4-153。

表4-153 雨篷、旗杆工程量清单项目设置及工程量计算规则

项目编码	项目名称	项目特征	计量单位	工程量计算规则	工作内容
011506001	雨篷吊挂饰面	(1) 基层类型 (2) 龙骨材料种类、规格、中距 (3) 面层材料品种、规格 (4) 吊顶(天棚)材料品种、规格 (5) 嵌缝材料种类 (6) 防护材料种类	m^2	按设计图示尺寸以水平投影面积计算	(1) 底层抹灰 (2) 龙骨基础安装 (3) 面层安装 (4) 刷防护材料、油漆
011506002	金属旗杆	(1) 旗杆材料、种类、规格 (2) 旗杆高度 (3) 基础材料种类 (4) 基座材料种类 (5) 基座面层材料、种类、规格	根	按设计图示数量计算	(1) 土石挖、填、运 (2) 基础混凝土浇筑 (3) 旗杆制作、安装 (4) 旗杆台座制作、饰面
011506003	玻璃雨篷	(1) 玻璃雨篷固定方式 (2) 龙骨材料种类、规格、中距 (3) 玻璃材料品种、规格 (4) 嵌缝材料种类 (5) 防护材料种类	m^2	按设计图示尺寸以水平投影面积计算	(1) 龙骨基层安装 (2) 面层安装 (3) 刷防护材料、油漆

(6) 招牌、灯箱。其清单项目设置及工程量计算规则见表4-154。

表4-154　招牌、灯箱工程量清单项目设置及工程量计算规则

项目编码	项目名称	项目特征	计量单位	工程量计算规则	工作内容
011507001	平面、箱式招牌	(1) 箱体规格 (2) 基层材料种类 (3) 面层材料种类 (4) 防护材料种类	m^2	按设计图示尺寸以正立面边框外围面积计算。复杂形的凸凹造型部分不增加面积	(1) 基层安装 (2) 箱体及支架制作、运输、安装 (3) 面层制作、安装 (4) 刷防护材料、油漆
011507002	竖式标箱		个	按设计图示数量计算	
011507003	灯箱				
011507004	信报箱	(1) 箱体规格 (2) 基层材料种类 (3) 面层材料种类 (4) 保护材料种类 (5) 户数			

应用案例4-34

某砖混结构平面图及剖面图如图4.58所示。室内地坪标高±0.00，室外地坪标高－0.30。具体部位做法如下。

墙、柱：M5混合砂浆砌砖墙、砖柱，墙厚240mm，砖柱截面尺寸240mm×240mm。

地面：C10混凝土地面垫层80mm厚，面铺400×400×10mm浅色地砖，1∶2水泥砂浆粘结层20mm厚，1∶2水泥砂浆20mm厚贴瓷砖踢脚线，150mm高。

台阶：C10混凝土基层，1∶2水泥白石子浆15mm厚水磨石台阶。

内墙抹灰：1∶0.3∶3混合砂浆打底18mm厚，1∶0.3∶3混合砂浆抹面8mm厚，面层满刮腻子两遍、刷乳胶漆两遍。

顶棚抹灰：1∶0.3∶3混合砂浆打底12mm厚，1∶0.3∶3混合砂浆面层5mm厚，面层满刮腻子两遍、刷乳胶漆两遍。

外墙面、柱面水刷石：1∶2.5水泥砂浆打底15mm厚，1∶2水泥白石子浆10mm厚。

门、窗：实木装饰门M-1、M-2洞口尺寸均为900mm×2400mm，塑钢推拉窗C-1洞口尺寸1500mm×1500mm，C-2洞口尺寸1100mm×1500mm。门窗框宽均为100mm，试编制该装饰工程的工程量清单。

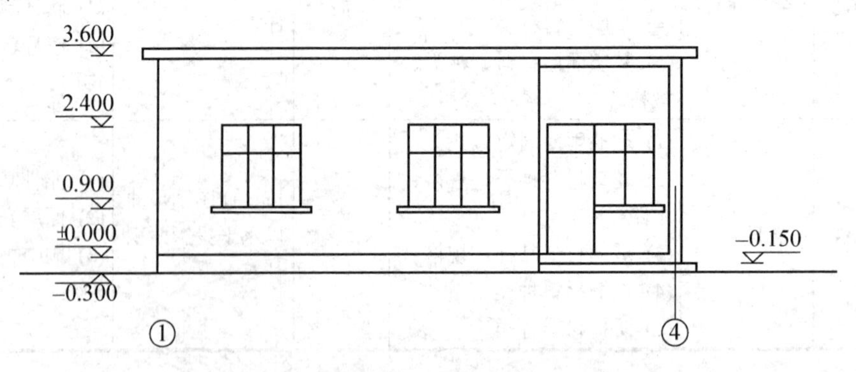

图4.58　某砖混结构平面图及剖面图示意图

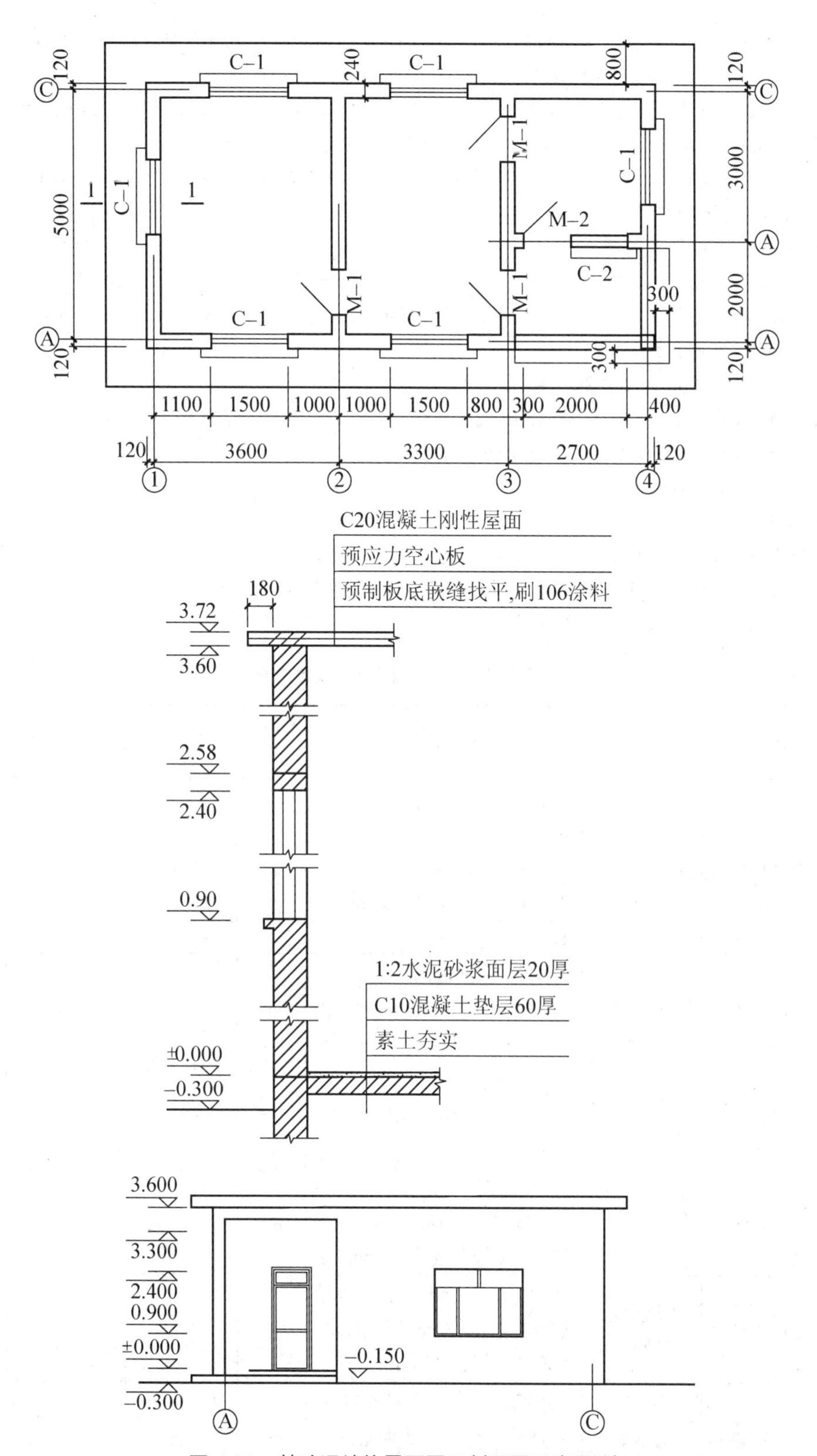

图 4.58 某砖混结构平面图及剖面图示意图(续)

解：块料地面面层工程量：S=(3.6−0.24)×(5−0.24)+(3.3−0.24)×(5−0.24)+(2.7−0.24)×(3−0.24)+(2.7+0.3−0.3×2)×(2+0.3−0.3×2)=41.43(m^2)

块料踢脚线工程量：S=〔(3.6−0.24+5−0.24+3.3−0.24+5−0.24+2.7−0.24+3−0.24)×2+2.7+2.0−门 0.9×4×2+门侧(0.24×2×4)〕×0.15=6.26(m^2)

现浇水磨石台阶面工程量：S=(2.7+0.3)×(2+0.3)−(2.7+0.3−0.3×2)×(2.0+0.3−0.3×2)−柱 0.24×0.24=2.762(m^2)

混合砂浆抹内墙面工程量：S=[(5−0.24+3.6−0.24)×2+(5−0.24+3.3−0.24)×2+(2.7−0.24+3−0.24)×2+2+2.7]×3.6−1.5×1.5×6−1.1×1.5×2−0.9×2.4×8=135.192(m^2)

外墙面水刷石工程量：S=(3.6+3.3+2.7+0.24+3.6+3.3+0.24+5.24+3.24)×(3.6+0.3)−窗 1.5×1.5×6=85.794(m^2)

柱面水刷石工程量：S=0.24×4×(3.6+0.15)=3.6(m^2)

混合砂浆抹天棚面工程量：S=(3.6−0.24)×(5−0.24)+(3.3−0.24)×(5−0.24)+(3−0.24)×(2.7−0.24)+(2+0.18)×(2.7+0.18)=43.628(m^2)

实木装饰门工程量：4 樘

塑钢窗 C-1 工程量：6 樘

塑钢窗 C-2 工程量：1 樘

内墙面、天棚面乳胶漆工程量：S=135.192+43.628=178.82(m^2)

该装饰工程的工程量清单见表 4-155。

表 4-155 装饰工程的工程量清单

序号	项目编码	项目名称	项目特征	计量单位	工程量	综合单价	合价
1	011102003001	块料楼地面	C10 混凝土地面垫层 80mm 厚，1∶2 水泥砂浆结合层 20mm 厚，面层铺 400mm×400mm×10mm 浅色地砖	m^2	41.43		
2	011105003001	块料踢脚线	踢脚线高 150mm，粘贴层 1∶2 水泥砂浆 20mm 厚，面层贴瓷砖	m^2	6.26		
3	011107005001	现浇水磨石台阶面	C10 混凝土基层，1∶2 水泥白石子浆 15mm 厚水磨石台阶面	m^2	2.762		
4	011201001001	混合砂浆抹内墙面	240 砖墙面，内墙，1∶0.3∶3 混合砂浆打底 18mm 厚，1∶0.3∶3 混合砂浆抹面 8mm 厚	m^2	135.192		
5	011201002001	外墙面水刷石	240 砖墙面，外墙，1∶2.5 水泥砂浆打底 15mm 厚，1∶2 水泥白石子浆 10mm 厚	m^2	85.794		
6	011202002001	柱面水刷石	砖柱面，1∶2.5 水泥砂浆打底 15mm 厚，1∶2 水泥白石子浆 10mm 厚	m^2	3.6		

续表

序号	项目编码	项目名称	项目特征	计量单位	工程量	综合单价	合价
7	011301001001	混合砂浆抹天棚面	预应力 C30 混凝土空心板基层，1∶0.3∶3 混合砂浆打底 12mm 厚，1∶0.3∶3 混合砂浆面层 5mm 厚，	m^2	43.628		
8	010801001001	木质门	实木门，M-1、M-2 洞口尺寸均为 900mm×2400mm	樘	4		
9	010807001001	塑钢窗 C-1	塑钢推拉窗，C-1 洞口尺寸 1500mm×1500mm	樘	6		
10	010807001002	塑钢窗 C-2	塑钢推拉窗，C-2 洞口尺寸 1100mm×1500mm	樘	1		
11	011406001001	内墙面、天棚面乳胶漆	混合砂浆内墙面、天棚面，满刮腻子二遍，刷乳胶漆二遍	m^2	178.82		

4.16 拆除工程

4.16.1 概述

本部分适用于房屋工程的维修、加固、二次装修前的拆除，不适用于房屋的整体拆除。划分为十五节共三十七个项目。分别为砖砌体拆除，混凝土及钢筋混凝土构件拆除，木结构拆除，抹灰层拆除，块料面层拆除，龙骨及饰面拆除，屋面拆除，铲除油漆涂料裱糊面，栏杆栏级、轻质隔断隔墙拆除，门窗拆除，金属构件拆除，管道及卫生洁具拆除，灯具、玻璃拆除，其他构件拆除，开孔(打洞)。

4.16.2 《房屋建筑与装饰工程工程量计算规范》相关规定

(1) 本拆除工程适用于房屋建筑工程，仿古建筑、构筑物、园林景观工程等项目拆除，可按此分部编码列项，市政、园路、园桥工程等拆除，按《市政工程工程量计算规范》相应项目编码列项；城市轨道交通工程拆除按《城市轨道交通工程工程量计算规范》相应项目编码列项。

(2) 对于只拆面层的项目，在项目特征中，不必描述基层(或龙骨)类型(或种类)；对于基层(或龙骨)和面层同时拆除的项目，在项目特征中必须描述(基层或龙骨)类型(或种类)。

(3) 拆除项目工作内容中含“建渣场内、外运输”，因此，组成综合单价应含建渣场内、外运输。

4.16.3 工程量计算及应用案例

(1) 砖砌体拆除。其清单项目设置及工程量计算规则见表 4-156。

表 4-156　砖砌体拆除工程量清单项目设置及工程量计算规则

项目编码	项目名称	项目特征	计量单位	工程量计算规则	工程内容
011601001	砖砌体拆除	(1) 砌体名称 (2) 砌体材质 (3) 拆除高度 (4) 拆除砌体的截面尺寸 (5) 砌体表面的附着物种类	(1) m^2 (2) m	(1) 以立方米计量，按拆除的体积计算。 (2) 以米计量，按拆除的延长米计算	(1) 拆除 (2) 控制扬尘 (3) 清理 (4) 建渣场内、外运输

砌体名称指墙、柱、水池等。砌体表面的附着物种类指抹灰层、块料层、龙骨及装饰面层等。以 m 计量，如砖地沟、砖明沟等必须描述拆除部位的截面尺寸；以 m^3 计量，截面尺寸则不必描述。

(2) 混凝土及钢筋混凝土构件拆除。其清单项目设置及工程量计算规则见表 4-157。

表 4-157　混凝土及钢筋混凝土构件拆除工程量清单项目设置及工程量计算规则

项目编码	项目名称	项目特征	计量单位	工程量计算规则	工程内容
011602001	混凝土构件拆除	(1) 构件名称 (2) 拆除构件的厚度或规格尺寸 (3) 构件表面的附着物种类	(1) m^3 (2) m^2 (3) m	(1) 以立方米计算，按拆除构件的混凝土体积计算。 (2) 以平方米计算，按拆除部位的面积计算。 (3) 以米计算，按拆除部位的延长米计算。	(1) 拆除 (2) 控制扬尘 (3) 清理 (4) 建渣场内、外运输
011602002	钢筋混凝土构件拆除				

以 m^3 作为计量单位时，可不描述构件的规格尺寸；以 m^2 作为计量单位时，则应描述构件的厚度；以 m 作为计量单位时，则必须描述构件的规格尺寸。构件表面的附着物种类指抹灰层、块料层、龙骨及装饰面层等。

(3) 抹灰层拆除。其清单项目设置及工程量计算规则见表 4-158。

表 4-158　抹灰层拆除工程量清单项目设置及工程量计算规则

项目编码	项目名称	项目特征	计量单位	工程量计算规则	工程内容
011604001	平面抹灰层拆除	(1) 拆除部位 (2) 抹灰层种类	m^2	按拆除部位的面积计算	(1) 拆除 (2) 控制扬尘 (3) 清理 (4) 建渣场内、外运输
011604002	立面抹灰层拆除				
011604003	天棚抹灰面拆除				

单独拆除抹灰层应按本表项目编码列项。抹灰层种类可描述为一般抹灰或装饰抹灰。

4.17 措 施 项 目

4.17.1 概述

措施项目指为完成工程项目施工，发生于该工程施工前和施工过程中技术、生活、安全等方面的非工程实体项目。由通用技术措施项目费和组织措施项目费两部分组成。

本章节共计七节五十二个项目，内容包括脚手架工程，混凝土模板及支架(撑)，垂直运输，超高施工增加，大型机械设备进出场及安拆，施工排水、降水，安全文明施工及其他措施项目。

4.17.2 《房屋建筑与装饰工程工程量计算规范》相关规定

(1) 在编制清单项目时，当列出了综合脚手架项目时，不得再列出单项脚手架项目。综合脚手架是针对整个房屋建筑的土建和装饰装修部分。

(2) 混凝土模板及支撑(架)，只适用于单列而且以平方米计量的项目，若不单列且以立方米计量的模板工程计入综合单件中。另外，个别混凝土项目本规范未列的措施项目，如垫层等，按混凝土及钢筋混凝土实体项目执行，其综合单价中包括模板及支撑。

(3) 临时排水沟、排水设施安砌、维修、拆除，已包含在安全文明施工中，不包括在施工排水、降水措施项目。

(4)“安全文明施工及其他措施项目”与其他项目的表现形式不同，没有项目特征，也没有“计量单位”和“工程量计算规则”，取而代之的是该措施项目的“工作内容及包含范围”，在使用时应充分分析其工作内容和包含范围，根据工程的实际情况进行科学、合理、完整的计量。未给出固定的计量单位，以便于根据工程特点灵活使用。

4.17.3 工程量计算及应用案例

1. 脚手架工程

综合脚手架适用于能够按“建筑面积计算规则”计算建筑面积的建筑工程脚手架，不适用于房屋加层、构筑物及附属工程脚手架。综合脚手架已综合考虑了施工主体、一般装饰和外墙抹灰脚手架。不包括无地下室的满堂基础架、室内净高超过 3.6m 的天棚和内墙装饰架、悬挑脚手架、设备安装脚手架、人防通道、基础高度超过 1.2m 的脚手架，该内容可另执行单项脚手架列项。

室内高度在 3.6m 以上时，且天棚或屋面板需抹灰者可执行满堂脚手架项目，但内墙装饰不再计算脚手架，也不扣除抹灰子目内的简易脚手架费用。

内墙高度在 3.6m 以上且无满堂脚手架时，即只有内墙抹灰或只对天棚进行勾缝者不需天棚抹灰时，可执行里脚手架项目。

高度在 3.6m 以上的单独板底勾缝、刷浆、确需搭设悬空脚手架时可执行悬空脚手架。

挑阳台若突出墙面 80cm 以上者，可执行挑脚手架项目。

外墙面装饰采用主体施工脚手架不必增列外脚手架，假如外墙再次装饰确需搭设外脚手架可执行外脚手架项目。其清单项目设置及工程量计算规则见表 4-159。

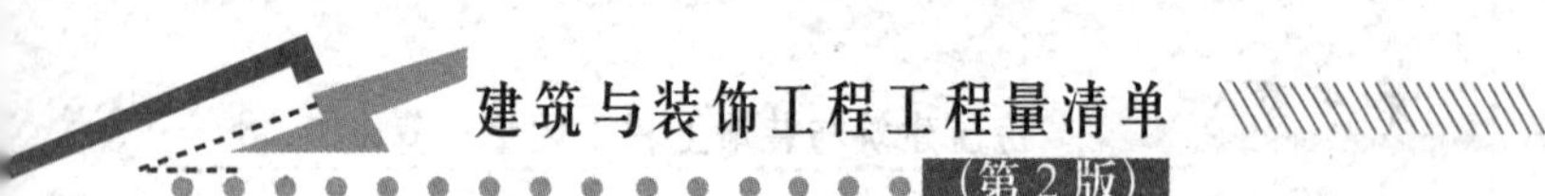

表 4-159 脚手架工程量清单项目设置及工程量计算规则

项目编码	项目名称	项目特征	计量单位	工程量计算规则	工程内容
011701001	综合脚手架	(1) 建筑结构形式 (2) 檐口高度	m^2	按建筑面积计算	(1) 场内、场外材料搬运 (2) 搭、拆脚手架、斜道、上料平台 (3) 安全网的铺设 (4) 选择附墙点与主体连接 (5) 测试电动装置、安全锁等 (6) 拆除脚手架后材料的堆放
011701002	外脚手架	(1) 搭设方式 (2) 搭设高度 (3) 脚手架材质		按所服务对象的垂直投影面积计。	(1) 场内、场外材料搬运 (2) 搭、拆脚手架、斜道、上料平台 (3) 安全网的铺设 (4) 拆除脚手架后材料的堆放
011701003	里脚手架				
011701004	悬空脚手架	(1) 搭设方式 (2) 悬挑高度 (3) 脚手架材质		按搭设的水平投影面积计算	
011701005	挑脚手架		m	按搭设长度乘以搭设层数以延长米计算	
011701006	满堂脚手架	(1) 搭设方式 (2) 搭设高度 (3) 脚手架材质	m^2	按搭设的水平投影面积计算	

特别提示

同一建筑物有不同檐高时，按建筑物竖向切面分别按不同檐高编列清单项目。脚手架材质可以不描述，但应注明由投标人根据工程实际情况按照《建筑施工扣件式钢管脚手架安全技术规范》《建筑施工附着升降脚手架管理规定》等规范自行确定。

应用案例 4-35

某两层砖混结构，平面布置如图 4.59 所示，二层和首层的建筑面积相等，首层层高 3.6m，二层层高 3.0m，檐高 7.2m，墙厚 240mm，板厚 120mm，内外墙及天棚均做装饰，试编制该工程综合脚手架的工程量清单。

解：(1) 综合脚手架(见表 4-160)。

$$工程量=建筑面积=(12+0.24)\times(4.8+0.24)\times2=123.38(m^2)$$

表 4-160 某工程综合脚手架的工程量清单

项目编码	项目名称	项目特征	计量单位	工程数量	综合单价	合价
011701001001	综合脚手架	(1) 建筑结构形式：砖混 (2) 檐口高度：7.2m	m^2	123.38		

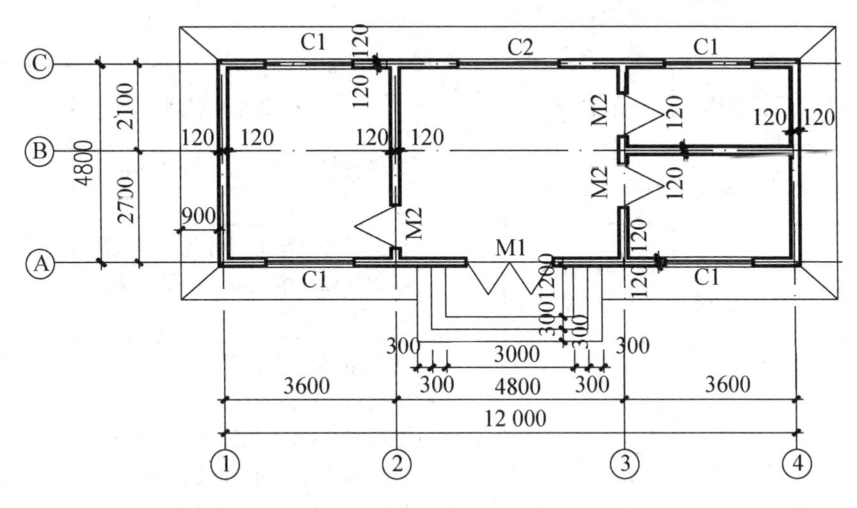

图 4.59　某两层砖混结构平面布置示意图

2. 混凝土模板及支架(撑)

此混凝土模板及支撑(架)项目，只适用于以平方米计量，按模板与混凝土构件的接触面积计算，以“立方米” 计量的模板及支撑(支架)，按混凝土及钢筋混凝土实体项目执行，综合单价中应包含模板及支架。原槽浇灌的混凝土基础、垫层，不计算模板。采用清水模板时，应在特征中注明。若现浇混凝土梁、板支撑高度超过 3.6m 时，项目特征应描述支撑高度，否则不必描述。其清单项目设置及工程量计算规则见表 4-161。

表 4-161　混凝土模板及支架(撑)工程量清单项目设置及工程量计算规则

项目编码	项目名称	项目特征	计量单位	工程量计算规则	工程内容
011702001	基础	基础类型	m^2	按模板与现浇混凝土构件的接触面积计算。 (1) 现浇钢筋混凝土墙、板单孔面积≤0.3m 的孔洞不予扣除，洞侧壁模板亦不增加；单孔面积＞0.3m 时应予扣除，洞侧壁模板面积并入墙、板工程量内计算。 (2) 现浇框架分别按梁、板、柱有关规定计算；附墙柱、暗梁、暗柱并入墙内工程量。 (3) 柱、梁、墙、板相互连接的重叠部分，均不计算模板面积。 (4) 构造柱按图示外露部分计算模板面积	(1) 模板制作 (2) 模板安装、拆除、整理堆放及场内外运输 (3) 清理模板粘结物及模内杂物、刷隔离剂
011702002	矩形柱	柱截面形状			
011702003	构造柱				
011702004	异形柱				
011702005	基础梁	梁截面形状			
011702006	矩形梁	支撑高度			
011702007	异形梁	(1) 梁截面形状 (2) 支撑高度			
011702008	圈梁				
011702009	过梁				
0117020011	直形墙				
0117020012	弧形墙				
0117020013	短肢剪力墙、电梯井壁				
0117020014	有梁板	支撑高度			
0117020015	无梁板				
0117020016	平板				
0117020021	栏板				

续表

项目编码	项目名称	项目特征	计量单位	工程量计算规则	工程内容
0117020022	天沟、挑檐	构建类型		按模板与现浇混凝土构件的接触面积计算	
0117020023	雨篷、悬挑板、阳台板	(1) 构建类型 (2) 板厚度		按图示外挑部分尺寸的水平投影面积计算，挑出墙外的悬臂梁及板边不另计算	
0117020024	楼梯	类型	m^2	按楼梯(包括休息平台、平台梁、斜梁和楼层板的连接梁)的水平投影面积计算，不扣除宽度≤500mm的楼梯井所占面积，楼梯踏步、踏步板、平台梁等侧面模板不另计算，伸入墙内部分亦不增加	
0117020027	台阶	台阶踏步宽		按图示台阶水平投影面积计算，台阶端头两侧不另计算模板面积。架空式混凝土台阶，按现浇楼梯计算	
0117020028	扶手	扶手断面尺寸		按模板与扶手的接触面积计算	
0117020029	散水			按模板与散水的接触面积计算	

应用案例 4-36

某工程地圈梁及圈梁平面布置如图4.60所示，截面均为240mm×240mm，圈梁沿外墙铺设。所有墙体交接处均设构造柱，断面尺寸为 240mm×240mm，构造柱生根在地圈梁中。构件混凝土强度为C20级，建筑中的门窗如表4-150所示，在所有门窗洞口处均设置过梁，断面尺寸为：240mm×240mm，并且已知该工程中不存在圈梁代替过梁的情况。试编制该工程构造柱、圈、过梁模板的工程量清单。

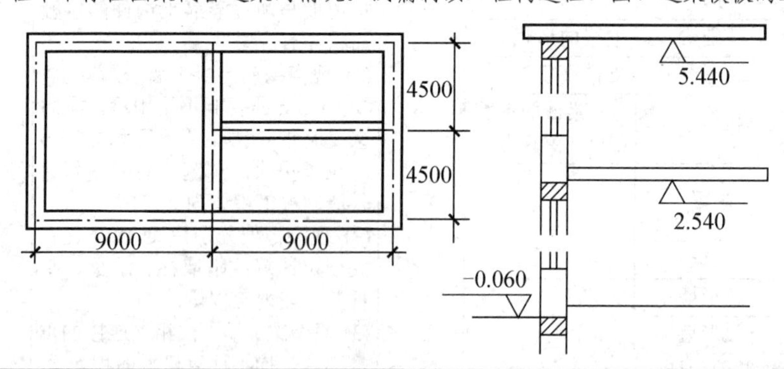

代号	宽×高	数量
M1	1.2×2.1	1
M2	0.9×2.1	4
C1	1.5×1.2	9

图 4.60　某工程地圈梁及圈梁平面布置示意图

解:

(1) 构造柱模板工程量(见表 4-150)。

L 形接头处构造柱为两面支模，其工程量=(5.44+0.06)×(0.24+0.06)×2×4=13.2(m^2)

T 形接头处构造柱为一面支模，其工程量=(5.44+0.06)×(0.24+0.06×2)×1×4=7.92(m^2)

构造柱模板工程量=13.2+7.92=21.12(m^2)

(2) 圈梁模板工程量(见表 4-161)。

地圈梁模板工程量=[(18+0.24+9+0.24)×2+(18−0.24+9−0.24)×2]×0.24=25.92(m^2)

一、二层圈梁模板工程量=[(18+0.24+9+0.24)×2+(18−0.24+9−0.24)×2-(0.24+0.06)×8−(0.24+0.06×2)×3]×0.24×2=50.1696(m^2)

圈梁模板工程量=25.92+50.1696=76.0896(m^2)

(3) 过梁模板工程量(见表 4-162)。

[1.2+0.5+(0.9+0.5)×4+(1.5+0.5)×9] ×0.24×3=18.22(m^2)

表 4-162 某工程构造柱、圈梁及过梁模板的工程量清单

序号	项目编码	项目名称	项目特征	计量单位	工程数量	综合单价	合价
1	011702003001	构造柱	柱截面形状：240mm×240mm	m^2	21.12		
2	011702008001	圈梁	梁截面形状：240mm×240mm	m^2	76.0896		
3	011702009001	过梁	梁截面形状：240mm×240mm	m^2	18.22		

应用案例 4-37

某住宅楼底层 C30(40)现浇碎石混凝土框架结构平面如图 4.61 所示。已知框架柱高 3.3m，断面尺寸为 400mm×400mm，框架梁断面尺寸均为 300mm×600mm，现浇板厚 120mm；该工程在招标文件中要求，模板单列，不计入混凝土实体项目综合单价，不采用清水模板。试编制该底层框架模板的工程量清单(见表 4-163)。

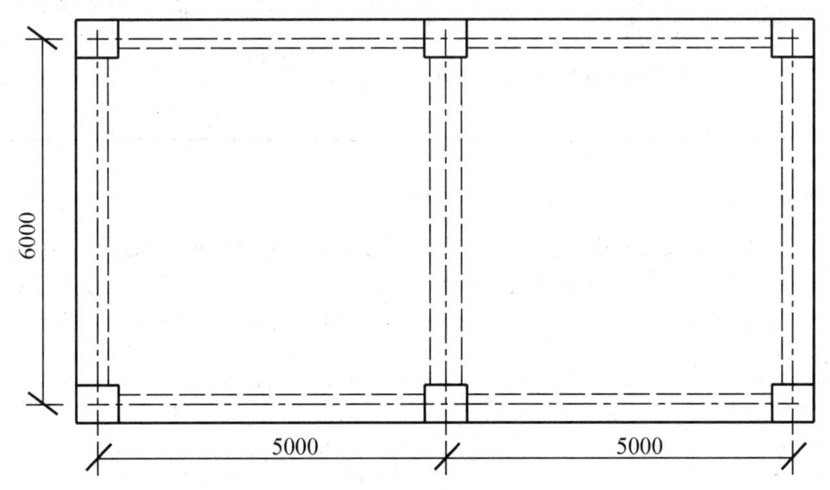

图 4.61 混凝土框架结构平面示意图

解:

柱模板工程量=0.4×4×3.3×6−0.3×0.6×14−0.1×0.12×12−0.05×0.12×4=28.99(m^2)

梁模板工程量=(6−0.4)×(0.6×2+0.3)×3−0.12×(6−0.4)×4+(5−0.4)×(0.6×2+0.3)×4−0.12×(5−0.4)×4=47.904(m^2)

板模板工程量=(10−0.1×2)×(6−0.1×2)−(6−0.1×2)×0.3−0.1×0.1×4-0.05×0.1×4=55.04(m^2)

表 4-163　某工程框架模板的工程量清单

序号	项目编码	项目名称	项目特征	计量单位	工程量	综合单价	合价
1	011702002001	矩形柱	柱截面形状：400mm×400mm	m^2	28.99		
2	011702006001	矩形梁	梁断面形状：300mm×600mm 支撑高度 3.3m	m^2	47.904		
3	011702014001	板	支撑高度 3.3m	m^2	55.04		

注：根据规范规定，现浇框架结构分别按柱、梁、板计算。

3. 垂直运输

垂直运输费是指现场所用材料、机具从地面运至相应高度以及职工人员上下工作面等所发生的运输费用。其工作内容包括单位工程在合理工期内完成全部工程项目所需的垂直运输机械台班，檐高 4m 以内的单层建筑，不计算垂直运输费。 其清单项目设置及工程量计算规则见表 4-164。

表 4-164　垂直运输工程量清单项目设置及工程量计算规则

项目编码	项目名称	项目特征	计量单位	工程量计算规则	工程内容
011703001	垂直运输	(1) 建筑物建筑类型及结构形式 (2) 地下室建筑面积 (3) 建筑物檐口高度、层数	(1) m^2 (2) 天	(1) 按建筑面积计算 (2) 按施工工期日历天数计算	(1) 垂直运输机械的固定装置、基础制作、安装 (2) 行走式垂直运输机械轨道的铺设、拆除、摊销

(1) 建筑物的檐口高度是指设计室外地坪至檐口滴水的高度(平屋顶系指屋面板底高度)，突出主体建筑物屋顶的电梯机房、楼梯出口间、水箱间、瞭望塔、排烟机房等不计入檐口高度。

(2) 同一建筑物有不同檐高时，按建筑物的不同檐高做纵向分割，分别计算建筑面积，以不同檐高分别编码列项。

应用案例 4-38

某高层建筑如图 4.62 所示，框剪结构，施工组织设计中垂直运输采用自升式塔式起重机及单笼施工电梯。根据题意试列出高层建筑物的垂直运输的工程量清单(见表 4-165)。

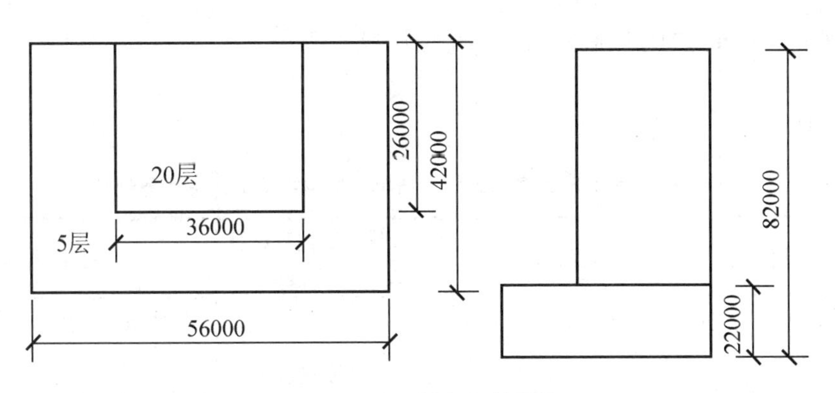

图 4.62 高层建筑框剪结构

解：

檐高 82m 以内的垂直运输工程量＝56×42×5＋36×26×20＝30480(m^2)

檐高 22m 以内的垂直运输工程量＝(56×42－36×26)×5＝7080(m^2)

表 4-165 某工程垂直运输的工程量清单

序号	项目编码	项目名称	项目特征	计量单位	工程数量	综合单价	合价
1	011703001001	垂直运输(檐高 82m 以内)	(1) 建筑物建筑类型及结构形式；框剪 (2) 建筑物檐口高度、层数：82m，25 层	m^2	30480		
2	011703001002	垂直运输(檐高 22m 以内)	(1) 建筑物建筑类型及结构形式；框剪 (2) 建筑物檐口高度、层数：22m，5 层	m^2	7080		

注：同一建筑物有不同檐高时应按建筑物不同檐高纵向分割，分别计算建筑面积，以不同檐高分别编码列项。

4. 超高施工增加

随着建筑物高度的增加施工过程中的人工、机械的效率会降低、消耗量会增加，还需要增加加压水泵以及其他上下联系的工作，因此当单层建筑物檐口高度超过 20m，多层建筑物超过 6 层时，可按超高部分的建筑面积计算超高施工增加。计算层数时，地下室不计入层数。同一建筑物有不同檐高时，可按不同高度的建筑面积分别计算建筑面积，以不同檐高分别编码列项。其清单项目设置及工程量计算规则见表 4-166。

超高施工增加包含的内容：

(1) 垂直运输机械降效；

(2) 上人电梯费用；

(3) 人工降效；

(4) 自来水加压及附属设施；

(5) 上下通讯器材的摊销；

(6) 白天施工照明的夜间高空安全信号增加费；

(7) 临时卫生设施；

(8) 其他。

表 4-166　超高施工增加工程量清单项目设置及工程量计算规则

项目编码	项目名称	项目特征	计量单位	工程量计算规则	工程内容
011704001	超高施工增加	(1) 建筑物建筑类型及结构形式 (2) 建筑物檐口高度、层数 (3) 单层建筑物檐口高度超过 20m，多层建筑物超过 6 层部分的建筑面积	m^2	按建筑物超高部分的建筑面积计算	(1) 建筑物超高引起的人工工效降低以及由于人工工效降低引起的机械降效 (2) 高层施工用水加压水泵的安装、拆除及工作台班 (3) 通信联络设备的使用及摊销

特别提示

多、高层建筑物超高施工增加费工程量一般应以第七层作为起算点，但如果设计室外地坪算起 20m 线低于第七层，则应以 20m 线所在楼层作为起算点。

应用案例 4-39

某住宅楼由 A、B 两单元组成，各单元楼层高及建筑面积见表 4-167，已知 A 单元共 6 层，B 单元共 15 层，除去首层、二层外其余楼层均为标准层，室外地坪标高为−0.5m。试根据已知条件编制该楼层的超高施工增加费项目清单。

表 4-167　各单元楼层高及建筑面积表

层数	A 单元		B 单元	
	层高	建筑面积/m^2	层高	建筑面积/m^2
首层	3.5	800	3.5	1500
二层	3.5	800	3.5	1500
标准层	3.0	800	3.0	1500
合计		4800		22500

解：

A 单元檐高=0.5+3.5×2+3.0×4=19.5m<20m

因此 A 单元不超高，不用计算超高增加费。

B 单元檐高=0.5+3.5×2+3.0×13=46.5m>20m

因此 B 单元应该计算超高增加费。

推算可知檐高 20m 所在位置超过六层，因此第七层为超高费工程量起算点。

超高部分的建筑面积为=1500×9=13500(m^2)

该楼层的超高施工增加费项目清单见表 4-168。

表 4-168　某工程超高施工增加的工程量清单

项目编码	项目名称	项目特征	计量单位	工程数量	综合单价	合价
011702004001	超高施工增加	(1) 建筑物檐口高度： A 单：19.5m； B 单元：46.5m (2) 层数： A 单：6 层； B 单元：15 层	m^2	135000		

5. 大型机械设备进出场及安拆

大型机械设备进出场及安拆费是指机械整体或分体自停放场地运至施工现场或由一个施工地点运至另一个施工地点所发生的机械进出场运输及转移费用，以及机械在施工场地进行安装、拆卸所需的人工费、材料费、机械费、试运转费和安装所需的辅助设施的费用。其清单项目设置及工程量计算规则见表 4-169。

表 4-169　大型机械设备进出场及安拆工程量清单项目设置及工程量计算规则

项目编码	项目名称	项目特征	计量单位	工程量计算规则	工程内容
011705001	大型机械设备进出场及安拆	(1) 机械设备名称 (2) 机械设备规格型号	台次	按使用机械设备的数量计算	(1) 安拆费包括施工机械、设备在现场进行安装拆卸所需人工、材料、机械和试运转费用以及机械辅助设施的折旧、搭设、拆除等费用 (2) 进出场费包括施工机械、设备整体或分体自停放地点运至施工现场或由一施工地点运至另一施工地点所发生的运输、装卸、辅助材料等费用

6. 施工排水、降水

施工排水、降水措施费是指为确保工程在正常条件施工所采取的各种排水、降水措施所发生的费用。当建筑物或构筑物的基础埋置深度在地下水位以下时，为保证土方施工的顺进行、确保土方边坡的稳定，需将地下水位降到基础埋置深度以下，这项工作就称为降水。 降低地下水位的方法，一般可分为集水坑降水和井点降水两大类。井点降水包括：轻型井点、喷射井点、大口径井点、电渗井点、水平井点、管井井点等降水方法。其清单项目设置及工程量计算规则见表 4-170。

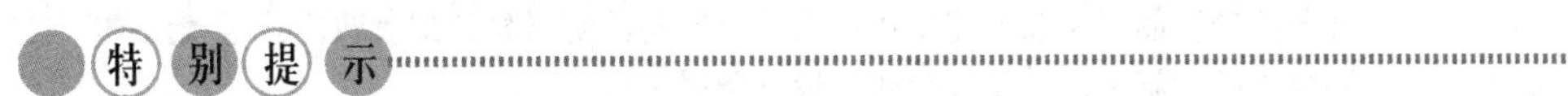

相应专项设计不具备时，可按暂估量计算。

表4-170　施工排水、降水工程量清单项目设置及工程量计算规则

项目编码	项目名称	项目特征	计量单位	工程量计算规则	工程内容
011706001	成井	(1) 成井方式 (2) 地层情况 (3) 成井直径 (4) 井(滤)管类型、直径	m	按设计图示尺寸以钻孔深度计算	(1) 准备钻孔机械、埋设护筒、钻机就位；泥浆制作、固壁；成孔、出渣、清孔等 (2) 对接上、下井管(滤管)，焊接，安防，下滤料，洗井，连接试抽等
011706002	排水、降水	(1) 机械规格型号 (2) 降排水管规格	昼夜	按降、排水日历天数计算	(1) 管道安装、拆除，场内搬运等 (2) 抽水、值班、降水设备维修等

7. 安全文明施工及其他措施项目

该部分项目应根据工程实际情况计算措施项目费用，需分摊的应合理计算摊销费用。其清单项目设置及工程量计算规则见表4-171。

表4-171　安全文明施工及其他措施项目清单项目设置

项目编码	项目名称	工 程 内 容
011707001	安全文明施工	(1) 环境保护包含范围：现场施工机械设备降低噪声、防扰民措施费用；水泥和其他易飞扬细颗粒建筑材料密闭存放或采取覆盖措施等费用；工程防扬尘洒水费用；土石方、建渣外运车辆冲洗、防洒漏等费用；现场污染源的控制、生活垃圾清理外运、场地排水排污措施的费用；其他环境保护措施费用 (2) 文明施工包含范围："五牌一图"的费用；现场围挡的墙面美化(包括内外粉刷、刷白、标语等)、压顶装饰费用；现场厕所便槽刷白、贴面砖，水泥砂浆地面或地砖费用，建筑物内临时便溺设施费用；其他施工现场临时设施的装饰装修、美化措施费用；现场生活卫生设施费用；符合卫生要求的饮水设备、淋浴、消毒等设施费用；生活用洁净燃料费用；防煤气中毒、防蚊虫叮咬等措施费用；施工现场操作场地的硬化费用；现场绿化费用、治安综合治理费用；现场配备医药保健器材、物品费用和急救人员培训费用；用于现场工人的防暑降温费、电风扇、空调等设备及用电费用；其他文明施工措施费用 (3) 安全施工包含范围：安全资料、特殊作业专项方案的编制，安全施工标志的购置及安全宣传的费用；"三宝"(安全帽、安全带、安全网)、安全文明施工(含环境保护、文"四口"(楼梯口、电梯井口、通道口、预留洞口)，"五临边"(阳台围边、楼板围边、屋面围边、槽坑围边、卸料平台两侧)，水平防护架、垂直防护架、外架封闭等防护的费用；施工安全用电的费用，包括配电箱三级配电、两级保护装置要求、外电防护措施；起重机、塔吊等起重设备(含井架、门架)及外用电梯的安全防护措施(含警示标志)费用及卸料平台的临边防护、层间安全门、防护棚等设施费用；建筑工地起重机械的检验检测费用；施工机具防护棚及其围栏的安全保护设施费用；施工安全防护通道的费用；工人的安全防护用品、用具购置费用；消防设施与消防器材的配置费用；电气保护、安全照明设施费；其他安全防护措施费用

续表

项目编码	项目名称	工 程 内 容
011707001	安全文明施工	(4) 临时设施包含范围：施工现场采用彩色、定型钢板，砖、混凝土砌块等围挡的安砌、维修、拆除费或摊销费；施工现场临时建筑物、构筑物的搭设、维修、拆除或摊销的费用；如临时宿舍、办公室，食堂、厨房、厕所、诊疗所、临时文化福利用房、临时仓库、加工场、搅拌台、临时简易水塔、水池等。施工现场临时设施的搭设、维修、拆除或摊销的费用。如临时供水管道、临时供电管线、小型临时设施等；施工现场规定范围内临时简易道路铺设，临时排水沟、排水设施安砌、维修、拆除的费用；其他临时设施费搭设、维修、拆除或摊销的费用
011707002	夜间施工	(1) 夜间固定照明灯具和临时可移动照明灯具的设置、拆除 (2) 夜间施工时，施工现场交通标志、安全标牌、警示灯等的设置、移动、拆除 (3) 包括夜间照明设备摊销及照明用电、施工人员夜班补助、夜间施工劳动效率降低等费用
011707003	非夜间施工照明	为保证工程施工正常进行，在如地下室等特殊施工部位施工时所采用的照明设备的安拆、维护、摊销及照明用电等
011707004	二次搬运	包括由于施工场地条件限制而发生的材料、成品、半成品等一次运输不能到达堆放地点，必须进行二次或多次搬运的费用
011707005	冬雨季施工	(1) 冬雨(风)季施工时增加的临时设施(防寒保温、防雨、防风设施)的搭设、拆除 (2) 冬雨(风)季施工时，对砌体、混凝土等采用的特殊加温、保温和养护措施 (3) 冬雨(风)季施工时，施工现场的防滑处理、对影响施工的雨雪的清除 (4) 包括冬雨(风)季施工时增加的临时设施的摊销、施工人员的劳动保护用品、冬雨(风)季施工劳动效率降低等费用
011707009	地上、地下设施、建筑物的临时保护设施	在工程施工过程中，对已建成的地上、地下设施和建筑物进行的遮盖、封闭、隔离等必要保护措施所发生的费用
011707010	已完工程及设备保护	对已完工程及设备采取的覆盖、包裹、封闭、隔离等必要保护措施所发生的费用

小 结

工程量清单计价主要取决于两个基本因素，一是工程量，二是综合单价。

为了准确计算工程造价，这两者的数量都得正确，缺一不可。建筑装饰装修工程工程量清单计算规范和相关说明详细地规定了各分部分项工程量的计算规则、计算方法和计量单位。它们是计算工程量的唯一依据，计算工程量时必须严格按照规范中的计量单位、计算规则和方法进行。

(1) 平整场地按设计图示尺寸以建筑物首层建筑面积计算。

(2) 挖土方按设计图示尺寸以体积计算。

(3) 挖基础土方按设计图示尺寸以基础垫层底面积乘以挖土深度计算。

(4) 土方回填按设计图示尺寸以体积计算。场地回填：回填面积乘以平均回填厚度；室内回填：主墙间净面积乘以回填厚度；基础回填：挖方体积减去自然地坪以下埋设的基础体积(包括基础垫层及其他构筑物)。

(5) 强夯地基按设计图示处理范围以面积计算。

(6) 地下连续墙按设计图示墙中心线长乘以厚度乘以槽深以体积计算。

(7) 预制混凝土桩、混凝土灌注桩按设计图示尺寸以桩长(包括桩尖)或按设计图示截面积乘以桩长(包括桩尖)以实体积或以根数计算。

(8) 截(凿)桩头按设计桩截面积乘以桩头长度以体积或按设计图示数量计算。

(9) 砖基础按设计图示尺寸以体积计算。包括附墙垛基础宽出部分体积，扣除地梁(圈梁)、构造柱所占体积，不扣除基础大放脚 1 形接头处的重叠部分及嵌入基础内的钢筋、铁件、管道、基础砂浆防潮层和单个面积 $0.3m^2$ 以内的孔洞所占体积，靠墙暖气沟的挑檐不增加。基础长度：外墙按中心线，内墙按净长线计算。

(10) 实心砖墙、多孔砖墙、空心砖墙按设计图示尺寸以体积计算。扣除门窗洞口、过人洞、空圈、嵌入墙内的钢筋混凝土柱、梁、圈梁、挑梁、过梁及凹进墙内的壁龛、管槽、暖气槽、消火栓箱所占体积。不扣除梁头、板头、擦头、垫木、木楞头、沿椽木、木砖、门窗走头、砖墙内加固钢筋、木筋、铁件、钢管及单个面积 $0.3m^2$ 以内的孔洞所占体积。凸出墙面的腰线、挑檐、压顶、窗台线、虎头砖、门窗套的体积亦不增加。凸出墙面的砖垛并入墙体体积内计算。

(11) 现浇混凝土基础包括带形基础、独立基础、满堂基础、设备基础、桩承台基础、垫层，按设计图示尺寸以体积计算。不扣除伸入承台基础的桩头所占体积。

(12) 现浇混凝土柱，包括矩形柱、异形柱和构造柱，按设计图示尺寸以体积计算。其中有梁板的柱高，应自柱基上表面(或楼板上表面)至上一层楼板上表面之间的高度计算；无梁板的柱高，应自柱基上表面(或楼板上表面)至柱帽下表面之间的高度计算；框架柱的柱高，应自柱基上表面至柱顶高度计算；构造柱按全高计算，嵌接墙体部分(马牙槎)并入柱身体积；依附柱上的牛腿和升板的柱帽，并入柱身体积计算。

(13) 现浇混凝土梁包括基础梁、矩形梁、异形梁、圈梁、过梁、弧形、拱形梁等，按设计图示尺寸以体积计算。不扣除构件内钢筋、预埋铁件所占体积，伸入墙内的梁头、梁垫并入梁体积内；梁与柱连接时，梁长算至柱侧面；主梁与次梁连接时，次梁长算至主梁侧面。

(14) 现浇混凝土楼板按设计图示尺寸以体积计算。不扣除构件内钢筋、预埋铁件及单个面积 $0.3m^2$ 以内的孔洞所占体积。有梁板(包括主、次梁与板)按梁、板体积之和计算，无梁板按板和柱帽体积之和计算，各类板伸入墙内的板头并入板体积内计算，薄壳板的肋、基梁并入薄壳体积内计算。

(15) 天沟板、挑檐版按设计图示尺寸以体积计算。

(16) 雨篷、阳台板按设计图示尺寸以墙外部分体积计算。包括伸出墙外的牛腿和雨篷反挑檐的体积。

(17) 现浇混凝土楼梯按设计图示尺寸以水平投影面积计算。不扣除宽度≤500mm的楼梯井，伸入墙内部分不计算。

(18) 后浇带按设计图示尺寸以体积计算。

(19) 预制混凝土柱：①以立方米计量，按设计图示尺寸以体积计算。②以根计量，按设计图示尺寸以数量计量。

(20) 预制混凝土梁①以立方米计量，按设计图示尺寸以体积计算。①以根计量，按设计图示尺寸以数量计量。

(21) 预制混凝土屋架①以立方米计量，按设计图示尺寸以体积计算。②以榀计量，按设计图示尺寸以数量计量。

(22) 预制混凝土板按设计图示尺寸以体积计算。不扣除构件内钢筋、预埋铁件及单个面积≤300mm×300mm以内的孔洞所占体积，扣除空心板空洞体积。或以块计量，按设计图示尺寸以数量计量。

(23) 预制混凝土楼梯按设计图示尺寸以体积计算。扣除空心踏步板空洞体积。或以段计量，按设计图示尺寸以数量计量。

(24) 混凝土构筑物：①按设计图示尺寸以体积计算。不扣除单个面积≤300mm×300mm以内的孔洞所占体积；②按设计图示尺寸以面积计算。不扣除单个面积≤300mm×300mm以内的孔洞所占面积；③以根计量，按设计图示尺寸以数量计量。

(25) 钢筋工程按设计图示钢筋(网)长度(面积)乘以单位理论质量计算。

(26) 螺栓、预埋铁件按设计图示尺寸以质量计算。

(27) 钢屋架、钢网架、钢托架、钢桁架按设计图示尺寸以质量计算。不扣除孔眼的质量，焊条、铆钉等不另增加质量。

(28) 钢板楼板按设计图示尺寸以铺设水平投影面积计算。不扣除及单个面积≤$0.3m^2$柱、垛及孔洞所占面积。

(29) 钢板墙板按设计图示尺寸以铺挂面积计算。不扣除单个面积≤$0.3m^2$的梁、孔洞所占面积，包角、包边、窗台泛水等不另增加面积。

(30) 木屋架按设计图示数量以榀计算或按设计图示的规格尺寸以体积计算。

(31) 木楼梯按设计图示尺寸以水平投影面积计算。不扣除宽度小于300mm的楼梯井，伸入墙内部分不计算。

(32) 瓦屋面、型材屋面按设计图示尺寸以斜面积计算。不扣除房上烟囱、风帽底座、风道、小气窗、斜沟等所占面积，小气窗的出檐部分不增加面积。

(33) 膜结构屋面按设计图示尺寸以需要覆盖的水平面积计算。

(34) 屋面卷材防水、涂膜防水按设计图示尺寸以面积计算。斜屋顶(不包括平屋顶找坡)按斜面积计算，平屋顶按水平投影面积计算；不扣除房上烟囱、风帽底座、风道、屋面小气窗和斜沟所占面积；屋面的女儿墙、伸缩缝和天窗等处的弯起部分，并入屋面工程量内。

(35) 屋面排水管按设计图示尺寸以长度计算。如设计未标注尺寸，以檐口至设计室外散水上表面垂直距离计算。

(36) 墙、地面防水防潮按设计图示尺寸以面积计算。地面防水：按主墙间净空面积计算，扣除凸出地面的构筑物、设备基础等所占面积，不扣除间壁墙及单个$0.3m^2$以内的柱、垛、烟囱和孔洞所占面积；墙基防水：外墙按中心线，内墙按净长乘以宽度计算。

(37) 变形缝按设计图示长度计算。

(38) 保温隔热屋面按设计图示尺寸以面积计算。扣除面积＞$0.3m^2$ 空洞及占位面积。

(39) 保温隔热天棚按设计图示尺寸以面积计算。扣除面积＞$0.3m^2$ 以上柱、垛、孔洞所占面积，与天棚相连的梁按展开面积，计算并入天棚工程量内。

(40) 保温隔热墙按设计图示尺寸以面积计算。扣除门窗洞口以及面积>$0.3m^2$ 梁、孔洞所占面积，门窗洞口侧壁以及与墙相连的柱，并入保温墙体工程量内。

(41) 整体面层楼地面工程量按设计图示尺寸以面积计算。扣除凸出地面构筑物、设备基础、室内铁道、地沟等所占面积，不扣除间壁墙和 $0.3m^2$ 以内的柱、垛、附墙烟囱及孔洞所占面积。门洞、空圈、暖气包槽、壁龛的开口部分不增加面积。

(42) 块料面层楼地面工程量按设计图示尺寸以面积计算。门洞、空圈、暖气包槽、壁龛的开口部分并入相应工程量内。

(43) 踢脚线工程量按设计图示长度乘以高度以面积计算或按延长米计算。

(44) 楼梯装饰的工程量按设计图示尺寸以楼梯(包括踏步、休息平台及 500mm 以内的楼梯井)水平投影面积计算。楼梯与楼地面相连时，算至梯口梁内侧边沿；无梯口梁者，算至最上一层踏步边沿加 300mm。

(45) 扶手、栏杆、栏板的工程量按设计图纸尺寸以扶手中心线长度(包括弯头长度)计算。

(46) 墙面抹灰工程量按设计图示尺寸以面积计算。扣除墙裙、门窗洞口及单个 $0.3m^2$ 以外的孔洞面积，不扣除踢脚线、挂镜线和墙与构件交接处的面积，门窗洞口和孔洞的侧壁及顶面不增加面积。附墙柱、梁、垛、烟囱侧壁并入相应的墙面面积内。

(47) 柱面抹灰工程量按设计图示柱断面周长乘以高度以面积计算。

(48) 墙面、柱(梁)面镶贴块料的工程量按设计图示尺寸以镶贴面积计算。

(49) 天棚抹灰的工程量按设计图示尺寸以水平投影面积计算。不扣除间壁墙、垛、柱、附墙烟囱、检查口和管道所占的面积，带梁天棚的梁两侧抹灰面积并入天棚面积内，板式楼梯底面抹灰按斜面积计算，锯齿形楼梯底板抹灰按展开面积计算。

(50) 天棚吊顶的工程量按设计图示尺寸以水平投影面积计算。天棚面中的灯槽及跌级、锯齿形、吊挂式、藻井式天棚面积不展开计算。不扣除间壁墙、检查口、附墙烟囱、柱垛和管道所占面积，扣除单个 $0.3m^2$ 以外的孔洞、独立柱及与天棚相连的窗帘盒所占的面积。

(51) 门窗工程量按设计图示数量或设计图示洞口尺寸面积计算。

(52) 门、窗油漆工程量按设计图示数量或设计图示单面洞口面积计算。

(53) 金属面油漆工程量按设计图示尺寸以质量计算或按设计展开面积计算。

(54) 抹灰面油漆工程量按设计图示尺寸以面积计算；抹灰线条油漆工程量按设计图示尺寸以长度计算。

(55) 墙面及天棚刷喷涂料工程量按设计图示尺寸以面积计算。

(56) 综合脚手架按建筑面积计算，满堂脚手架按搭设的水平投影面积计算。

(57) 混凝土模板及支架(撑)工程量按模板与现浇混凝土构件的接触面积计算。现浇钢筋混凝土墙、板单孔面积≤0.3m 的孔洞不予扣除，洞侧壁模板亦不增加；单孔面积＞0.3m 时应予扣除，洞侧壁模板面积并入墙、板工程量内计算。现浇框架分别按梁、板、柱有关规定计算；附墙柱、暗梁、暗柱并入墙内工程量。柱、梁、墙、板相互连接的重迭部分，均不计算模板面积。构造柱按图示外露部分计算模板面积。

(58) 垂直运输按建筑面积计算或按施工工期日历天数计算。

(59) 超高施工增加按建筑物超高部分的建筑面积计算。

习 题

1. 单项选择题

(1) 土方体积应按(　　)计算。

A. 松填土体积　B. 夯实土体积　C. 虚土体积　D. 挖掘前天然密实体积

(2) 平整场地按设计图示尺寸以建筑物(　　)计算。

A. 使用面积　B. 建筑面积　C. 内围面积　D. 首层建筑面积

(3) 下列关于土方工程说法错误的是(　　)。

A. 长 75m，宽 4m 的开挖土方应按沟槽列项

B. 长 20m，宽 50m 的开挖土方应按一般土方列项

C. 长 5m，宽 4m 的开挖土方应按基坑列项

D. 长 12m，宽 9m 的开挖土方应按一般土方列项

(4) 下列说法正确的是(　　)。

A. 换填垫层的工程量按设计图示尺寸以面积计算

B. 空桩长度＝孔深－桩长，孔深为设计桩底的深度

C. 强夯地基的工程量按设计图示处理范围以面积计算

D. 喷射混凝土(砂浆)的钢筋网已包含在相应项目中，不必单独列项

(5) 预制钢筋混凝土桩工程量按(　　)计算。

A. 体积　B. 长度　C. 根数　D. A、B、C 均可

(6) 砌体分部中粘土实心砖规格是按标准砖编制的，其规格为(　　)。

A. 190mm×190mm×90mm　B. 240mm×115mm×90mm

C. 240mm×115mm×53mm　D. 390mm×190mm×190mm

(7) 当基础与墙身使用不同材料时，基础与墙身的界限位于设计室内地坪±(　　)mm 以内时，应以不同材料为界。

A. 300　B. 250　C. 240　D. 200

(8) 计算砌体墙体工程量应调整项目，其中需要扣除(　　)的体积。

A. 钢管　B. 墙身内的加固钢筋

C. 0.3m^2 以下的孔洞　D. 门窗洞口

(9) 钢筋混凝土柱高的规定是：底层自(　　)算起

A. 室外地坪　B. 室内地坪　C. 柱基上表面　D. 柱基下表面

(10) 对于有牛腿的柱子，计算工程量时牛腿体积(　　)。

A. 忽略不计

B. 按实际体积并入柱身体积计算

C. 实际体积乘以系数 1.1 并入柱身体积

D. 实际体积乘以系数 1.15 并入柱身

(11) 计算工程量时，无梁板结构柱高计至(　　)。

A. 楼板上表面　　B. 楼板下表面　　C. 柱帽下表面　　D. 柱帽上表面

(12) 在计算工程量时，由墙(砌体或剪力墙)支承的板称为(　　)。

A. 有梁板　　B. 无梁板　　C. 平板　　D. 预制板

(13) 现浇整体楼梯工程量时不扣除宽度小于(　　)的楼梯井面积。

A. 300mm　　B. 500mm　　C. 600mm　　D. 400mm

(14) 计算工程量时，以投影面积为计算单位者为(　　)。

A. 现浇雨篷　　B. 现浇栏板　　C. 平板　　D. 现浇整体楼梯

(15) 预制板、烟道、通风道不扣除单个面积(　　)mm 以内的孔洞所占体积。

A. 100×100　　B. 200×200　　C. 300×300　　D. 400×400

(16) 一般钢筋工程量按(　　)乘以单位理论质量计算。

A. 设计图示长度　B. 下料长度　　C. 净长度　　D. 构件长度

(17) 现浇构件中固定位置的支撑钢筋、双层钢筋用的“铁马”在编制工程量清单时，如果设计未明确，其工程数量可为(　　)，结算时按(　　)计算。

A. 暂估量　　B. 投标时的数量

C. 现场签证数量　　D. 双方协商的数量

(18) 当整体楼梯与现浇楼板无梯梁连接时，以楼梯的最后一个踏步边缘加(　　)mm 为界。

A. 300　　B. 250　　C. 240　　D. 200

(19) 瓦屋面、型材屋面(包括挑檐部分)均按设计图示尺寸以(　　)计算。

A. 水平投影面积　　B. 斜面积

C. $\frac{1}{2}$水平投影面积　　D. $\frac{1}{2}$斜面积

(20) 屋面卷材防水、屋面涂膜防水及找平层均按设计图示尺寸以面积计算，平屋顶按(　　)计算。

A. 水平投影面积　　B. 斜面积

C. $\frac{1}{2}$水平投影面积　　D. $\frac{1}{2}$斜面积

(21) 根据《房屋建筑与装饰工程工程量计算规范》，下列关于保温层及保温构件的计算方法，叙述正确的是(　　)。

A. 建筑外墙外侧有保温隔热层的，应按保温隔热层中心线计算建筑面积

B. 保温隔热柱按设计图示尺寸以体积计算，以保温层中心线展开长度乘以保温层厚度和高度计算

C. 保温隔热墙按设计图示尺寸以体积计算，扣除门窗洞口所占体积

D. 门窗洞口侧壁需做保温时，并入保温墙体工程量内

(22) 零星装饰适用于小面积(　　)以内少量分散的楼地面装饰，其工程部位或名称应在清单项目中进行描述。

A. $0.5m^2$　　B. $0.3m^2$　　C. $0.2m^2$　　D. $0.1m^2$

(23) 台阶侧面装饰，可按(　　)项目编码列项。

A. 台阶装饰　　B. 楼梯装饰　　C. 零星装饰　　D. 其他材料面层

(24) 天棚抹灰(　　)柱垛包括独立柱所占面积；天棚吊顶(　　)柱垛所占面积，但应(　　)独立柱所占面积。

A. 不扣除　　B. 扣除

(25) 下列有关模板工程说法正确的是(　　)。

A. 现浇钢筋混凝土墙、板单孔面积≤$0.5m^2$的空洞不予扣除

B. 现浇框架结构可以按有梁板、柱有关规定列项并计算

C. 柱、梁、墙、板相互连接的重叠部分也应计算模板面积

D. 构造柱按图示外露部分计算模板面积

2. 多项选择题

(1) 建筑施工各类土的土方开挖深度是指(　　)。

A. 室外自然地坪至垫层顶面　　B. 室外设计地坪至垫层顶面

C. 室外设计地坪至垫层底面　　D. 室外设计地坪至基槽底

E. 室内地坪至垫层底

(2) 某工程有混凝土灌注桩 16 根，桩长 8.3m(其中桩尖长 0.3m)，断面尺寸为 300mm×300mm，则混凝土灌注桩的清单工程量为(　　)。

A. 16 根　　B. 128m　　C. 132.8m

D. $11.95m^3$　　E. $11.52m^3$

(3) 空斗墙工程量以其外形体积计算。墙内的实砌部分中，应并入空斗墙体积内的是(　　)。

A. 窗见墙实砌　　B. 门窗口立边实砌

C. 楼板下实砌　　D. 墙角、内外墙交接处

E. 屋檐实砌

(4) 下列可以按延长米计算工程量的有(　　)。

A. 现浇挑檐天沟　　B. 女儿墙压顶　　C. 现浇栏板

D. 楼梯扶手　　E. 散水

(5) 下列关于构件的划分正确的有(　　)。

A. 短肢剪力墙是指截面厚度不大于 250mm，各肢截面高度与厚度之比的最大值大于 3 但不大于 8 的剪力墙

B. 短肢剪力墙是指截面厚度不大于 300mm，各肢截面高度与厚度之比的最大值大于 4 但不大于 8 的剪力墙

C. 各肢截面高度与厚度之比的最大值不大于 3 的剪力墙按柱列项

D. 各肢截面高度与厚度之比的最大值不大于 4 的剪力墙按柱列项

E. 各肢截面高度与厚度之比的最大值大于 8 的按剪力墙列项

(6) 下列关于楼梯工程量计算，说法正确的有(　　)。

A. 按照设计图示尺寸以楼梯水平投影面积计算

B. 踏步、休息平台应单独另行计算

C. 踏步应单独另行计算，休息平台不应单独另行计算

D. 不扣除宽度小于 500mm 的楼梯井

E. 扣除宽度小于 500mm 的楼梯井

(7) 下列关于预制混凝土构件工程量计算，说法正确的有(　　)。

A. 预制混凝土柱、梁可按设计图示尺寸以数量计量

B. 预制混凝土柱、梁若以根计量时不必描述单件体积

C. 预制混凝土小型池槽、压顶、扶手可按其他构件项目列项

D. 不带肋的预制遮阳板、雨棚板、挑檐板、栏板等应按平板项目列项

E. 预制F形板、双T形板、单肋板和带反挑檐的雨篷板、挑檐板、遮阳板等应按带肋板列项

(8) 木构件中以m^2作为计量单位的有(　　)。

A. 木柱　　B. 木梁　　C. 木制楼梯

D. 屋面木基层　　E. 木屋架

(9) 计算钢构件工程量时下列叙述正确的是(　　)。

A. 按钢材体积计算

B. 按钢材重量计算

C. 构件上的孔洞扣除，螺栓、铆钉重量增加

D. 构件上的孔洞不扣除，螺栓、铆钉重量不增加

E. 加工铁件等小型构件，可按零星钢构件项目列项

(10) 根据《房屋建筑与装饰工程工程量计算规范》(GB 50854—2013)，下列(　　)可以按设计图示尺寸以质量计算。

A. 钢梁　　B. 钢板墙板　　C. 钢板楼板

D. 钢屋架　　E. 钢柱

(11) 根据《房屋建筑与装饰工程工程量计算规范》(GB 50854—2013)，下列(　　)可以按设计图示尺寸以面积计算的。

A. 木楼梯　　B. 防盗门　　C. 钢漏斗

D. 变形缝　　E. 屋面天沟

(12) 楼地面工程中整体面层清单项目设置有(　　)内容。

A. 现浇水磨石楼地面　　B. 细石混凝土楼地面

C. 水泥砂浆楼地面　　D. 花岗岩楼地面

E. 块料楼地面

(13) 下列材料中(　　)属于墙面块料面层。

A. 大理石墙面　　B. 花岗岩墙面　　C. 墙面装饰抹灰

D. 墙面饰面板　　E. 贴瓷砖墙面

(14) 清单中门窗工程量可按(　　)方法计算。

A. 图示洞口面积　　B. 门(窗)扇面积　　C. 樘数

D. 长度　　E. 工日

(15) 下列脚手架项目按服务对象的垂直投影面积计算工程量的有(　　)。

A. 综合脚手架　　B. 外脚手架　　C. 悬空脚手架

D. 满堂脚手架　　E. 外装饰吊篮

(16) 安全文明施工及其他措施项目包括(　　)。

A. 临时设施　　B. 大型机械设备进出场及安拆

C. 非夜间施工照明　　D. 二次搬运

E. 冬雨季施工

综合实训

【实训目标】掌握工程量清单的组成、编制方法、能够独立编制上程量清单文件。

【实训要求】准确计算清单工程量，编制工程量清单。

1. 某建筑物基础平面及剖面如图 4.63 所示。已知设计室外地坪以下砖基础体积为 15.85m^3，混凝土垫层体积为 2.86m^3，室内地面厚度为 200mm，二类土，要求挖出的土堆在槽边，回填土分层夯实，回填后余下的土外运。试编制该土方工程的工程量清单。

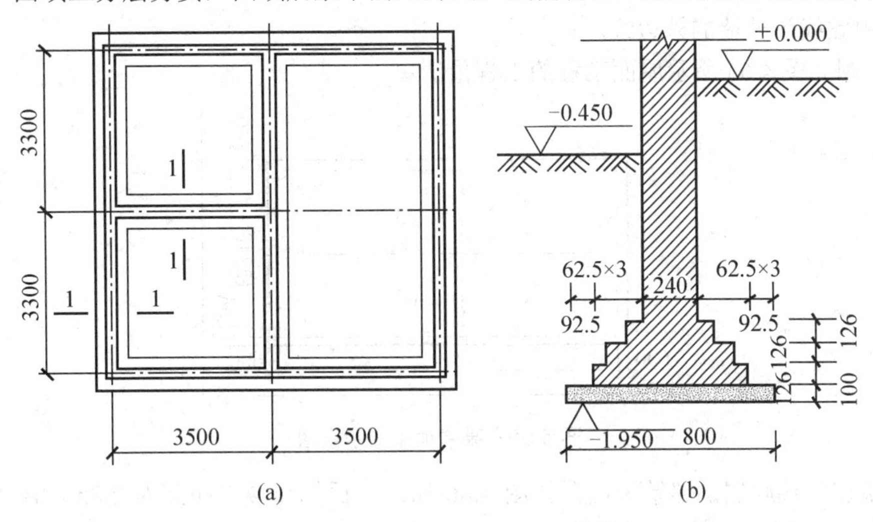

图 4.63　某建筑基础平面及剖面图

2. 某住宅楼底层 C30(40)现浇碎石混凝土框架结构平面如图 4.64 所示。柱高 4.2m(板底标高 3.48m，梁底标高 3.0m)，断面尺寸为 400mm×400mm，梁断面尺寸为 300mm×600mm，现浇板厚 120mm；试编制该框架的工程量清单。

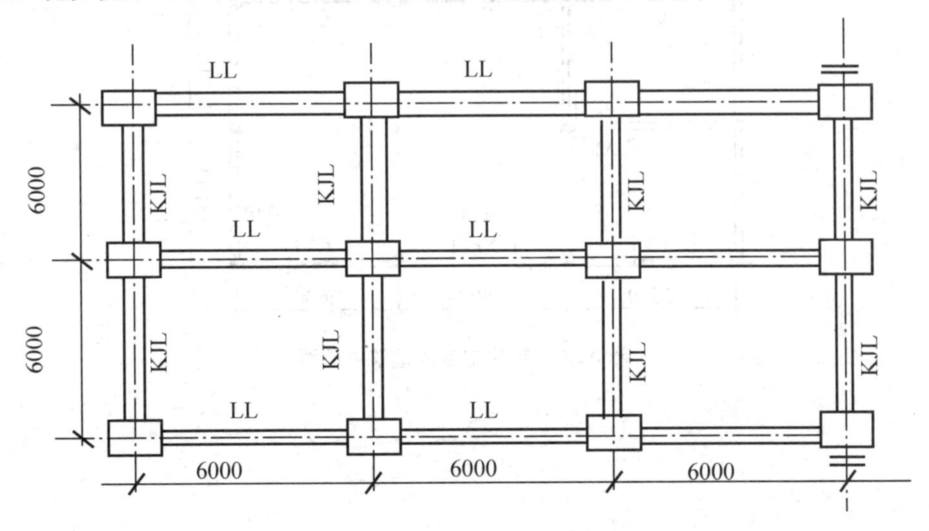

图 4.64　某住宅底层框架平面图

3. 下面工程的编制屋面工程的工程量清单。

屋面做法：

(1) 15 厚 1∶2.5 水泥砂浆找平层；

(2) 冷底子油二道，一毡二油隔汽层；

(3) 水泥炉渣(1∶8)，最薄处厚度为 60mm；

(4) 100 厚加气混凝土块；

(5) 20 厚 1∶3 水泥砂浆找平层；

(6) SBS 改性沥青防水卷材。

(图中虚线为外墙的外边线。)

试编制如图 4.65 所示屋面工程的工程量清单。

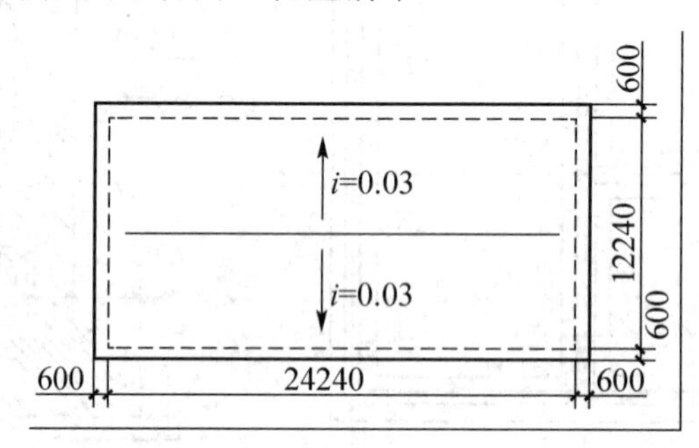

图 4.65　某屋顶平面示意图

4. 某住宅楼底层的建筑平面图如图 4.66 所示，已知该楼层净高为 2.8m，图中尺寸界线所标注的为墙体内边线，天棚做法为轻钢龙骨吊顶，600mm×600mm 石膏板面层，一级天棚，内墙面先用混合砂浆粉刷(厚 15mm＋5mm)，再满刮石膏腻子，刷乳胶漆三遍，外墙面粘贴大理石，其中 C1 为 1500mm×1500mm，M1 为 1500mm×2400mm，M2 为 900mm×2400mm，柱子断面 500mm×500mm，试编制装饰工程工程量清单。

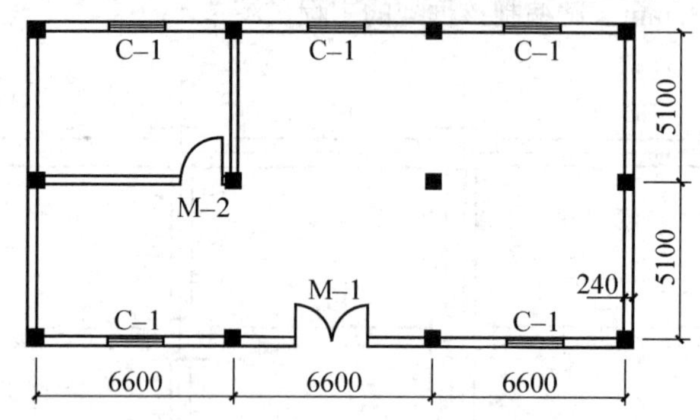

图 4.66　某住宅底层建筑平面图

附　录

某办公楼工程量清单编制综合案例

学习目标

通过本章学习，了解建筑工程工程量清单的内容，熟悉建筑工程工程量清单表格，掌握建筑工程工程量清单的编制。

能力目标

知识要点	能力要求	比重
工程量清单的内容	掌握工程量清单编制的一般规定及工程量清单表格的组成	20%
工程量清单的编制	掌握项目编码、项目名称、项目特征、计量单位、工程量的确定原则，掌握工程量计算规则	80%

导 读

建筑工程施工图工程量清单编制实例主要包括两大部分内容。

一、编制依据

1. ××××办公楼施工图纸(见附图1至附图26)
2. 《建设工程工程量清单计价规范》(GB 50500—2013)
3. 《房屋建筑与装饰工程工程量计算规范》(GB 50854—2013)
4. 《建筑工程建筑面积计算规范》(GB/T 50353—2013)

二、编制内容

1. 单位工程费汇总表
2. 分部分项工程量和单价措施项目清单与计价表
3. 综合单价分析表
4. 总价措施项目清单与计价表
5. 主要材料价格表
6. 教学楼门窗汇总一览表

一、单位工程费汇总表

工程名称：预算书1

序号	费用名称	金额/元
1	清单项目费用	
1.1	其中：综合工日	
1.2	1) 人工费	
1.3	2) 材料费	
1.4	3) 机械费	
1.5	4) 企业管理费	
1.6	5) 利润	
2	措施项目费	
2.1	其中：1) 技术措施费	
2.1.1	综合工日	
2.1.2	① 人工费	
2.1.3	② 材料费	
2.1.4	③ 机械费	
2.1.5	④ 企业管理费	
2.1.6	⑤ 利润	
2.2	2) 安全文明措施费	
2.3	3) 二次搬运费	
2.4	4) 夜间施工措施费	
2.5	5) 冬雨施工措施费	
2.6	6) 其他	
3	其他项目费用	
3.1	其中：1) 总承包服务费	
3.2	2) 暂列金额	

(续)

工程名称：预算书 1

序号	费用名称	金额/元
3.3	3) 暂估价	
3.4	4) 计日工	
3.5	5) 其他	
4	规费	
4.1	其中：1) 工程排污费	
4.2	2) 社会保障费	
4.3	3) 住房公积金	
5	税前造价合计	
6	税金	
合计		

二、分部分项工程量和单价措施项目清单与计价表

工程名称：预算书 1

序号	项目编码	项目名称	项目特征	计量单位	工程数量	金额/元	
						综合单价	合价
	附录 A	土石方工程					
1	010101001001	平整场地	一般土 平整场地	m^2	369.42		
2	010101004001	挖基坑土方	一般土、独立基础(楼梯柱基础)、挖土深度 1.0m	m^3	4.73		
3	010101004002	挖基坑土方	一般土、独立基础；挖土深度 1.5m	m^3	412.5		
4	010101004003	挖基坑土方	一般土、独立基础(电梯基坑)、挖土深度 1.6m	m^3	19.6		
5	010101005001	挖沟槽土方	一般土、带形基础(砖基础下)、挖土深度 1.4m	m^3	39.48		
6	010103001001	回填方	一般土、夯填、压实系数≥0.97	m^3	330.59		
7	010103002001	余土弃置	一般土、翻斗车外运土、运距 900m 内	m^3	96.23		
	附录 D	砌筑工程					
1	010401001001	砖基础	MU10 标准黏土砖、M5 水泥砂浆、带型砖基础、墙厚 240mm、墙高 1.25m	m^3	21.22		
2	010401003001	实心砖墙	蹲便台零星砌砖	m^3	0.52		
3	010402001001	砌块墙	M5 混合砂浆、加气混凝块 混水墙、墙厚 200mm	m^3	262.37		
本页小计							

(续)

工程名称：预算书1

序号	项目编码	项目名称	项目特征	计量单位	工程数量	金额/元	
						综合单价	合价
	附录E	混凝土及钢筋混凝土工程					
1	010501001001	垫层	C15现浇混凝土基础垫层厚100mm 商品混凝土	m^3	20.853		
2	010501002001	带形基础	C15无梁式现浇混凝土带形基础(砖基础下)、宽600m、厚450m、基础底标高－1.7m、商品混凝土	m^3	11.11		
3	010501003001	独立基础	C30现浇混凝土独立基础、基础底标高－1.7m、商品混凝土	m^3	63.44		
4	010501003002	独立基础	C30现浇混凝土独立基础(电梯基础)、基础底标高－1.8m、商品混凝土	m^3	1.46		
5	010501003003	独立基础	C15现浇混凝土独立基础(楼梯基础)、基础底标高－0.9m、商品混凝土	m^3	0.44		
6	010502001001	矩形柱	C25现浇混凝土柱子(TZ)、截面300×200、商品混凝土	m^3	1.74		
7	010502001002	矩形柱	C30现浇混凝土框架柱、柱高8.22m、截面500×500、商品混凝土	m^3	4.11		
8	010502001003	矩形柱	C30现浇混凝土框架柱、柱高16.42m、截面500×500、商品混凝土	m^3	65.68		
9	010502003001	构造柱	C20现浇混凝土构造柱、截面200×200商品混凝土	m^3	16.75		
10	010503002001	矩形梁	C30现浇混凝土单梁、商品混凝土	m^3	4.66		
11	010503004001	圈梁	C20现浇混凝土地圈梁、截面240×200、商品混凝土	m^3	3.4		
12	010503004002	圈梁	C20现浇混凝土圈梁、截面200×200、商品混凝土	m^3	5.15		
			本页小计				

(续)

工程名称：预算书 1

序号	项目编码	项目名称	项目特征	计量单位	工程数量	金额/元	
						综合单价	合价
13	010503004003	圈梁	C20 素混凝土栏杆底座、截面 200×120、商品混凝土	m^3	0.84		
14	010503004004	圈梁	C20 素混凝土墙带、截面 200×400(200×250、200×300)、商品混凝土	m^3	8.06		
15	010503005001	过梁	C20 现浇混凝土过梁、截面 200×100(200×150)、商品混凝土	m^3	0.93		
16	010504001001	直形墙	C30 现浇混凝土墙、墙厚 200 厚、墙高 1.6m、商品混凝土	m^3	3.2		
17	010505001001	有梁板	C30 现浇混凝土有梁板，板厚 100mm、商品混凝土	m^3	183.28		
18	010505001002	有梁板	C30 现浇混凝土有梁板，板厚 120mm、商品混凝土	m^3	83.33		
19	010505008001	雨篷	C20 现浇混凝土雨篷，板顶标高 3.77m、商品混凝土	m^3	2.68		
20	010506001001	直形楼梯	C25 现浇混凝土直形楼梯(1#)、板厚 100mm、商品混凝土	m^2	37.52		
21	010506001002	直形楼梯	C25 现浇混凝土直形楼梯(2#)、板厚 120mm、商品混凝土	m^2	29.71		
22	010507001001	压顶	C20 现浇混凝土女儿墙压顶、截面 100×300、商品混凝土	m^3	2.04		
23	010507004001	台阶	C15 现浇混凝土台阶 商品混凝土	m^2	10.53		
24	010510003001	预制混凝土过梁	C20 预制混凝土过梁、截面 200×100	m^3	0.57		
25	010515001001	现浇构件钢筋	现浇混凝土钢筋(HPB300 钢筋Φ10 以内)	t	14.646		
26	010515001002	现浇构件钢筋	现浇构件钢筋(HPB300 钢筋Φ10 以上)	t	5.29		
27	010516001001	现浇构件钢筋	现浇构件钢筋(HRB335 钢筋综合)	t	3.007		
本页小计							

(续)

工程名称：预算书1

序号	项目编码	项目名称	项目特征	计量单位	工程数量	金额/元	
						综合单价	合价
28	010516001002	现浇构件钢筋	现浇构件钢筋(HRB400钢筋综合)	t	37.31		
29	010515001003	砌体加固钢筋	砌体加固钢筋(HPB300钢筋Φ10以内)	t	1		
30	010515001004	砌体加固钢筋	砌体加固钢筋(HPB300钢筋Φ10以上)	t	0.907		
31	010516002001	预埋铁件	预埋铁件	t	0.473		
32	010516003001	机械连接	柱纵向钢筋电渣压力焊接头	个	448		
33	010516003002	机械连接	梁横向钢筋锥螺纹接头ϕ25以内	个	239		
	附录G	木结构工程					
1	010702005001	其他木构件	屋面人孔木盖板,规格950×970	m^2	0.92		
	附录J	屋面及防水工程					
1	011101006001	平面砂浆找平层	屋面 1∶3 水泥砂浆加聚丙烯找平层 在填充料上20mm厚	m^2	389.51		
2	010902001001	屋面卷材防水	屋面高聚物改性沥青卷材，厚3mm冷贴，满铺	m^2	389.51		
3	011003001001	隔离层	屋面隔离层 无纺织聚酯纤维布	m^2	353.06		
4	010902002001	屋面涂膜防水	高聚物改性沥青防水涂料，厚3mm，溶剂型	m^2	389.51		
5	010902004001	屋面排水管	UPVC水落管圆形ϕ100，UPVC水斗圆形ϕ100，铸铁弯头	m	62		
6	010902004002	屋面排水管	雨篷出水口短管	个	2		
7	010904002001	聚氨酯涂膜	卫生间地面聚氨酯涂膜，二遍厚1.5mm	m^2	13.96		
8	010904004001	变形缝	散水沥青砂浆缝	m	76.44		
	附录K	保温、隔热、防腐工程					
1	011001001001	保温隔热屋面	屋面保温 水泥珍珠岩1∶8	m^3	29.48		
2	011001001002	保温隔热屋面	屋面聚苯乙烯泡沫板50mm干铺保温层	m^3	353.06		
			本页小计				

(续)

工程名称：预算书 1

序号	项目编码	项目名称	项目特征	计量单位	工程数量	金额/元	
						综合单价	合价
	附录 L	楼地面装饰工程					
1	011101001001	水泥砂浆楼地面	杂物间 20 厚 1∶2 水泥砂浆楼地面	m^2	4.26		
2	011102003001	块料楼地面	地板砖楼地面　规格(mm) 800×800(走廊、会议室)	m^2	411.23		
3	011102003002	块料楼地面	地板砖楼地面　规格(mm) 500×500(办公室、值班室、超市、商务中心)	m^2	409.56		
4	011102003003	块料楼地面	地板砖楼地面 规格(mm) 300×300 卫生间和楼梯平台	m^2	187.71		
5	011102001001	石材楼地面	大理石楼地面(门厅、休息厅)	m^2	285.19		
6	011105001001	水泥砂浆踢脚线	水泥砂浆踢脚线　(杂物间)	m^2	1		
7	011105003001	块料踢脚线	地板砖 踢脚线	m^2	67.94		
8	011105002001	石材踢脚线	大理石踢脚线(门厅、休息厅)	m^2	17.58		
9	011106002001	块料楼梯面层	地板砖　楼梯面层 300×300	m^2	40.22		
10	011107002001	块料台阶面	地板砖台阶面层	m^2	10.53		
11	010507001001	散水	C15 混凝土散水垫层、混凝土散水面一次抹光	m^2	66.92		
12	010404001001	垫层	地面垫层 3∶7 灰土(台阶)	m^3	10.04		
13	010404001002	垫层	卫生间蹲便台 1∶6 水泥炉渣垫层	m^3	2.96		
14	010501001002	垫层	一层室内地面 C15 混凝土垫层	m^3	32.41		
15	010501001003	垫层	台阶平台 C15 混凝土垫层	m^3	0.53		
	附录 M	墙、柱面装饰与隔断、幕墙工程					
1	011201001001	墙面一般抹灰	混合砂浆 加气混凝土墙厚(15+5)mm	m^2	1976.27		
			本页小计				

(续)

工程名称：预算书1

序号	项目编码	项目名称	项目特征	计量单位	工程数量	金额/元	
						综合单价	合价
2	011203001001	零星项目一般抹灰	水泥砂浆粉女儿墙压顶	m^2	39.36		
3	011204003001	块料墙面	贴瓷砖 加气混凝土墙 300×200	m^2	586.45		
4	011210001001	成品隔断	轻质隔墙 GRC板 厚100	m^2	49.9		
5	011210001002	成品隔断	卫生间成品浴厕隔断安装	m^2	87.22		
	附录N	天棚工程					
1	011301001001	天棚抹灰	天棚混凝土面 抹混合砂浆 厚(10+2)mm	m^2	366		
2	011301001002	天棚抹灰	天棚混凝土面 水泥砂浆厚(7+5)mm 卫生间	m^2	113.6		
3	011302001001	天棚吊顶	天棚 T 形铝合金龙骨架(不上人)600mm×600mm 矿棉板 搁在龙骨上	m^2	558.73		
4	011302001002	天棚吊顶	天棚 U 形轻钢龙骨架(不上人)600mm×600mm 石膏板螺接U形龙骨	m^2	285.19		
	附录H	门窗工程					
1	010801001001	镶板木门	单扇无亮镶板木门 M-2 洞口1000mm×2100mm	m^2	23.1		
2	010801001002	胶合板门	双扇无亮胶合板门 M-3 洞口1500mm×2400mm	m^2	18		
3	010801001003	胶合板门	单扇无亮胶合板百叶门 M-4洞口900mm×2100mm	m^2	15.12		
4	010801001004	胶合板门	双扇有亮平开半玻胶合板门 M-5 洞口 1200mm×2100mm	m^2	12.6		
5	010802001001	金属地弹门	铝合金全玻双扇成品地弹,(5+12+5)mm厚的中空玻璃M-1洞口1500mm×3200mm	m^2	4.8		
6	020402005001	塑钢门	成品塑钢推拉门，(5+12+5)mm厚的中空玻璃M-7洞口4500mm×3200mm M-8洞口4500mm×2500mm	m^2	40.05		
7	020402005002	塑钢门	成品塑钢平开门，(5+12+5)mm 厚的中空玻璃 M-6 洞口5500mm×3200mm	m^2	17.6		
8	020406007001	塑钢窗	成品塑钢推拉窗，85 系列，白色中空玻璃C1 C2 C3 C4	m^2	245.92		
9	010801006001	特殊五金	地弹簧安装	个	6		
			本页小计				

(续)

工程名称：预算书 1

序号	项目编码	项目名称	项目特征	计量单位	工程数量	金额/元	
						综合单价	合价
	附录 P	油漆、涂料、裱糊工程					
1	011401001001	木门油漆	木门油调和漆两遍 M2 M3 M4 M5	m^2	68.82		
2	011403001001	木扶手油漆	木扶手调和漆两遍，无托板	m	65.48		
3	011405001001	金属面油漆	铁栏杆调和漆两遍	t	1.411		
4	011405001002	金属面油漆	铁栏杆红丹防锈漆一道	t	1.411		
5	011406001001	抹灰面油漆	内墙面刷乳胶漆 满刮白水泥腻子 二遍	m^2	2066.18		
6	011406001002	抹灰面油漆	室内天棚刷乳胶漆 满刮白水泥腻子 二遍	m^2	479.6		
7	011406001003	抹灰面油漆	外墙面乳胶漆	m^2	1155.21		
	附录 Q	其他装饰工程					
1	011503001001	金属扶手带栏杆、栏板	ϕ50×1.5 不锈钢钢管扶手、ϕ19×1.6 不锈钢钢管栏杆、栏杆高 1.1m(阳台、C-1)	m	35.1		
2	011503001002	金属扶手带栏杆、栏板	ϕ50×1.5 不锈钢钢管扶手、ϕ19×1.6 不锈钢钢管栏杆、栏杆高 1.05m(C-2)	m	114		
3	011503002001	硬木扶手带栏杆、栏板	硬木扶手 80mm×40mm、铁栏杆垂直间距不大于 110mm、栏杆高 0.9m(楼梯)	m	65.48		
	附录 S	措施项目					
1	011701001001	综合脚手架	框架结构 檐高 15.5m	m^2	1498.14		
2	011703001001	垂直运输	框架结构 檐高 15.5m	m^2	1498.14		
3	011705001001	大型机械进出场及安拆	塔式起重机 15t	台次	1		
本页小计							
合计							

三、综合单价分析表

工程名称：预算书1　　　　第1页　共1页

序号	项目编码	项目名称	项目特征	工程内容	综合单价组成/元					综合单价/元
					人工费	材料费	机械费	管理费	利润	

四、总价措施项目清单与计价表

工程名称：预算书1　　　　第1页　共1页

序号	项目编码	项目名称	计算基础	费率	金额/元
1	011707001001	安全文明措施费			
2	011707004001	二次搬运费			
3	011707002001	夜间施工			
4	011707005001	冬雨季施工			
合计					

五、主要材料价格表

工程名称：预算书 1　　　　第 1 页　共 1 页

序号	材料号	名称	规格、型号等特殊要求	单位	数量	单价	合计
1	C01267	钢筋	Ⅲ级	t			
2	00007	C30 商品混凝土	最大粒径 20mm	m^3			
3	C00003	钢筋	ϕ10 以内 Ⅰ级	t			
4	[974]BC1751	塑钢推拉窗(含玻璃、配件)		m^2			
5	AC104	混凝土块	加气	m^3			
6	[974]BC929	大理石板	500×500	m^2			
7	[974]BC4014	不锈钢管	ϕ29×3	m			
8	[974]BC4002	地板砖	800×800	千块			
9	[974]BC897	花瓷砖	300×200	千块			
10	C00004	钢筋	ϕ10 以外 Ⅰ级	t			
11	[974]C00195	乳胶漆	室内	kg			
12	C01174	模板料		m^3			
13	00001	C15 商品混凝土	最大粒径 20mm	m^3			
14	[974]BC1285	矿棉板	厚 12mm	m^2			
15	AC229	钢模板		t			
16	[974]BC1046	不锈钢法兰及盖	ϕ80 以内 栏杆配件	套			
17	C01266	钢筋	Ⅱ级	t			
18	[974]C00054	水泥	42.5	t			
19	C00046	竹脚手板	3000×330×50	m^2			
20	00003	C20 商品混凝土	最大粒径 20mm	m^3			

六、教学楼门窗汇总一览表

编号	名称	洞口尺寸/mm		单面积	总樘数	总面积	内墙 200				外墙 200			
		长	宽				1	2	3	4	1	2	3	4
M-1	铝合金地弹门	1.5	3.2	4.8	1	4.8					4.8			
M-2	木门	1	2.1	2.1	11	23.1	8.4	14.7						
M-3	木门	1.5	2.4	3.6	5	18			7.2	10.8				
M-4	木门	0.9	2.1	1.89	8	15.12	3.78	3.78	3.78	3.78				
M-5	木门	1.2	2.1	2.52	5	12.6	2.52	5.04	2.52	2.52				
M-6	塑钢地弹门	5.5	3.2	17.6	1	17.6					17.6			
M-7	塑钢推拉门	4.5	3.2	14.4	2	28.8	28.8							
M-8	塑钢推拉门	4.5	2.5	11.25	1	11.25			11.25					
C-1	塑钢推拉窗	1.8	2.7	4.86	7	34.02					4.86	9.72	9.72	9.72
C-2	塑钢推拉窗	1.5	2.3	3.45	54	186.3					41.4	48.3	48.3	48.3
C-3	塑钢推拉窗	1.2	1.5	1.8	12	21.6					5.4	5.4	5.4	5.4
C-4	塑钢推拉窗	1.25	3.2	4	1	4	3.2							
DTM	电梯门	1.2	2.2	2.64	4	10.56	2.64	2.64	2.64	2.64				
DK-1	洞口 1	1.8	3.2	5.76	1	5.76					5.76			
DK-2	楼梯间	1.5	2.5	3.75	4	15	3.75	3.75	3.75	3.75				
DK-3	卫生间	1.2	2.5	3	1	3	3							
DK-4	卫生间	1.3	2.5	3.25	1	3.25		3.25						
DK-5	卫生间	1.8	2.5	4.5	2	9			4.5	4.5				
合计														

参 考 文 献

[1] 中华人民共和国住房和城乡建设部．建设工程工程量清单计价规范(GB 50500—2013)[S]．北京：中国计划出版社，2013．

[2] 中华人民共和国住房和城乡建设部．房屋建筑与装饰工程工程量计算规范(GB 50854—2013)[S]．北京：中国计划出版社，2013．

[3] 规范编制组．2013 建设工程计价计量规范辅导[M]．北京：中国计划出版社，2013．

[4] 中华人民共和国住房和城乡建设部．建筑工程建筑面积计算规范(GB/T 50353—2013)[S]．北京：中国计划出版社，2014．

[5] 河南省建筑工程标准定额站．河南省建设工程工程量清单综合单价(A 建筑工程，B 装饰装修工程)[M]．郑州：黄河水利出版社，2009．

北京大学出版社高职高专土建系列规划教材

序号	书名	书号	编著者	定价	出版时间	印次	配套情况
		基础课程					
1	工程建设法律与制度	978-7-301-14158-8	唐茂华	26.00	2012.7	6	ppt/pdf
2	建设法规及相关知识	978-7-301-22748-0	唐茂华等	34.00	2014.9	2	ppt/pdf
3	建设工程法规(第2版)	978-7-301-24493-7	皇甫婧琪	40.00	2014.12	2	ppt/pdf/答案/素材
4	建筑工程法规实务	978-7-301-19321-1	杨陈慧等	43.00	2012.1	4	ppt/pdf
5	建筑法规	978-7-301-19371-6	董伟等	39.00	2013.1	4	ppt/pdf
6	建设工程法规	978-7-301-20912-7	王先恕	32.00	2012.7	3	ppt/ pdf
7	AutoCAD 建筑制图教程(第2版)	978-7-301-21095-6	郭　慧	38.00	2014.12	6	ppt/pdf/素材
8	AutoCAD 建筑绘图教程(第2版)	978-7-301-24540-8	唐英敏等	44.00	2014.7	1	ppt/pdf
9	建筑 CAD 项目教程(2010 版)	978-7-301-20979-0	郭　慧	38.00	2012.9	2	pdf/素材
10	建筑工程专业英语	978-7-301-15376-5	吴承霞	20.00	2013.8	8	ppt/pdf
11	建筑工程专业英语	978-7-301-20003-2	韩薇等	24.00	2014.7	2	ppt/ pdf
12	★建筑工程应用文写作(第2版)	978-7-301-24480-7	赵立等	50.00	2014.7	1	ppt/pdf
13	建筑识图与构造(第2版)	978-7-301-23774-8	郑贵超	40.00	2014.12	2	ppt/pdf/答案
14	建筑构造	978-7-301-21267-7	肖　芳	34.00	2014.12	4	ppt/ pdf
15	房屋建筑构造	978-7-301-19883-4	李少红	26.00	2012.1	4	ppt/pdf
16	建筑识图	978-7-301-21893-8	邓志勇等	35.00	2013.1	2	ppt/ pdf
17	建筑识图与房屋构造	978-7-301-22860-9	贠禄等	54.00	2015.1	2	ppt/pdf /答案
18	建筑构造与设计	978-7-301-23506-5	陈玉萍	38.00	2014.1	1	ppt/pdf /答案
19	房屋建筑构造	978-7-301-23588-1	李元玲等	45.00	2014.1	2	ppt/pdf
20	建筑构造与施工图识读	978-7-301-24470-8	南学平	52.00	2014.8	1	ppt/pdf
21	建筑工程制图与识图(第2版)	978-7-301-24408-1	白丽红	29.00	2014.7	1	ppt/pdf
22	建筑制图习题集(第2版)	978-7-301-24571-2	白丽红	25.00	2014.8	1	pdf
23	建筑制图(第2版)	978-7-301-21146-5	高丽荣	32.00	2015.4	5	ppt/pdf
24	建筑制图习题集(第2版)	978-7-301-21288-2	高丽荣	28.00	2014.12	5	pdf
25	建筑工程制图(第2版)(附习题册)	978-7-301-21120-5	肖明和	48.00	2012.8	3	ppt/pdf
26	建筑制图与识图	978-7-301-18806-2	曹雪梅	36.00	2014.9	1	ppt/pdf
27	建筑制图与识图习题册	978-7-301-18652-7	曹雪梅等	30.00	2012.4	4	pdf
28	建筑制图与识图	978-7-301-20070-4	李元玲	28.00	2012.8	5	ppt/pdf
29	建筑制图与识图习题集	978-7-301-20425-2	李元玲	24.00	2012.3	4	ppt/pdf
30	新编建筑工程制图	978-7-301-21140-3	方筱松	30.00	2014.8	2	ppt/ pdf
31	新编建筑工程制图习题集	978-7-301-16834-9	方筱松	22.00	2014.1	2	pdf
		建筑施工类					
1	建筑工程测量	978-7-301-16727-4	赵景利	30.00	2010.2	12	ppt/pdf /答案
2	建筑工程测量(第2版)	978-7-301-22002-3	张敬伟	37.00	2015.4	6	ppt/pdf /答案
3	建筑工程测量实验与实训指导(第2版)	978-7-301-23166-1	张敬伟	27.00	2013.9	2	pdf/答案
4	建筑工程测量	978-7-301-19992-3	潘益民	38.00	2012.2	2	ppt/ pdf
5	建筑工程测量	978-7-301-13578-5	王金玲等	26.00	2011.8	3	pdf
6	建筑工程测量实训（第2版）	978-7-301-24833-1	杨凤华	34.00	2015.1	1	pdf/答案
7	建筑工程测量(含实验指导手册)	978-7-301-19364-8	石　东等	43.00	2012.6	3	ppt/pdf/答案
8	建筑工程测量	978-7-301-22485-4	景　铎等	34.00	2013.6	1	ppt/pdf
9	建筑施工技术	978-7-301-21209-7	陈雄辉	39.00	2013.2	4	ppt/pdf
10	建筑施工技术	978-7-301-12336-2	朱永祥等	38.00	2012.4	7	ppt/pdf
11	建筑施工技术	978-7-301-16726-7	叶　雯等	44.00	2013.5	6	ppt/pdf /素材
12	建筑施工技术	978-7-301-19499-7	董伟等	42.00	2011.9	2	ppt/pdf
13	建筑施工技术	978-7-301-19997-8	苏小梅	38.00	2013.5	3	ppt/pdf
14	建筑工程施工技术(第2版)	978-7-301-21093-2	钟汉华等	48.00	2013.8	5	ppt/pdf
15	数字测图技术	978-7-301-22656-8	赵　红	36.00	2013.6	1	ppt/pdf
16	数字测图技术实训指导	978-7-301-22679-7	赵　红	27.00	2013.6	1	ppt/pdf
17	基础工程施工	978-7-301-20917-2	董伟等	35.00	2012.7	2	ppt/pdf
18	建筑施工技术实训(第2版)	978-7-301-24368-8	周晓龙	30.00	2014.12	2	pdf
19	建筑力学(第2版)	978-7-301-21695-8	石立安	46.00	2014.12	5	ppt/pdf

序号	书名	书号	编著者	定价	出版时间	印次	配套情况
20	★土木工程实用力学	978-7-301-15598-1	马景善	30.00	2013.1	4	pdf/ppt
21	土木工程力学	978-7-301-16864-6	吴明军	38.00	2011.11	2	ppt/pdf
22	PKPM 软件的应用(第 2 版)	978-7-301-22625-4	王　娜等	34.00	2013.6	2	pdf
23	建筑结构(第 2 版)(上册)	978-7-301-21106-9	徐锡权	41.00	2013.4	2	ppt/pdf/答案
24	建筑结构(第 2 版)(下册)	978-7-301-22584-4	徐锡权	42.00	2013.6	2	ppt/pdf/答案
25	建筑结构	978-7-301-19171-2	唐春平等	41.00	2012.6	4	ppt/pdf
26	建筑结构基础	978-7-301-21125-0	王中发	36.00	2012.8	2	ppt/pdf
27	建筑结构原理及应用	978-7-301-18732-6	史美东	45.00	2012.8	1	ppt/pdf
28	建筑力学与结构(第 2 版)	978-7-301-22148-8	吴承霞等	49.00	2014.12	5	ppt/pdf/答案
29	建筑力学与结构(少学时版)	978-7-301-21730-6	吴承霞	34.00	2013.2	4	ppt/pdf/答案
30	建筑力学与结构	978-7-301-20988-2	陈水广	32.00	2012.8	1	pdf/ppt
31	建筑力学与结构	978-7-301-23348-1	杨丽君等	44.00	2014.1	1	ppt/pdf
32	建筑结构与施工图	978-7-301-22188-4	朱希文等	35.00	2013.3	2	ppt/pdf
33	生态建筑材料	978-7-301-19588-2	陈剑峰等	38.00	2013.7	2	ppt/pdf
34	建筑材料(第 2 版)	978-7-301-24633-7	林祖宏	35.00	2014.8	1	ppt/pdf
35	建筑材料与检测	978-7-301-16728-1	梅　杨等	26.00	2012.11	9	ppt/pdf/答案
36	建筑材料检测试验指导	978-7-301-16729-8	王美芬等	18.00	2014.12	7	pdf
37	建筑材料与检测	978-7-301-19261-0	王　辉	35.00	2012.6	5	ppt/pdf
38	建筑材料与检测试验指导	978-7-301-20045-2	王　辉	20.00	2013.1	3	ppt/pdf
39	建筑材料选择与应用	978-7-301-21948-5	申淑荣等	39.00	2013.3	2	ppt/pdf
40	建筑材料检测实训	978-7-301-22317-8	申淑荣等	24.00	2013.4	1	pdf
41	建筑材料	978-7-301-24208-7	任晓菲	40.00	2014.7	1	ppt/pdf /答案
42	建设工程监理概论(第 2 版)	978-7-301-20854-0	徐锡权等	43.00	2014.12	5	ppt/pdf /答案
43	★建设工程监理(第 2 版)	978-7-301-24490-6	斯　庆	35.00	2014.9	1	ppt/pdf /答案
44	建设工程监理概论	978-7-301-15518-9	曾庆军等	24.00	2012.12	5	ppt/pdf
45	工程建设监理案例分析教程	978-7-301-18984-9	刘志麟等	38.00	2013.2	2	ppt/pdf
46	地基与基础(第 2 版)	978-7-301-23304-7	肖明和等	42.00	2014.12	2	ppt/pdf/答案
47	地基与基础	978-7-301-16130-2	孙平平等	26.00	2013.2	3	ppt/pdf
48	地基与基础实训	978-7-301-23174-6	肖明和等	25.00	2013.10	1	ppt/pdf
49	土力学与地基基础	978-7-301-23675-8	叶火炎等	35.00	2014.1	1	ppt/pdf
50	土力学与基础工程	978-7-301-23590-4	宁培淋等	32.00	2014.1	1	ppt/pdf
51	建筑工程质量事故分析(第 2 版)	978-7-301-22467-0	郑文新	32.00	2014.12	3	ppt/pdf
52	建筑工程施工组织设计	978-7-301-18512-4	李源清	26.00	2014.12	7	ppt/pdf
53	建筑工程施工组织实训	978-7-301-18961-0	李源清	40.00	2014.12	4	ppt/pdf
54	建筑施工组织与进度控制	978-7-301-21223-3	张廷瑞	36.00	2012.9	3	ppt/pdf
55	建筑施工组织项目式教程	978-7-301-19901-5	杨红玉	44.00	2012.1	2	ppt/pdf/答案
56	钢筋混凝土工程施工与组织	978-7-301-19587-1	高　雁	32.00	2012.5	2	ppt/pdf
57	钢筋混凝土工程施工与组织实训指导(学生工作页)	978-7-301-21208-0	高　雁	20.00	2012.9	1	ppt
58	建筑材料检测试验指导	978-7-301-24782-2	陈东佐等	20.00	2014.9	1	ppt
59	★建筑节能工程与施工	978-7-301-24274-2	吴明军等	35.00	2014.11	1	ppt/pdf
60	建筑施工工艺	978-7-301-24687-0	李源清等	49.50	2015.1	1	pdf/ppt/答案
61	建筑材料与检测(第 2 版)	978-7-301-25347-2	梅　杨等	33.00	2015.2	1	pdf/ppt/答案
62	土力学与地基基础	978-7-301-25525-4	陈东佐	45.00	2015.2	1	ppt/ pdf/答案
	工程管理类						
1	建筑工程经济(第 2 版)	978-7-301-22736-7	张宁宁等	30.00	2014.12	6	ppt/pdf/答案
2	★建筑工程经济(第 2 版)	978-7-301-24492-0	胡六星等	41.00	2014.9	2	ppt/pdf/答案
3	建筑工程经济	978-7-301-24346-6	刘晓丽等	38.00	2014.7	1	ppt/pdf/答案
4	施工企业会计(第 2 版)	978-7-301-24434-0	辛艳红等	36.00	2014.7	1	ppt/pdf/答案
5	建筑工程项目管理	978-7-301-12335-5	范红岩等	30.00	2012. 4	9	ppt/pdf
6	建设工程项目管理(第 2 版)	978-7-301-24683-2	王　辉	36.00	2014.9	1	ppt/pdf/答案
7	建设工程项目管理	978-7-301-19335-8	冯松山等	38.00	2013.11	3	pdf/ppt
8	★建设工程招投标与合同管理(第 3 版)	978-7-301-24483-8	宋春岩	40.00	2014.12	2	ppt/pdf/ 答 案 /试题/教案
9	建筑工程招投标与合同管理	978-7-301-16802-8	程超胜	30.00	2012.9	2	pdf/ppt

序号	书名	书号	编著者	定价	出版时间	印次	配套情况
10	工程招投标与合同管理实务(第2版)	978-7-301-25769-2	杨甲奇等	48.00	2015.5	1	ppt/pdf/答案
11	工程招投标与合同管理实务	978-7-301-19290-0	郑文新等	43.00	2012.4	2	ppt/pdf
12	建设工程招投标与合同管理实务	978-7-301-20404-7	杨云会等	42.00	2012.4	2	ppt/pdf/答案/习题库
13	工程招投标与合同管理	978-7-301-17455-5	文新平	37.00	2012.9	1	ppt/pdf
14	工程项目招投标与合同管理(第2版)	978-7-301-24554-5	李洪军等	42.00	2014.12	2	ppt/pdf/答案
15	工程项目招投标与合同管理(第2版)	978-7-301-22462-5	周艳冬	35.00	2014.12	3	ppt/pdf
16	建筑工程商务标编制实训	978-7-301-20804-5	钟振宇	35.00	2012.7	1	ppt
17	建筑工程安全管理	978-7-301-19455-3	宋　健等	36.00	2013.5	4	ppt/pdf
18	建筑工程质量与安全管理	978-7-301-16070-1	周连起	35.00	2014.12	8	ppt/pdf/答案
19	施工项目质量与安全管理	978-7-301-21275-2	钟汉华	45.00	2012.10	2	ppt/pdf/答案
20	工程造价控制(第2版)	978-7-301-24594-1	斯　庆	32.00	2014.8	1	ppt/pdf/答案
21	工程造价管理	978-7-301-20655-3	徐锡权等	33.00	2013.8	3	ppt/pdf
22	工程造价控制与管理	978-7-301-19366-2	胡新萍等	30.00	2014.12	4	ppt/pdf
23	建筑工程造价管理	978-7-301-20360-6	柴　琦等	27.00	2014.12	4	ppt/pdf
24	建筑工程造价管理	978-7-301-15517-2	李茂英等	24.00	2012.1	4	pdf
25	工程造价案例分析	978-7-301-22985-9	甄　凤	30.00	2013.8	2	pdf/ppt
26	建设工程造价控制与管理	978-7-301-24273-5	胡芳珍等	38.00	2014.6	1	ppt/pdf/答案
27	建筑工程造价	978-7-301-21892-1	孙咏梅	40.00	2013.2	1	ppt/pdf
28	★建筑工程计量与计价(第2版)	978-7-301-22078-8	肖明和等	58.00	2014.12	5	pdf/ppt
29	★建筑工程计量与计价实训(第2版)	978-7-301-22606-3	肖明和等	29.00	2014.12	4	pdf
30	建筑工程计量与计价综合实训	978-7-301-23568-3	龚小兰	28.00	2014.1	2	pdf
31	建筑工程估价	978-7-301-22802-9	张　英	43.00	2013.8	1	ppt/pdf
32	建筑工程计量与计价——透过案例学造价(第2版)	978-7-301-23852-3	张　强	59.00	2014.12	3	ppt/pdf
33	安装工程计量与计价(第3版)	978-7-301-24539-2	冯　钢等	54.00	2014.8	3	pdf/ppt
34	安装工程计量与计价综合实训	978-7-301-23294-1	成春燕	49.00	2014.12	3	pdf/素材
35	安装工程计量与计价实训	978-7-301-19336-5	景巧玲等	36.00	2013.5	4	pdf/素材
36	建筑水电安装工程计量与计价	978-7-301-21198-4	陈连姝	36.00	2013.8	3	ppt/pdf
37	建筑与装饰工程工程量清单(第2版)	978-7-301-25753-1	翟丽旻等	36.00	2015.5	1	ppt
38	建筑工程清单编制	978-7-301-19387-7	叶晓容	24.00	2011.8	2	ppt/pdf
39	建设项目评估	978-7-301-20068-1	高志云等	32.00	2013.6	2	ppt/pdf
40	钢筋工程清单编制	978-7-301-20114-5	贾莲英	36.00	2012.2	2	ppt / pdf
41	混凝土工程清单编制	978-7-301-20384-2	顾　娟	28.00	2012.5	1	ppt / pdf
42	建筑装饰工程预算(第2版)	978-7-301-25801-9	范菊雨	44.00	2015.6	1	pdf/ppt
43	建设工程安全监理	978-7-301-20802-1	沈万岳	28.00	2012.7	1	pdf/ppt
44	建筑工程安全技术与管理实务	978-7-301-21187-8	沈万岳	48.00	2012.9	2	pdf/ppt
45	建筑工程资料管理	978-7-301-17456-2	孙　刚等	36.00	2014.12	5	pdf/ppt
46	建筑施工组织与管理(第2版)	978-7-301-22149-5	翟丽旻等	43.00	2014.12	3	ppt/pdf/答案
47	建设工程合同管理	978-7-301-22612-4	刘庭江	46.00	2013.6	1	ppt/pdf/答案
48	★工程造价概论	978-7-301-24696-2	周艳冬	31.00	2015.1	1	ppt/pdf/答案
建筑设计类							
1	中外建筑史(第2版)	978-7-301-23779-3	袁新华等	38.00	2014.2	2	ppt/pdf
2	建筑室内空间历程	978-7-301-19338-9	张伟孝	53.00	2011.8	1	pdf
3	建筑装饰CAD项目教程	978-7-301-20950-9	郭　慧	35.00	2013.1	2	ppt/素材
4	室内设计基础	978-7-301-15613-1	李书青	32.00	2013.5	3	ppt/pdf
5	建筑装饰构造	978-7-301-15687-2	赵志文等	27.00	2012.11	6	ppt/pdf/答案
6	建筑装饰材料(第2版)	978-7-301-22356-7	焦　涛等	34.00	2013.5	2	ppt/pdf
7	★建筑装饰施工技术(第2版)	978-7-301-24482-1	王　军	37.00	2014.7	2	ppt/pdf
8	设计构成	978-7-301-15504-2	戴碧锋	30.00	2012.10	2	ppt/pdf
9	基础色彩	978-7-301-16072-5	张　军	42.00	2011.9	2	pdf
10	设计色彩	978-7-301-21211-0	龙黎黎	46.00	2012.9	1	ppt
11	设计素描	978-7-301-22391-8	司马金桃	29.00	2013.4	2	ppt
12	建筑素描表现与创意	978-7-301-15541-7	于修国	25.00	2012.11	3	Pdf
13	3ds Max 效果图制作	978-7-301-22870-8	刘　晗等	45.00	2013.7	1	ppt
14	3ds max 室内设计表现方法	978-7-301-17762-4	徐海军	32.00	2010.9	1	pdf

序号	书名	书号	编著者	定价	出版时间	印次	配套情况
15	Photoshop 效果图后期制作	978-7-301-16073-2	脱忠伟等	52.00	2011.1	2	素材/pdf
16	建筑表现技法	978-7-301-19216-0	张 峰	32.00	2013.1	2	ppt/pdf
17	建筑速写	978-7-301-20441-2	张 峰	30.00	2012.4	1	pdf
18	建筑装饰设计	978-7-301-20022-3	杨丽君	36.00	2012.2	1	ppt/素材
19	装饰施工读图与识图	978-7-301-19991-6	杨丽君	33.00	2012.5	1	ppt
20	建筑装饰工程计量与计价	978-7-301-20055-1	李茂英	42.00	2013.7	3	ppt/pdf
21	3ds Max & V-Ray 建筑设计表现案例教程	978-7-301-25093-8	郑恩峰	40.00	2014.12	1	ppt/pdf
			规划园林类				
1	城市规划原理与设计	978-7-301-21505-0	谭婧婧等	35.00	2013.1	2	ppt/pdf
2	居住区景观设计	978-7-301-20587-7	张群成	47.00	2012.5	1	ppt
3	居住区规划设计	978-7-301-21031-4	张 燕	48.00	2012.8	2	ppt
4	园林植物识别与应用	978-7-301-17485-2	潘利等	34.00	2012.9	1	ppt
5	园林工程施工组织管理	978-7-301-22364-2	潘利等	35.00	2013.4	1	ppt/pdf
6	园林景观计算机辅助设计	978-7-301-24500-2	于化强等	48.00	2014.8	1	ppt/pdf
7	建筑・园林・装饰设计初步	978-7-301-24575-0	王金贵	38.00	2014.10	1	ppt/pdf
			房地产类				
1	房地产开发与经营(第 2 版)	978-7-301-23084-8	张建中等	33.00	2014.8	2	ppt/pdf/答案
2	房地产估价(第 2 版)	978-7-301-22945-3	张 勇等	35.00	2014.12	2	ppt/pdf/答案
3	房地产估价理论与实务	978-7-301-19327-3	褚菁晶	35.00	2011.8	2	ppt/pdf/答案
4	物业管理理论与实务	978-7-301-19354-9	裴艳慧	52.00	2011.9	2	ppt/pdf
5	房地产测绘	978-7-301-22747-3	唐春平	29.00	2013.7	1	ppt/pdf
6	房地产营销与策划	978-7-301-18731-9	应佐萍	42.00	2012.8	2	ppt/pdf
7	房地产投资分析与实务	978-7-301-24832-4	高志云	35.00	2014.9	1	ppt/pdf
			市政与路桥类				
1	市政工程计量与计价(第 2 版)	978-7-301-20564-8	郭良娟等	42.00	2015.1	6	pdf/ppt
2	市政工程计价	978-7-301-22117-4	彭以舟等	39.00	2015.2	1	ppt/pdf
3	市政桥梁工程	978-7-301-16688-8	刘 江等	42.00	2012.10	2	ppt/pdf/素材
4	市政工程材料	978-7-301-22452-6	郑晓国	37.00	2013.5	1	ppt/pdf
5	道桥工程材料	978-7-301-21170-0	刘水林等	43.00	2012.9	1	ppt/pdf
6	路基路面工程	978-7-301-19299-3	偶昌宝等	34.00	2011.8	1	ppt/pdf/素材
7	道路工程技术	978-7-301-19363-1	刘 雨等	33.00	2011.12	1	ppt/pdf
8	城市道路设计与施工	978-7-301-21947-8	吴颖峰	39.00	2013.1	1	ppt/pdf
9	建筑给排水工程技术	978-7-301-25224-6	刘 芳等	46.00	2014.12	1	ppt/pdf
10	建筑给水排水工程	978-7-301-20047-6	叶巧云	38.00	2012.2	1	ppt/pdf
11	市政工程测量(含技能训练手册)	978-7-301-20474-0	刘宗波等	41.00	2012.5	1	ppt/pdf
12	公路工程任务承揽与合同管理	978-7-301-21133-5	邱 兰等	30.00	2012.9	1	ppt/pdf/答案
13	★工程地质与土力学(第 2 版)	978-7-301-24479-1	杨仲元	41.00	2014.7	1	ppt/pdf
14	数字测图技术应用教程	978-7-301-20334-7	刘宗波	36.00	2012.8	1	ppt
15	水泵与水泵站技术	978-7-301-22510-3	刘振华	40.00	2013.5	1	ppt/pdf
16	道路工程测量(含技能训练手册)	978-7-301-21967-6	田树涛等	45.00	2013.2	1	ppt/pdf
17	桥梁施工与维护	978-7-301-23834-9	梁 斌	50.00	2014.2	1	ppt/pdf
18	铁路轨道施工与维护	978-7-301-23524-9	梁 斌	36.00	2014.1	1	ppt/pdf
19	铁路轨道构造	978-7-301-23153-1	梁 斌	32.00	2013.10	1	ppt/pdf
			建筑设备类				
1	建筑设备基础知识与识图(第 2 版)	978-7-301-24586-6	靳慧征等	47.00	2014.12	2	ppt/pdf/答案
2	建筑设备识图与施工工艺	978-7-301-19377-8	周业梅	38.00	2011.8	4	ppt/pdf
3	建筑施工机械	978-7-301-19365-5	吴志强	30.00	2014.12	5	pdf/ppt
4	智能建筑环境设备自动化	978-7-301-21090-1	余志强	40.00	2012.8	1	pdf/ppt
5	流体力学及泵与风机	978-7-301-25279-6	王 宁等	35.00	2015.1	1	pdf/ppt/答案